高等应用型人才培养精品教材

C 语言程序设计

主　编　孙　辉　吴润秀
副主编　朱华生　叶　军　冯祥胜
　　　　韩宇贞　田秀梅

電子工業出版社
Publishing House of Electronics Industry
北京 · BEIJING

内 容 简 介

本书共 11 章，第 1 章介绍了程序设计基本知识、C 语言的基本概念、特点和结构等；第 2 章介绍了 C 语言中的数据类型、常用的运算符等；第 3 章介绍了 C 语言中常用的输入、输出函数以及顺序结构的程序设计方法；第 4 章介绍了关系运算符、逻辑运算符、条件运算符等；第 5 章介绍了 while、do…while 和 for 三种循环语句，以及 break、continue 控制语句和循环语句的嵌套；第 6 章介绍了函数的概念、自定义函数的调用、函数的递归调用等；第 7 章介绍了数组的定义、初始化和引用，以及常用字符串库函数等；第 8 章介绍了指针变量的定义与赋值、常用的指针运算符、参数指针的使用等；第 9 章介绍了用户自定义数据类型的基本概念、结构类型的定义等；第 10 章介绍了文件的概念、常用的文件读写函数等；第 11 章介绍了预处理命令的基本概念、无参数的宏定义、带参数的宏定义等。每一章都配备了一定数量的习题。

书中全部程序均可在 Visual C++ 2010 编译器中编译通过，除个别程序外，都能在 VC++6.0、TC 2.0、GCC 3.0 及以上版本的 C 语言编译器中编译通过。本书可作为“C 语言程序设计”课程的教材。对于自学者，若想结合 Visual C++ 2010 集成开发环境进行自学，或者从 VC++6.0 集成开发环境转到 Visual C++ 2010 集成开发环境，本书也是一本有价值的参考书。

图书在版编目（CIP）数据

C 语言程序设计 / 孙辉，吴润秀主编. —北京：电子工业出版社，2024.9

ISBN 978-7-121-47324-1

Ⅰ. ①C… Ⅱ. ①孙… ②吴… Ⅲ. ①C 语言－程序设计－高等学校－教材 Ⅳ. ①TP312.8

中国国家版本馆 CIP 数据核字（2024）第 042248 号

责任编辑：康　静
印　　刷：山东华立印务有限公司
装　　订：山东华立印务有限公司
出版发行：电子工业出版社
　　　　　北京市海淀区万寿路 173 信箱　邮编　100036
开　　本：787×1 092　1/16　印张：20.25　字数：515.2 千字
版　　次：2024 年 9 月第 1 版
印　　次：2024 年 9 月第 1 次印刷
定　　价：59.80 元

凡所购买电子工业出版社图书有缺损问题，请向购买书店调换。若书店售缺，请与本社发行部联系，联系及邮购电话：（010）88254888，88258888。

质量投诉请发邮件至 zlts@phei.com.cn，盗版侵权举报请发邮件至 dbqq@phei.com.cn。

本书咨询联系方式：liujie@phei.com.cn。

前　言
PREFACE

教育是国之大计、党之大计。党的二十大报告首次将“实施科教兴国战略，强化现代化建设人才支撑”作为一个单独部分，充分体现了教育的基础性、战略性地位和作用，并对“加快建设教育强国、科技强国、人才强国”作出全面而系统的部署，为到 2035 年建成教育强国指明了新的前进方向。

教材是落实立德树人根本任务的重要载体，是育人育才的重要依托。本书编者组织了部分长期从事“C 语言程序设计”课程教学的教师，在 2011 版、2015 版、2021 版的基础上，对原有内容进行了修订。此次修订将课程的两个核心教学目标（培养计算思维能力和编程能力）融入所有章节中，贯穿学生学习的全过程。此外，针对部分初学者感觉课程入门比较难、不易掌握等问题，以及教学团队在教学过程中发现的一些问题，本书编者在修订时以“易学”“案例丰富”两条主线贯穿全书，并使学习内容层次化、模块化、知识点化，在例题的选择、教学案例的叙述方式等方面做了改进。

本书精心挑选了 90 多个程序实例，并特别注意各实例之间的联系。很多实例以两种形式出现，这样做的目的是引导读者用新知识重新编写原来的程序，并对原来较小的程序进行扩充、组合，使之成为较大、较复杂的程序。用新结构重新编写学过的程序，可以有效地复习原有知识，加深对新知识的理解。

习近平总书记在党的二十大报告中指出，要推进教育数字化，建设全民终身学习的学习型社会、学习型大国。教育数字化是教育教学活动与数字技术融合发展的产物，也是进一步推动教育改革发展的重要动力。本书在超星慕课平台上建设了配套的课程资源，读者可以根据需要进行线上学习以及下载各类教学资源。

全书由孙辉、吴润秀担任主编，朱华生、叶军、冯祥胜、韩宇贞、田秀梅担任副主编。朱华生与吴润秀合作编写了第 1 章、第 2 章，孙辉和田秀梅合作编写了第 3 章、第 4 章，孙辉和韩宇贞合作编写了第 5 章、第 6 章，叶军编写了第 7 章、第 8 章，冯祥胜编写了第 9 章、第 10 章，孙辉编写了第 11 章。孙辉、叶军组织了全书的统稿及校对工作。

本书是针对 C 语言的初学者编写的。为了适应中级读者，也为了使初学者尽快提高水平，从第 7 章开始内容难度有了较大幅度的提升。有些程序较长，并有一定的难度，但只要读者能将程序输入计算机中并调试通过，再跟踪程序的运行情况，就不难理解这些程序。本书所有程序均在 Visual C++ 2010 编译器中编译、调试通过。

由于计算机技术的发展日新月异，加上编者水平有限，书中疏漏之处在所难免，敬请专家、教师和广大读者不吝指正（2003992646@nit.edu.cn）。

编　者

目　录

CONTENTS

第 1 章 绪　论

C 语言是现在应用最为广泛的编程语言之一，也是现在依然流行的编程语言中历史最悠久的一种。在目前业界广泛使用的编程语言中，许多语言是以 C 语言为基础发展而来的。在工程类专业尤其是信息类专业的教学计划中，C 语言也是极为重要的基础课之一。因此，C 语言的历史有许多故事可说。

1.1 程序设计语言的发展

自 1946 年世界上第一台电子计算机问世以来，计算机科学及其应用的发展十分迅猛，计算机被广泛应用于人类生产、生活的各个领域，推动了社会的进步与发展。特别是随着国际互联网日益深入千家万户，传统的信息收集、传输及交换方式正被革命性地改变，人们已经难以摆脱对计算机的依赖，计算机已将人类带入了一个新的时代——信息时代。

对于理工科的大学生而言，掌握一门高级语言及其基本的编程技能是必需的。除了掌握本专业系统的基础知识，科学精神的培养、思维方法的锻炼、严谨踏实的科研作风的养成，以及分析问题、解决问题能力的训练，都是日后工作的基础。学习计算机语言正是一种十分有益的训练方式，而程序设计语言本身就是与计算机进行交互的有力工具。

在学习程序设计语言之前，有必要了解几个基本概念。

1.1.1 程序

所谓程序，简单地说，就是控制计算机完成特定功能的一组有序指令的集合。通常，一个计算机程序主要描述两部分的内容：问题的每个对象及它们之间的关系，对这些对象进行处理的规则。对象及它们之间的关系涉及数据结构，处理规则即是求解问题的算法。因此，程序被描述为数据结构+算法。

1.1.2 程序设计

所谓程序设计，就是根据计算机要完成的任务，提出相应的需求，在此基础上设计数据结构和算法，并编写相应的程序代码，测试并修改代码使其能得到正确的运行结果。程序设计的方法很重要，一个好的设计方法能够大大提高程序的高效性、合理性。程序设计有一套完整的算法，也称程序设计方法学。为此，有人提出：

程序设计=数据结构+算法+程序设计方法学

程序设计方法学在程序设计中占有重要地位，尤其是对于大型软件而言，它是软件工程的组成部分。

1.1.3 程序设计语言

一台计算机是由硬件系统和软件系统两大部分构成的。硬件是物质基础，而软件可以说是计算机的“灵魂”，没有软件，计算机就是一台“裸机”，什么也不能干；有了软件，计算机才能灵动起来，成为一台真正的“电脑”。所有的软件都是用程序设计语言编写的。

计算机程序设计语言的发展，经历了从机器语言、汇编语言到高级语言的历程。

1. 机器语言

机器语言是计算机唯一能直接识别和执行的语言。机器语言由二进制码组成，每一串二进制码称为一条指令。一条指令规定了计算机执行的一个动作。例如，某台计算机字长为 16 位，即由 16 个二进制数组成一条指令或其他信息。16 个 0 和 1 可组成各种排列组合，通过线路变成电信号，使计算机执行各种不同的操作。例如，某种计算机的指令为 1011011000000000 时，表示让计算机进行一次加法操作；而指令 1011010100000000 则表示让计算机进行一次减法操作。指令的前 8 位表示操作码，而后 8 位表示地址码。

使用机器语言编写程序是一种相当烦琐的工作，既难于记忆又难于操作，编写出来的程序全是由“0”和“1”组成的，直观性差、难以阅读，不仅难学、难记、难检查，还缺乏通用性，给计算机的推广及使用带来了很大的障碍。

2. 汇编语言

在克服机器语言的上述缺点时，人们首先考虑到的是可读性和可移植性，很快就出现了汇编语言。汇编语言是用一些易于理解的符号取代机器语言中难以理解的二进制编码，如用“ADD”代表加法，用“MOV”代表数据传递等，使得其含义显现在符号上，而不再隐藏在编码中，可让人见“名”知意。

用汇编语言代替机器语言编写程序时，大大提高了程序的可理解性、可读性、可靠性、可维护性和可移植性。对于汇编语言程序，必须将其翻译转换成机器语言程序后，才能被计算机识别、理解和执行。但在编写复杂程序时，汇编语言具有明显的局限性，因为其依赖于具体的机型，不能通用，也不能在不同机型之间移植。

3. 高级语言

高级语言使用了与自然语言相近的语法体系，编写的程序更易于阅读和理解。高级语言的语句是面向问题的，而不是面向机器的，其对问题和求解的表述比汇编语言更容易理解，这样便简化了程序的编写和调试，编程的效率会得到提高。高级语言独立于具体的计算机，并大大增加了通用性和可移植性。世界上已有数百种高级语言，使用最普遍的有 Python、C、Java、C++等。

使用高级语言编写的程序不能直接被计算机识别，必须经过转换才能被执行，按转换方式可将它们分为以下两类。

解释类：执行方式类似于人们日常生活中的“同声翻译”。应用程序源代码一边由相应语言的解释器“翻译”成目标代码（机器语言），一边被执行。因此效率比较低，且不能生成可独立执行的文件，应用程序无法脱离其解释器。但这种方式比较灵活，可以动态地调整、修改应用程序。

编译类：编译是指在源程序执行之前，就将程序源代码“翻译”成目标代码（机器语言）。因此其目标程序可以脱离其语言环境独立执行，使用比较方便、效率较高。而一旦应用程序需要修改，就必须先修改源代码，再重新编译生成新的目标文件（*.obj）才能执行。只有目标文件而没有源代码，修改起来很不方便。现在大多数的编程语言是编译类的，如C++、Visual FoxPro、Delphi 等。

1.2 C语言

C 语言是一门计算机程序设计语言。它既具有高级语言的特点，又具有汇编语言的特点。

C 语言的祖先是 BCPL 语言。

1967 年，剑桥大学的 Martin Richards 对 CPL 语言进行了简化，产生了 BCPL 语言。

1970 年，美国贝尔实验室的 Ken Thompson 以 BCPL 语言为基础，设计出很简单且很接近硬件的 B 语言（取 BCPL 的首字母），并用 B 语言编写了第一个 UNIX 操作系统。

1972 年，美国贝尔实验室的 Dennis Ritchie 在 B 语言的基础上最终设计出了一种新的语言，他取了 BCPL 的第二个字母作为这种语言的名称，这就是 C 语言。

为了使 UNIX 操作系统得到推广，1977 年，Dennis Ritchie 发表了不依赖于具体机器系统的 C 语言编译文本《可移植的 C 语言编译程序》。

1978 年，由贝尔实验室正式发表了 C 语言，同时由 Brian Kernighan 和 Dennis Ritchie 合著出版了著名的《*The C Programming Language*》一书，但书中并没有定义一种完整的标准 C 语言。后来由美国国家标准化协会（American National Standards Institute，ANSI）在此基础上制定了一个 C 语言标准，并于 1983 年发表，通常称之为 ANSI C。

《*The C Programming Language*》第一版在很多语言细节上不够精确，对于“参照编译器”来说，其日益显得不切实际，它甚至没有很好地表达所要描述的语言，没有考虑后续的扩展性。因此，ANSI 于 1983 年夏天，在 CBEMA 的领导下建立了 X3J11 委员会，目的是产生一个 C 标准。X3J11 在 1989 年末提出了一个标准（ANSI 89），后来这个标准被国际标准化组织（International Organization for Standardization，ISO）接受为 ISO/IEC 9899-1990。

1994 年，ISO 修订了 C 语言的标准。

1995 年，ISO 对 C90 做了一些修订，即“1995 基准增补 1（ISO/IEC/9899/AMD1:1995）”。1999 年，ISO 又对 C 语言标准进行了修订，在基本保留原来 C 语言特征的基础上，增加了一些功能，尤其是对 C++中的一些功能进行了增加，并将其命名为 ISO/IEC 9899:1999。

2001 年和 2004 年此标准又先后进行了两次技术修正。

目前流行的 C 语言编译系统大多是以 ANSI C 为基础进行开发的，但是不同版本的 C 编译系统所实现的语言功能和语法规则略有差别。

1.2.1 C语言的特点

C 语言的主要特点如下。

（1）语言简洁、紧凑，使用方便、灵活。

C 语言共有 32 个关键字（见表 1-1）和 9 种控制语句，程序书写形式自由，主要由小写字母表示。

表 1-1　32 个关键字

根据关键字的作用将关键字分为数据类型关键字和流程控制关键字两大类		
大　类	小　类	名称与作用
数据类型关键字	基本数据类型（5 个）	**void**：声明函数无返回值或无参数，声明无类型指针，显式丢弃运算结果 **char**：字符型数据，属于整型数据的一种 **int**：整型数据，通常为编译器指定的机器字长 **float**：单精度浮点型数据，属于浮点型数据的一种 **double**：双精度浮点型数据，属于浮点型数据的一种
	类型修饰关键字（4 个）	**short**：修饰 int，短整型数据，可省略被修饰的 int **long**：修饰 int，长整型数据，可省略被修饰的 int **signed**：修饰整型数据，有符号数据类型 **unsigned**：修饰整型数据，无符号数据类型
	复杂类型关键字（5 个）	**struct**：结构体声明 **union**：共用体声明 **enum**：枚举声明 **typedef**：声明类型别名 **sizeof**：得到特定类型或特定类型变量的大小
	存储级别关键字（6 个）	**auto**：指定为自动变量，由编译器自动分配及释放，通常在栈上分配 **static**：指定为静态变量，分配在静态变量区，修饰函数时，指定函数作用域为文件内部 **register**：指定为寄存器变量，建议编译器将变量存储到寄存器中使用，也可以修饰函数形参，建议编译器通过寄存器而不是堆栈传递参数 **extern**：指定对应变量为外部变量，即标示变量或者函数的定义在其他文件中，提示编译器遇到此变量和函数时在其他模块中寻找其定义 **const**：与 volatile 合称“cv 特性”，指定变量不可被当前线程/进程改变（但有可能被系统或其他线程/进程改变） **volatile**：与 const 合称“cv 特性”，指定变量的值有可能会被系统或其他进程/线程改变，强制编译器每次从内存中取得该变量的值
流程控制关键字	跳转结构（4 个）	**return**：用于函数体中，返回特定值（或者 void 值，即不返回值） **continue**：结束当前循环，开始下一轮循环 **break**：跳出当前循环或 switch 结构 **goto**：无条件跳转语句
	分支结构（5 个）	**if**：条件语句，后面不需要使用分号 **else**：条件语句否定分支（与 if 连用） **switch**：开关语句（多重分支语句） **case**：开关语句中的分支标记 **default**：开关语句中的“其他”分支，可选
	循环结构（3 个）	**for**：for 循环结构，for(1;2;3)4;的执行顺序为 1→2→4→3→2…循环，其中 2 为循环条件；在整个 for 循环过程中，表达式 1 只计算一次，表达式 2 和表达式 3 可能计算多次，也可能一次也不计算。循环体可能被多次执行，也可能一次都不被执行 **do**：do 循环结构，do(1) while(2); 的执行顺序是 1→2→1…循环，2 为循环条件 **while**：while 循环结构，while(1) (2); 的执行顺序是 1→2→1…循环，1 为循环条件 对于以上循环语句，当循环条件表达式为真时继续循环，为假时跳出循环

C 语言中的 9 种控制语句如下。

① if…else：条件语句。

② for( )：循环语句。

③ while( )：循环语句。

④ do…while：循环语句。

⑤ continue：结束本次循环语句。

⑥ break：中止执行 switch 或循环语句。

⑦ switch：多分支语句。

⑧ goto：转向语句。

⑨ return：从函数返回语句。

（2）运算符丰富。

C 语言运算符包含的范围很广泛，共有 34 种运算符（参见第 2 章）。C 语言把括号、赋值、强制类型转换等都作为运算符处理，从而使得其运算类型极其丰富，表达式类型多样化。

（3）数据结构丰富，具有现代化语言的各种数据结构。

C 语言的数据类型有整型、实型、字符型、数组类型、指针类型、结构体类型、共用体类型等，能用来实现各种复杂的数据结构（如链表、树、栈等）的运算。

（4）具有结构化的控制语句（如 if…else 语句、while 语句、do…while 语句、switch 语句、for 语句）。

C 语言使用函数来实现程序的模块化。C 语言是结构化的理想语言，符合现代编程风格的要求。

（5）语法限制不太严格，程序设计的自由度大。

例如，C 语言对数组下标越界不做检查；对变量的类型使用比较灵活；整型、字符型及逻辑型数据可以通用。一般的高级语言对语法的检查比较严格，能检查出几乎所有的语法错误，而 C 语言允许程序编写者有较大的自由度，因此放宽了语法检查的尺度。

（6）C 语言允许直接访问物理地址，能进行位操作，能实现汇编语言的大部分功能，可以直接对硬件进行操作。

C 语言既具有高级语言的功能，又具有低级语言的许多功能，可用来编写系统软件。C 语言的双重性，使它既是成功的系统描述语言，又是通用的程序设计语言。

（7）生成目标代码质量高，程序执行效率高。

C 语言只比汇编程序生成的目标代码效率低 10%～20%。

（8）程序可移植性好。

使用 C 语言编写的程序基本上不做修改就能用于各种型号的计算机和各种操作系统。

另外，指针是 C 语言的一大特色，可以说是 C 语言优于其他高级语言的一个重要原因。使用指针，可以直接进行靠近硬件的操作。但是 C 语言的指针操作不做保护，也给它带来了很多不安全的因素。C++在这方面做了改进，在保留了指针操作的同时增强了安全性，受到了一些用户的支持。但是，这些改进增加了语言的复杂度，为另一部分用户所诟病。Java 吸取了 C++的教训，取消了指针操作，也取消了 C++在改进中的一些备受争议的地方，在安全性和适合性方面均取得了良好的效果，但其运行效率低于 C++/C。

1.2.2 C 语言的结构

1. 顺序结构

顺序结构的程序设计是最简单的，只要按照解决问题的顺序写出相应的语句即可，它的执行顺序是自上而下，依次执行。

例如 a=3、b=5，现交换 a、b 的值。这个问题就像交换两个杯子中的水一样，要用到第三个杯子。假如第三个杯子是 c，那么正确的程序为 c=a; a=b; b=c;，执行结果是 a=5，b=c=3。如果改变其顺序，写成 a=b; c=a; b=c;，则执行结果就变成 a=b=c=5，不能达到预期的目的，初学者最容易犯这种错误。顺序结构可以独立使用构成一个简单的完整程序，常见的输入、计算、输出的程序就是顺序结构，例如，计算圆的面积，其程序的语句顺序就是输入圆的半径 r，计算 $s=3.14159\times r\times r$，输出圆的面积 s。在大多数情况下，顺序结构只是作为程序的一部分，与其他结构一起构成一个复杂的程序，如分支结构中的复合语句、循环结构中的循环体等。

2. 分支结构

顺序结构的程序虽然能解决计算、输出等问题，但是不能先做判断再做选择。对于要先做判断再做选择的问题就要使用分支结构。分支结构的执行是依据一定的条件选择执行路径，而不是严格按照语句出现的物理顺序进行执行。分支结构的程序设计方法的关键在于构造合适的分支条件和分析程序流程，根据不同的程序流程选择适当的选择语句。分支结构适用于带有逻辑或关系比较等条件判断的计算，设计这类程序时往往要先绘制其程序流程图，再根据程序流程写出源程序，这样做可以把程序设计分析与语言分开，使问题简单化，易于理解。程序流程图是根据解题分析所绘制的程序执行流程图。

3. 循环结构

循环结构可以减少源程序重复书写的工作量，用来描述重复执行某段算法的问题，这是程序设计中最能发挥计算机特长的程序结构，C 语言中提供了 4 种循环语句，即 while 循环、do…while 循环、for 循环和 goto 循环。但一般不提倡使用 goto 循环，因为强制改变程序的顺序经常会给程序的运行带来不可预料的错误。其他 3 种循环可以用来处理同一问题，一般情况下它们可以互相替换。

1.3 几个简单的C语言程序

为了说明 C 语言源程序结构的特点，先看以下几个程序。这几个程序由简到难，体现了 C 语言源程序在组成结构上的特点。虽然有关内容还未介绍，但是可从这些例子中了解到组成一个 C 语言源程序的基本结构和书写格式。

【例 1.1】 在屏幕上输出“Hello,world!”。

1）源程序代码（demo1-1.c）

```
/* 世界上第一个C程序 */
#include<stdio.h>                    //头文件
main( )                              //主函数
{
```

```
        printf("Hello,world!\n");        //输出结果
    }
```

2）程序运行结果

```
Hello,world!
```

3）程序说明

（1）“/*世界上第一个 C 程序*/”是注释，有以下两种格式。

格式 1:“//注释的内容”，如程序中的“//头文件”。

格式 2:“/*注释的内容*/”。

注释是程序中解释性的说明，是给阅读程序的人看的，对编译和运行不起作用。注释可以加在程序中任何合适的位置（注释不能嵌套或把单词分开）。一个好的源程序代码的必要条件是有简明、准确的注释。好的注释能大大增加程序的可读性。

格式 1 为 C99 新标准，但大多数的 C 编译器都支持此格式，它只能写在一行中。

格式 2 为 C89 标准，一般当注释有多行时使用。

（2）#include<stdio.h>是文件包含命令。

格式：#include<头文件名.h>。

作用：include 是文件包含命令，扩展名为.h 的文件称为头文件，又称包含文件。它是 C 语言程序的重要组成部分，一般放在文件的开始。系统在编译时，会自动将头文件嵌入源程序。

头文件用于存放 C 语言程序中所用函数的说明及一些常量的说明。不同的函数有不同的头文件，必要时可以查找相关手册或系统帮助。除了系统定义的头文件，还有用户自己编写的头文件。需要注意的是，在 C 语言程序中，如果缺少相应的头文件，则可能导致程序的结果完全错误。

（3）main( )。

main( )函数又称主函数，在任何 C 语言程序中，必须有一个且只能有一个 main( )函数。它是程序的入口函数，具有核心的决定性作用，程序从 main( )函数开始执行，并在 main( )函数中结束。函数体由“{ }”括起来。其他函数都必须围绕并服从 main( )函数。

注意：main( )函数只能小写，不能大写。

（4）printf("Hello,world!\n");。

本例中主函数内只有一条语句，printf( )是 C 语言中的输出函数，功能是向显示器原样输出双引号中的内容（详见第 3 章）。

这里双引号中的字符串被原样输出。“\n”是换行符，即在输出“Hello,world!”后换行。

最后的分号表示语句的结束。初学者要养成一丝不苟、细心、精益求精的编程习惯，否则小到忘记一个分号，都将导致整个程序出错。

例如：

```
    printf("富强、民主、文明、和谐是国家层面的价值目标，\n自由、平等、公正、法治是社会层面的价值取向，\n爱国、敬业、诚信、友善是公民个人层面的价值准则，\n这24个字是社会主义核心价值观的基本内容。\n");
```

也可以多次调用 printf()函数，完成多次输出，例如：

```
printf("富强、民主、文明、和谐是国家层面的价值目标，\n");
printf("自由、平等、公正、法治是社会层面的价值取向，\n");
printf("爱国、敬业、诚信、友善是公民个人层面的价值准则，\n");
printf("这24个字是社会主义核心价值观的基本内容。\n");
```

以上两个程序运行结果为：

```
富强、民主、文明、和谐是国家层面的价值目标，
自由、平等、公正、法治是社会层面的价值取向，
爱国、敬业、诚信、友善是公民个人层面的价值准则，
这24个字是社会主义核心价值观的基本内容。
```

> 注意：C 语言本身没有输出语句。输出操作均由库函数完成。printf( )是由系统定义的标准函数，其说明在头文件 stdio.h 中。

【例 1.2】计算并显示两个数的和。

1）源程序代码（demo1-2.c）

```
#include<stdio.h>
main ( )                                /*求两个数之和*/
{
    int a,b,sum;                        /*定义变量*/
    a=5;                                /*以下三行语句用于给变量赋值*/
    b=2;
    sum=a+b;
    printf ("sum is %d/n",sum);         /*输出结果*/
}
```

2）程序运行结果

```
sum is 7
```

3）程序说明

主函数中第 1 行定义变量 a、b 和 sum，指定为整型变量，用于存放整数；

第 2、3 行是两个赋值语句，使 a 和 b 的值分别为 5 和 2；

第 4 行使 sum 的值为 a+b 的运算结果。

第 5 行中“%d”是输入输出的“格式字符串”，用来指定输入输出时的数据类型和格式（详见第 3 章），“%d”表示“以十进制整数形式输出”。在执行输出时，%d 所在的位置上是一个十进制整数值，即 printf()函数中括号中最右端 sum 的值，现在它的值为 7（即 2+5 之和）。简单地说，printf()函数的功能是原样输出双引号中的内容，当遇见%d 时，%d 位置的值会被逗号后面的值所代替。因此，此程序运行结果为“sum is 7”。

【例 1.3】从键盘上输入两个数，计算并显示它们的和。

1）源程序代码（demo1-3.c）

```
#include <stdio.h>
main( )
{
```

```
    int a,b,sum;
    printf("Input 2 numbers: \n");          //输入提示
    scanf ("%d,%d",&a,&b);                  //输入变量a和b的值
    sum=a+b;
    printf("%d+%d=%d \n", a,b,sum);
}
```

2）程序运行结果

```
Input 2 numbers:123,456
123+456=579
```

3）程序说明

主函数中的第 2 行是输出语句，调用 printf 函数在显示器上输出提示字符串，请操作人员输入变量 a 和 b 的值。

第 3 行为输入语句，调用 scanf()函数，接收键盘上输入的数字并存入变量 a 和 b。&a 和 &b 中的“&”的含义是“取地址”，scanf()函数的作用是将两个数值分别输入到被变量 a 和 b 所标识的内存单元中，即输入给变量 a 和 b。

第 4 行是计算 a+b 的值并送到变量 sum 中。

第 5 行是用 printf()函数输出“123+456=579”。

注意：scanf( )函数中不要加\n，printf( )函数中加\n 是为了使显示的内容分行，使之更清晰、增强可读性。若 scanf ("%d,%d\n",&a,&b)，则应该在键盘上输入 123,456\n。

1.4 C语言程序的结构特点

（1）一个 C 语言源程序可以由一个或多个源文件组成。

（2）函数是 C 语言程序的基本单位。

（3）一个源程序不论由多少个源文件组成，都有一个且只能有一个 main( )函数，即主函数。

（4）源程序中可以有预处理命令（include 命令仅为其中的一种），预处理命令通常应放在源文件或源程序的最前面。

（5）每一条语句都必须以分号结尾。但预处理命令的函数头和花括号“}”之后不能加分号。

1.5 C语言程序的开发设计过程

对于计算机本身来说，它并不能直接识别由高级语言编写的程序，它只能接收和处理由 0 和 1 构成的二进制机器语言程序。

用 C 语言写成的程序称为源程序（*.c），翻译成的机器语言程序称为目标程序（*.obj），将目标程序连接后生成的程序称为可执行程序（*.exe），即能在计算机中运行的程序。

C 语言为编译型语言，其开发过程如图 1-1 所示。

在程序的连接中，要用到系统的库函数，即编译器厂商按 C 语言的标准提供的事先编译好的函数，供用户在程序中使用。由于语句较少，C 语言的很多功能是由库函数完成的。一般的 C 编译器厂商除提供标准 C 语言所要求的库函数外，还会额外提供一些非标准库函数，这些库函数一般不具有可移植性，读者在使用中要注意。

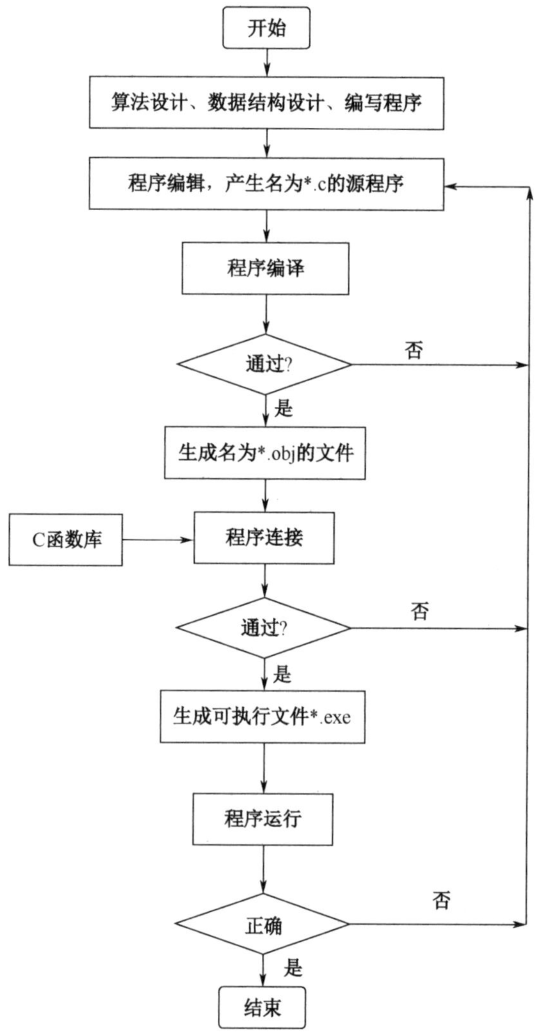

图 1-1 C 语言程序的开发过程

1.6 程序设计的过程

简单的程序设计一般包含以下几个部分。

（1）确定数据结构。根据任务书提出的要求、指定的输入数据和输出结果，确定存放数据的数据结构。

（2）确定算法。针对存放数据的数据结构来确定解决问题、完成任务的步骤。

（3）编码。根据确定的数据结构和算法，使用 C 语言编写程序代码，将其输入计算机并保存在磁盘中，简称编程。

（4）在计算机中调试程序。消除由于疏忽而引起的语法错误或逻辑错误。用各种可能的输入数据对程序进行测试，使之对各种合理的数据都能得到正确的结果，能对不合理的数据进行适当的处理。

（5）整理并写出文档资料。

1.7 书写程序时应遵循的规则

从书写清晰，便于阅读、理解、维护的角度出发，在书写程序时应遵循以下规则。

（1）一个说明或一条语句占一行。

（2）用{}括起来的部分通常表示程序的某一层次结构。{}一般与该结构语句的第一个字母对齐，并单独占一行。

（3）低一层次的语句或说明可比高一层次的语句或说明缩进若干格后书写，以便看起来更加清晰，增加程序的可读性。

在编程时应力求遵循这些规则，以养成良好的编程习惯。

1.8 对于C语言学习的认识

学过 C 语言的人总会联想到一个词：难学。这一方面反映了人们学习 C 语言的感受，另一方面反映了人们对 C 语言的一个认识误区。相对于其他高级语言，如 Quick Basic、Pascal 等，C 语言确实难学。许多人学过 C 语言后，很难用 C 语言编制程序解决实际问题。这有两方面的原因，一方面，C 语言是一门通用语言，如果用它解决一个专门的问题，如数据库编程，肯定要比专门的数据库开发工具困难；另一方面，如果用其他好学的通用语言进行数据库应用开发，则会比使用专门的数据库开发工具困难。但人们往往只提到 C 语言而没提到其他高级语言，这其实是人们对它的一个偏见。此外，C 语言的强项为字符处理及系统编程。人们学过 C 语言后，总是希望用它来进行一些比较困难的程序设计。

事实上，有些问题（如排序）用任何高级语言编程都很困难，这不是语言的问题，而是算法的问题。对于系统编程，问题也不在语言，而在于对操作系统的了解。其实，高级语言只是一个工具，真正困难的是实际问题本身而不是语言。中国算法可以追溯到古代，中国科学院院士吴文俊曾表示“中国古代数学，就是一部算法大全”。如出自《九章算术》的更相减损术（求两个整数的最大公因数）、盈亏术（线性插值法）、方程术（解线性方程组的方法，国外称高斯消去法）；以及魏晋时期的数学家刘徽首创割圆术，为计算圆周率建立了严密的理论和完善的算法等。从古代的算盘到现代的计算机，中国算法一直在不断地创新和发展，为祖国的繁荣发展做出了重要贡献。未来，随着科技的不断进步，中国算法也将继续创新和发展，为人类的发展做出更大的贡献。

大多数情况下，C 语言的语法并不困难。人们感觉 C 语言难学，其实是程序的调试难学。有时，尽管只是一个很小的程序，仔细检查很难发现错误，但运行结果屡屡出错。究其原因，在于 C 语言对语法检查不够严格，有时发生了错误又不给出错误提示。例如，C 语言的输入函数 scanf 很容易出错，出错后又不给出提示，导致虽然用户输入了正确的数据，但由于输入的数据分隔符或其他符号不对，使得输入函数出错，程序得到错误的数据，自然运行结果不可能正确。出现这种现象的原因一是上机实践太少，二是对程序调试方法不熟悉。

因此，学习 C 语言，从一开始就要强调多上机实践。通过实践，了解 C 语言常见的一些问题，掌握程序调试的一些基本工具，如单步执行、变量值的观察、断点的使用等，这样会减少很多学习上的困难。

指针是 C 语言中一个最具特色、最有争议的部分，也是 C 语言中大家公认比较灵活、难以使用、容易出错的部分。对于这个问题，我们认为：C 语言的指针是比较灵活的，使用中也很容易出错。但是，如果正常使用指针，不使用特别复杂的指针，使用时注意指针的初始化等问题，则指针并不像人们想象中的那样容易出错。C 语言中的指针出错往往出现在复杂的应用中。为了减少程序中指针出错的可能性，可以使用 C++编译器编译 C 语言程序。C++编译器比 C 编译器的语法检查严格，对指针和函数参数中的一些灵活使用的地方会给出出错提示，这样可以减少程序中出错的可能。当然，这也减少了指针使用的灵活性。

对于 C 语言的库函数，要掌握好不太容易。其实，标准 C 语言的库函数并不是很难，难的是很多开发环境在标准 C 语言库函数的基础上增加了大量的补充函数。掌握这些函数没有什么好的办法，唯一的办法就是多实践。当然，C 语言的库函数中有很多函数的功能是类似的，如字符串处理函数，有时使用哪个函数只能看个人的爱好，有时要看哪个函数使用起来更方便。

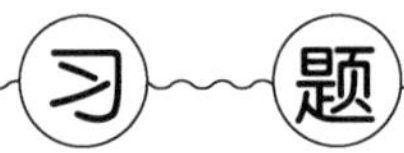

一、选择题

1. C 语言程序由（　　）组成。

A. 主程序　　B. 过程　　C. 子程序　　D. 函数

2. C 语言源程序的扩展名是（　　）。

A. .c　　B. .obj　　C. .exe　　D. .cpp

3. 以下关于 main( )函数的叙述正确的是（　　）。

A. main( )函数必须出现在所有函数之后

B. main( )函数必须出现在所有函数之前

C. main( )函数可以出现在任何位置

D. main( )函数必须出现在固定位置

4. 以下叙述正确的是（　　）。

A. #include <stdio.h>是 C 语句　　B. C 语言程序的语句必须以分号结束

C. C 语言本身有输入输出语句　　D. C 语言的注释是可有可无的

5. 以下叙述不正确的是（　　）。

A. 计算机语言大致可分为机器语言、汇编语言和高级语言三大类

B. C 语言是一种通用的、过程式的语言，具有高效、灵活、可移植等优点

C. C 语言属于汇编语言

D. 高级语言比汇编语言更贴近于人类使用的语言，易于理解、记忆和使用

6. 关于 C 语言程序的执行，下列描述正确是（　）。

A. 从程序的 main( )函数开始，到 main( )函数结束

B．从程序的第一个函数开始，到程序的最后一个函数结束

C．从程序的 main( )函数开始，到程序的最后一个函数结束

D．从程序的第一个函数开始，到 main( )函数结束

7．以下四个程序中，完全正确的是（　　）。

A．
```
#include<stdio.h>
mian( )
{
    int x=8,y=10;
    printf("%d\n",x*y);
}
```

B．
```
#include<stdio.h>;
main( )
{
    int x=8,y=10;
    printf(%d\n",x*y);
}
```

C．
```
#include<stdio.h>
main( )
{   int x=8; y=10;
    printf("%d\n",x+y)
}
```

D．
```
#include<stdio.h>
main( )
{   int x=8,y=10;
    printf("%d\n",x+y);
}
```

8．用 C 语言编写的源程序经过编译后，若没有产生编译错误，则系统将（　　）。

A．生成可执行文件　　B．生成目标文件

C．输出运行结果　　D．自动保存源文件

9．下列关于注释的描述，错误的是（　）。

A．注释只在源程序中有效，编译时会被编译器忽略

B．注释只能对程序中某一行的代码进行解释

C．在 VC++2010 中，单行注释一般在语句开头采用“//注释内容”的方式

D．在 VC++2010 中，多行注释一般采用以“/*”开头，以“*/”结束的方式

10．以下叙述错误的是（　）。

A．C 语言是一种面向过程的结构化程序设计语言

B．头文件通常称为命令行，必须用“#”开头，最后不加分号

C．一个源程序不论包含多少个源文件，都有且只有一个 main( )主函数

D．C 语言是一种面向对象的程序设计语言

二、填空题

1．根据功能和实现方式，编程语言分为三大类，分别是________、________和________。

2．C 语言的注释有两种类型，分别为________和________。

3．一个 C 语言源程序可以由一个或多个________组成。

4．________是 C 语言程序的基本单位。

5．main( )函数又称主函数，在任何 C 语言程序中，必须有一个且只能有________ main( )函数。

6．对于计算机本身来说，它并不能直接识别由________编写的程序，它只能接收和处理由 0 和 1 构成的________语言程序。

7．C 语言程序设计中的三种基本结构是________、________和________。

8．C 语言源程序文件的扩展名是________，经过编译后生成的目标文件的扩展名是

________，经过连接后生成的可执行文件的扩展名是________。

9．C 语言多行注释的符号是________。

10．高级语言所编制的程序不能直接被计算机识别，必须经过转换才能被执行，按转换方式可将它们分为________高级语言和________高级语言两类。

三、简答题

1．请简述 C 语言的主要特点。

2．什么是程序？什么是程序设计？

3．简单的程序设计一般包含哪几个部分？

4．请简述 C 语言程序的开发过程。

5．书写 C 语言程序应该遵循哪些规则？

第 2 章

基本数据类型及运算符

程序是解决某种问题的一组指令的有序集合。著名计算机科学家 Nikiklaus Wirth 提出一个公式：程序=数据结构+算法。

数据结构是对数据的描述。在 C 语言中，体现为数据类型的描述。算法是对数据处理的描述，是为解决一个问题而采取的方法和步骤，是程序的灵魂！

因此，掌握基本的数据类型和运算符，是顺利进行程序设计的第一步。

2.1 C语言的字符集、关键字和标识符

通过观察 1.3 节的程序，不难发现程序中用到了很多概念，如变量、函数等。为了标识这些概念，要用到一些符号，如字母、数字等，为这些量“取名”。正如人取名有一定的规则一样，标识这些概念也有一定的规则，这就是 C 语言中的字符集及标识符要处理的问题。

2.1.1 字符集

组成 C 语言源程序代码的基本字符称为 C 语言字符集，它是构成 C 语言的基本元素，并由下述字符构成。

（1）26 个英文字母：A～Z，a～z。

（2）数字字符：0～9。

（3）特殊字符：空格、!、#、%、^、&、*、_（下画线）、+、=、-、~、<、>、|、/、\、'、"、;、.、,、()、[]、{}、？、:。

2.1.2 关键字

关键字是 C 语言中预定义的单词，在程序中有不同的使用目的。在 C89 标准中，共有以下 32 个关键字：

```
    auto break case char const continue default do double else enum
extern float for goto if int long register return short signed sizeof
static struct switch typedef union unsigned void volatile while
```

在 C99 标准中，增加了以下 5 个新的关键字：

```
    _Bool _Complex _Imaginary inline restrict
```

2.1.3 标识符

计算机程序处理的对象是数据，程序是描述数据处理的过程。在程序中，通过名称建立对象定义与使用的关系。为了满足这种需要，每种程序语言都规定了在程序中如何描述名称。程序语言中的名称通常被称为“标识符”。

通俗地讲，标识符就是名称，如“a”“b”“c”等为变量标识符。无规矩不成方圆，标识符的命名必须满足一定的构成规则。在 C 语言中，标识符的构成规则如下。

（1）必须由字母（a～z、A～Z）或下画线（_）开头。

（2）后面可以跟随任意字母、数字或下画线。

（3）区分字母大小写。例如，num、Num、NUM 为 3 个不同的标识符。

（4）由于关键字在系统中具有特殊用途，因此不能作为一般的标识符使用。

2.2 C语言的数据类型

由于程序中数据的多样性，其对不同数据的处理也存在差别。例如，对于整数，可进行加、减、乘、除等运算，但对于文字型数据，进行乘、除运算毫无意义。再者，数据在计算机中都是以二进制形式存放的，程序怎样区分数字和文字？因此，在程序中，要对不同的数据进行分类，以便进行合适的处理。也就是说，一个数据在使用之前，程序要知道它是什么样的数据，是文字还是数值，这就产生了数据分类的问题，数据类型的概念也就由此而生。

2.2.1 数据及数据类型的概念

在 C 语言中，程序能够处理的基本数据对象被划分成一些集合。属于同一集合的各数据具有相同的性质。例如，对其做同样的操作，其采用同样的表示形式、编码方式等。程序语言中具有这样特性的数据集合被称为一个类型。不同类型的数据，其存储方式不同、系统提供的操作指令也不相同。因此，数据类型是计算机系统中一个非常重要的概念。

C 语言提供了丰富的数据类型，这些数据类型可以分为三大类，即基本类型、构造类型和其他类型。C 语言的数据类型如图 2-1 所示。

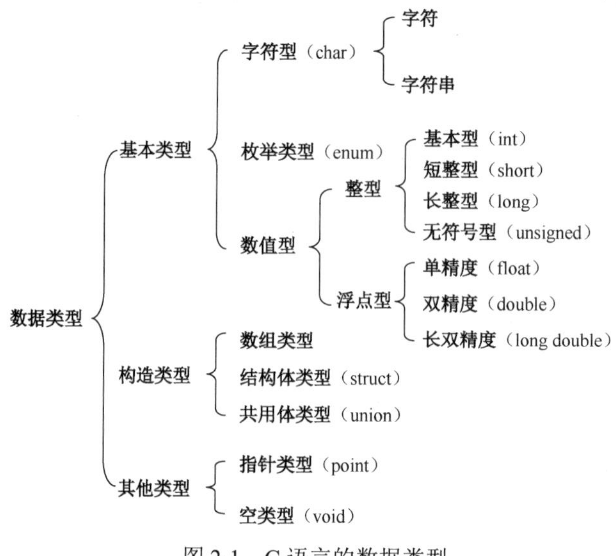

图 2-1 C 语言的数据类型

在程序中，用到的所有数据都必须指定其数据类型。不同类型的数据，所占内存的字节数不同，对应的操作也不相同。

2.2.2　基本类型

C 语言提供的基本数据类型如表 2-1 所示。

表 2-1　C 语言提供的基本数据类型

类　型		字　节	范　围	举　例
整型	int	4	-2 147 483 648～+2 147 483 647	+236
	short	2	-32 768～+32 767	-15
	long	4	-2 147 483 648～+2 147 483 647	98238000
	unsigned	4	0～4 294 967 295	20
	unsigned short	2	0～65 536	36
	unsigned long	4	0～4 294 967 295	198
浮点型	float	4	精确到 7 个十进制位 正值：1.40 129E-45～3.402 823E+38 负值：-3.402 823E+38～-1.40 129E-45	6.8492
	double	8	精确到 15 或 16 个十进制位 正值：4.940 65E-324～1.797 693 134 862 31E+308 负值：-1.797 693 134 862 31E+308～-4.940 65E-324	2.34E-10
	long double	8	精确到 15 或 16 个十进制位	
字符型	字符	1	存放的是字符的 ASCII 码值（单引号）	'S'
	字符串	不定	由一系列字符组成的串（双引号）	"ABC"

C 标准并未规定 short、int、long 的具体长度，只是规定它们占用的空间满足 short≤int≤long，故在不同的系统中，相同的数据类型长度可能不一样。例如，int 在 16 位的系统中（如 TC）为 2 字节，在 32 位的系统中一般为 4 字节。再如，long double 类型在不同的编译器中的长度也不一样，在 Borland 公司的 C++ Builder X1.0 中，其长度为 10 字节（即 X86 处理器的浮点协处理器的字长），在 GCC 编译器中，其长度为 12 字节。

由表 2-1 可以看出，C 语言的每种数据类型都是“有度”的。因此，我们在编写程序时，要做到“心中有度”。

2.2.3　构造类型

构造类型是用户根据需要由已知类型（如基本类型），按一定的规则构造出的有结构的数据类型，例如，数组、结构体和共用体等。

构造类型比较复杂，将在后面的章节中作专门介绍。

在 C 语言中，程序中的每一个数据都有一个确定的类型。这样，程序就可以根据数据的类型安排相应的存储空间，进行合适的运算。如果某一数据在运算前不知其类型，则在编译时会出现出错信息。

2.2.4　其他类型

指针类型是一种特殊的、具有重要作用的数据类型。其值用来表示某个变量在内存储器中的地址。虽然指针变量的取值类似于整型量，但这是两个类型完全不同的量，因此不能混为一谈。

空类型：在调用函数值时，通常应向调用者返回一个函数值。这个返回的函数值是具有一定数据类型的，应在函数定义及函数说明中进行说明，例如，函数头为 int max(int a,int b);，其中括号外的 int 类型说明符即表示该函数的返回值为整型量。但是也有一类函数调用后并不需要向调用者返回函数值，这种函数可以定义为“空类型”。其类型说明符为 void。在后面的函数中会详细介绍。

在本章中，先介绍基本数据类型中的整型、实型和字符型。其余类型在以后各章中陆续介绍。

2.3 常量与变量

对于基本数据类型的量，按其取值是否可改变又分为常量和变量两种。常量和变量都分别属于某一数据类型，它们可与数据类型结合起来分类，分为整型常量、整型变量、实型常量、实型变量、字符常量、字符变量等。

2.3.1 常量

常量是指在程序运行过程中其值不发生变化的量。在程序中，常量是可以不经说明而直接引用的。C 语言中的常量有整型常量、实型常量、字符常量和字符串常量等。例如 12、0、-3 为整型常量，4.6 和-1.23 为实型常量，'a'、'd'为字符常量。由此可见，常量的类型从字面形式上是可区分的。

整型常量、实型常量、字符常量称为直接常量。也可以用一个标识符代表一个常量，称之为符号常量。符号常量在使用之前必须先定义，其一般形式如下：

```
#define 标识符 常量
```

其中，#define 是一条预处理命令（预处理命令以"#"开头），称为宏定义命令（不是语句），其功能是把该标识符定义为其后的常量值。一经定义，以后在程序中所有出现该标识符的地方均代之以该常量值。

【例 2.1】 计算圆的面积和周长。

源程序代码（demo2-1.c）

```
#include<stdio.h>
#define PI 3.14
main( )
{
    float r=5.0,s,len;
    s= PI *r*r;
    len=2*PI*r;
    printf("s= %f,len=%f",
s,len);
}
```

【例 2.2】 计算圆的面积和周长。

源程序代码（demo2-2.c）

```
#include<stdio.h>
main( )
{
    float r=5.0,s,len;
    s= 3.14 *r*r;
    len=2*3.14*r;
    printf("s= %f,len=%f",
s,len);
}
```

对比例 2.1 和例 2.2 可知，如果程序编写好以后，发现圆周率的精度不够，则应该保留到小数点后第 6 位。对于例 2.1 来说，只需将#define PI 3.14 改为#define PI 3.141592；对于例 2.2，则要分别对每处出现的 3.14 做更改，容易出现少改和误改的情况。

因此，使用符号常量具有以下优点。

（1）含义清楚。符号常量名通常要大写，如上面的程序中，查看程序时，从 PI 即可知道它代表圆周率。因此定义符号常量名时应考虑“见名知意”。在一个规范的程序中不提倡使用很多常数，如 len=2*3.14*5.0，在检查程序时搞不清各个常数究竟代表什么。应尽量使用“见名知意”的变量名和符号常量。

（2）在需要改变一个常量时，符号常量能做到“一改全改”。

注意： 用 define 进行定义时，必须用#作为一行的开头，#define 命令行的最后不得加分号。

2.3.2　变量

在程序的执行过程中，其值可以改变的量称为变量。一个变量应该有一个名称，称为变量名。变量可以看作一个存储数据的容器，它的功能就是存储数据，在内存中占据一定的存储单元，在该存储单元中存放变量的值。注意区分变量名和变量值这两个不同的概念，如图 2-2 所示。

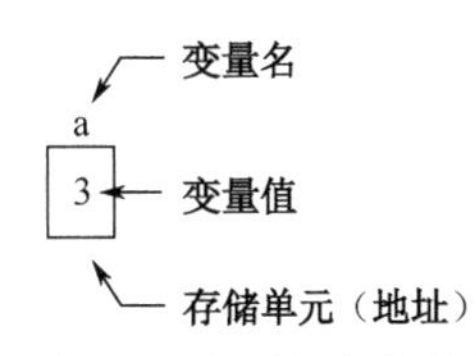

图 2-2　变量名和变量值

变量是一段有名称的连续存储空间，变量名实际上是一个符号地址。在源代码中通过定义变量来申请并命名这样的存储空间，并通过变量名找到相应的内存地址，从其存储单元中读取数据。

1. 变量的定义

变量定义的语法形式如下。

```
数据类型名　变量名1,变量名2,…,变量名n;
```

例如：

```
int i,j;            /*定义i、j为两个整型变量*/
float f;            /*定义f为浮点型变量*/
```

在对变量进行定义的同时，根据变量的数据类型（参见表 2-1）为变量分配存储单元。如上所示，在定义 i 和 f 的同时，为 i 分配 2 字节或 4 字节的空间（由编译器确定），以存放整数；为 f 分配 4 字节的空间，以存放一个实数。

变量名应遵循标识符命名规则，具体规则如下。

（1）标识符就是一个名称（如常量名、变量名、函数名等）。

（2）标识符只能由字母、数字、下画线组成，且第一个字符必须为字母或下画线。

（3）大写字母和小写字母被认为是两个不同的字符。因此，sum 和 SUM、k 和 K 分别是两个不同的变量名。一般变量名用小写字母表示，与人们日常习惯一致，以增加可读性。

（4）关键字不能作为其他标识符，但关键字大写后可以作为标识符。

（5）预定义标识符（如 scanf）允许有其他用途，但最好不要这样用。

（6）标识符命名的良好习惯是见名知意，如 sum、count、name、day、month、total 等。

2. 变量的赋值

（1）初始化。定义变量的同时赋初值，格式如下。

```
数据类型  变量名1=初值1，变量名2=初值2…;
```

例如：

```
int i=0,j=1;
```

（2）通过一个赋值语句给变量赋初值。

例如：

```
int i,j;
i=0,j=1;
```

（3）通过输入函数为变量赋值。

例如：

```
int i,j;
scanf("%d%d",&i,&j);
```

C 语言提供了一个特殊的运算符&，进行“取地址”运算，&i 的结果是取变量 i 的首地址。

变量具有保持值的性质。也就是说，如果在某个时刻给一变量赋了一个值，之后使用这个变量的值时，每次得到的总是该值。这种情况将一直延续到下次给这个变量赋值为止。应当注意的是，由于赋值操作的存在，程序执行中一个变量在各个时刻所保存的值可能不同。

关于变量及变量赋值的几点说明如下。

（1）程序中用到的变量必须“先定义，后使用”。

（2）定义变量时，给几个变量赋相同的初值，应写成：

```
int  a=3,b=3,c=3;
```

不能写成：

```
int  a=b=c=3;
```

（3）给变量赋值时，正常情况下应给变量赋相同类型的数据。若给变量赋类型不同的数据，则需进行类型转换（本章后面会介绍）。

2.4 整型数据

2.4.1 整型常量

整型常量简称整数。C 语言中有如下 3 种形式的整型常量。

1. 十进制整数

这是人们习惯使用的十进制整数形式，没有前缀，使用数字 0～9，如 10、-127、0、+5 等。

2. 八进制整数

八进制整型常数必须以 0 开头，只能使用数字 0～7，如 0123（表示十进制整数 83）、0400（表示十进制整数 256）等。

注意：八进制整数必须用合法的八进制数字表示，如不能写成 018，因为数字 8 不是八进制数字。

3. 十六进制数

这是以 0x 或 0X 开头的十六进制数字。十六进制数有 0～9，a～f（或 A～F），如 0x123（表示十进制整数 291）、0x12（表示十进制整数 18）。

当数据超过范围时，系统自动按长整数进行存储。长整数的表示形式是在数字的后面加上字母 L 或 l，如 12L、-100L、0x12L。

2.4.2 整型变量

1. 存储方式

整型数据在内存中是以二进制的形式存放的。

1）正整数

当用 2 字节存储空间存放一个 short 类型的正整数时，如正整数 5，其在内存中的二进制码为 0000000000000101

对于正整数的这种存储形式称为用“原码”形式存放。

2）负整数

负整数在内存中是以“补码”形式存放的。例如，对于负整数-5，其在内存中的二进制码求解过程如下。

先求得二进制原码：1000000000000101，

再求其反码（除符号位之外的二进制码按位取反，即 1 变 0，0 变 1），1111111111111010，最后求补码（反码加 1），即 1111111111111011。

因此，负整数-5 在内存中的二进制码为 1111111111111011。

2. 整型变量的定义与使用

例如：

```
int i,j,k;      /*定义了3个整型变量，即i、j、k*/
```

除了基本的 int 型，整型变量还有其他几类，如表 2-2 所示。

表 2-2　各类整型变量

类　型		字　节	范　围
整型	int	4	-2 147 483 648～+2 147 483 647
	short	2	-32 768～+32 767
	long	4	-2 147 483 648～+2 147 483 647

续表

类　型		字　节	范　围
整型	unsigned	4	0～4 294 967 295
	unsigned short	2	0～65 536
	unsigned long	4	0～4 294 967 295

【例 2.3】分析以下程序的执行结果。

1）源程序代码（demo2-3.c）

```
#include<stdio.h>
main( )
{
    int a;                          /*定义整型变量 */
    long b,c;                       /*定义两个长整型变量*/
    unsigned d=10;                  /*定义无符号整型变量，并赋初值10*/
    printf("a=%d\n ",a);            /*输出变量a*/
    printf("b=%ld\nc=%ld\n",b,c);/*输出变量b和c，%ld表示输出长整型数据 */
    printf("d=%d\n ",d);            /*输出变量d */
}
```

2）程序运行结果

```
a =-34
b =2098513
c=10814598
d=10
```

C 语言并不会自动为每个变量赋初值，如果定义变量时没有赋初值，则它的值是未知的。以上程序中只有变量 d 被赋了初值，所以除了 d 的值为 10，其余变量的值都是随机的。

【例 2.4】计算 3 个数的和与积。

1）源程序代码（demo2-4.c）

```
#include<stdio.h>
main( )
{
    int a=3,b=4,c=6,s1,s2;     /*定义整型变量，对a、b、c进行初始化*/
    s1=a+b+c;                  /*把（a+b+c）经过运算后得到的值赋给整型变量s1*/
    s2=a*b*c;                  /*对整型变量s2赋值*/
    printf("a+b+c =%d\n a*b*c =%d\n",s1,s2); /*输出结果*/
}
```

2）程序运行结果

```
a+b+c =13
a*b*c =72
```

2.5　实型数据

2.5.1　实型常量

实型常量也称为浮点型常量，即实数。C 语言中的实数有以下两种表示形式。

（1）十进制小数形式：由数字、小数点和正负号组成，如 0.373、-123.、3.14。注意：数字中必须有小数点。

（2）指数形式：由尾数部分、字母 e（或 E）和指数部分组成，如 1.75e1 表示实数 17.5，-6.5e-3 表示实数-0.0065。注意：e（或 E）之前必须有数字，之后必须是整数，e3、12e、5e3.6 等都是错误的指数形式。

2.5.2　实型变量

1. 存储方式

与整型数据的存储方式不同，实型数据是按照指数形式存储的。系统把一个实型数据分成小数部分和指数部分，分别进行存放。指数部分采用了规范化的指数形式，如实数 3.14159 在内存中的存放形式如下：

+	.314159	1

这里是用十进制数来示意的，实际上计算机中是用二进制数来表示小数部分以及用 2 的幂次来表示指数部分的。

2. 实型变量的定义与使用

实型变量分为单精度型（float 型）、双精度型（double 型）和长双精度型（long double）3 类，其中 long double 型使用得较少，不做详细介绍。

对于每一个实型变量，都应在使用前加以定义。例如：

```
float  x,y;    (指定x、y为单精度实数，分配4字节的存储单元)
double z;      (指定z为双精度实数，分配8字节的存储单元)
```

在 VC 2010 中，所有的 float 型数据在运算中都自动转换成 double 型数据。注意：实型的变量只能存放实型数，不能用整型变量存放一个实数，也不能用实型变量存放一个整数。

计算机中可以精确地存放一个整数，但实型数据的数值范围比整型数据大，往往会存在误差。

2.6　字符数据

2.6.1　字符常量

字符常量是用一对单引号括起来的一个字符，如'A'、'a'、'5'、'='、'+'等。需要注意以下几点。

（1）字符常量只能用单引号括起来，不能用双引号或其他括号，如"a"是不合法的字符常量。

（2）字符常量只能是单个字符，不能是字符串，如'abc'是非法的。

C 语言的字符常量占据 1 字节的存储空间，在存储单元中存放的并不是字符本身，对大多数系统而言，存放的是字符对应的 ASCII 码值，即以整数表示。在这种情况下，存储字符'a'的单元实际值是 97，存储字符'A'的单元实际值是 65，存储字符'0'的单元实际值是 48。

2.6.2 转义字符

除了以上形式的字符常量，C 语言还允许使用一种以特殊形式出现的字符常量，这就是转义字符。转义字符是以“\”开头的，后跟一个或几个字符，需要注意的是，转义字符是一个字符。转义字符具有不同于字符原有的意义，有特定的含义，故称“转义”字符。例如，在前面各例题 printf 函数的格式串中用到的“\n”就是一个转义字符，其意义是“回车换行”。常见的转义字符如表 2-3 所示。

表 2-3 常见的转义字符

字符形式	意 义	ASCII 码
\a	响铃	0x07
\n	回车换行	0x0a
\r	回车	0x0d
\t	横向跳格	0x09
\f	换页	0x0c
\0	空字符	0x00
\\	反斜杠	0x5c
\'	单引号	0x27
\"	双引号	0x22
\xhh	1 或 2 位十六进制数所代表的字符	对应字符的 ASCII 码
\ddd	1～3 位八进制数所代表的字符	对应字符的 ASCII 码

广义地讲，C 语言字符集中的任何一个字符均可用转义字符来表示，表 2-3 中的\ddd 和\xhh 正是为此而提出的，其中 ddd 和 hh 分别为八进制和十六进制的 ASCII 码。例如，\101 表示字符'A'（八进制数 101 转换为十进制数是 65，'A'的 ASCII 码值是 65），\102 表示字符'B'，\134 表示反斜线，\XOA 表示换行等。

2.6.3 字符变量

1. 存储方式

将一个字符常量放到一个字符变量（又称字符型变量）中，实际上并不是把该字符本身放到内存单元中，而是将该字符相应的 ASCII 码值放到存储单元中。例如，ch='a'，字符'a'的 ASCII 码值为 97，在内存中变量 ch 实际上是以二进制形式存放的，如图 2-3 所示。

图 2-3 字符变量名、变量值与存储单元

2. 字符变量的定义与使用

字符变量用来存放字符常量，请注意其只能放一个字符。说明字符变量的关键字是 char，字符变量的定义形式如下。

```
char  ch;   /*定义了一个字符变量 ch*/
```

分配给字符变量的存储单元只有 1 字节，用于存放一个字符（包括转义字符）。字符变量中不能存放字符串。

字符变量存放的是一个字符，实际上是存放字符的 ASCII 码值，是一个整数。由于字符常量说到底是一个整数，因此它可以像整数一样参与数值运算。

【例 2.5】分析以下程序的运行结果。

1）源程序代码（demo2-5.c）

```
#include<stdio.h>
main( )
{
    char ch;
    ch='a'-32;
    printf("%c, %d\n", ch,ch);
}
```

2）程序运行结果

```
A,65
```

程序中，ch 被声明为字符变量，C 语言允许字符变量参与数值运算，即用字符的 ASCII 码值参与运算。由于大小写字母的 ASCII 码值相差 32，因此运算后会把小写字母转换成大写字母，并分别以字符型和整型输出。

2.6.4　字符串常量

字符串常量是用一对双引号括起来的零个或多个字符的序列。例如，"Hello"、"BEIJING"、"a"、" "（双引号中有一个空格）、""（双引号中什么也没有）、"\n"（双引号中有一个转义字符）。

字符串常量和字符常量是不同的，它们之间的主要区别如下。

（1）字符串常量由双引号括起来，字符常量由单引号括起来。

（2）字符串常量可以含有 0～n 个字符，字符常量只能是 1 个字符。

（3）可以把字符常量赋值给字符变量，但不能把字符串常量赋给字符变量。C 语言中没有字符串变量，但是可以用字符数组来存放字符串常量（详见数组章节）。

（4）字符串常量在内存中所占的字节数=字符串中各字符个数+1，增加的 1 字节存储空间中存放字符'\0' (ASCII 码值为 0)，'\0'是字符串的结束标志。而字符常量在内存中只占 1 字节。例如，字符串"Hello"在内存中所占的字节数为 6，存放方式如下（其实际上是二进制形式）。

H	e	l	l	o	\0

字符常量'a'和字符串常量"a"是不同的。'a'在内存中占 1 字节，可表示为

a

而"a"在内存中占 2 字节，可表示为

a	\0

字符串常量在内存中存储时，系统自动在每个字符串常量的尾部加一个字符串结束标志字符'\0'。因此，包含 n 个字符的字符串常量在内存中占用 n+1 字节。

2.7 运算符和表达式

C 语言提供了多种运算符，按其功能分为算术运算符、赋值运算符、自增/自减运算符、关系运算符、逻辑运算符、条件运算符、位运算符等。

C 语言中的运算符如表 2-4 所示。

表 2-4 C 语言中的运算符

算术运算符	+ - * / %
赋值运算符	= += -= *= /= <<= >>= &= ^= |=
自增/自减运算符	++ --
关系运算符	> < == >= <= !=
逻辑运算符	! && ||
条件运算符	?:
位运算符	<< >> ~ | ^ &
逗号运算符	,
指针运算符	* &
求字节数运算符	sizeof
强制类型转换运算符	(double) (float) (int) (char) (short) (long) (unsigned)
分量运算符	. ->
下标运算符	[ ]
其他运算符	如函数调用运算符( )

表达式是由运算符、常量、变量、函数按照一定的规则构成的式子。对于每个表达式，不管是简单还是复杂，都会有一个值，该值称为表达式的值。表达式既可以包括相同类型的运算符，也可以包括不同类型的运算符。当多种运算符出现在同一个表达式中时，要有“轻重缓急”，分清“主要矛盾和次要矛盾”，应该先按照运算符的优先级进行运算，这样才能保证运算的合理性和结果的正确性、唯一性。

使用变量的方法就是把它直接写在表达式中。如果在计算表达式的过程中遇到一个变量，则这个变量当时的值将被取出参与计算。程序中可以根据需要写出各种包含变量的表达式，显然这种表达式的计算结果将依赖于有关变量的值，同样的表达式在不同的时候求出的值有可能不同。

2.7.1　算术运算符和算术表达式

1．算术运算符

基本的算术运算符有+（加）、-（减，取负）、*（乘）、/（除）、%（取余）。在使用算术运算符时要注意以下几点。

1）除法运算 a/b

① b 的值不能为 0。

② 当 a 和 b 都是或有一个是实型时，两数相除，其结果是实型。

例如，7/2.0=3.500000；1.0/3=0.333333；−7.2/2= −3.600000。

③ 当 a 和 b 都是整型时，其结果为整数。小数全部舍去，而不会四舍五入。

例如，7/2=3；1/3=0；−7/3=−2；123/10=12；123/100=1。

2）取余运算 a%b

① b 的值不能为 0，且 a、b 两个数都必须是整数。

② 求出的结果或者等于 0，即 a 可被 b 整除；或者为 a 的绝对值对 b 的绝对值求余，符号与 a 的符号相同。

例如，123%10=3；123%2=1；12%2=0；−7%−5=−2；−7%5=−2；7%−5=2。

2．算术表达式

用算术运算符和圆括号将常量、变量及函数连起来的式子称为算术表达式。

一个常量、一个变量（已赋值）或一个函数都是合法的表达式，例如，5.0、r、sqrt(9.0)都是表达式的简单情况。一般情况下，算术表达式可包含更多的运算数据、运算符、圆括号，例如(a−b)/c*2+'A'+15%−4。

> **注意：** C 语言中，算术表达式的所有成分都写在一行中，没有分式，也没有上下标，可以使用圆括号。

在计算机中，不能直接对代数式进行运算，需要将它转换成相应的算术表达式。

例如，代数式 $3x^2+x-2$，其算术表达式为 3*pow(x,2)+x−2。

其中，pow( )是求幂的函数，格式为 pow(底,指数)。

例如，代数式 $\frac{a}{2}-\frac{6y}{5x}$ 的算术表达式为 a/2−6*y/(5*x)，圆括号不能省略，如果写为 a/2−6*y/5*x，则无法表示该代数式。

3．运算符的优先级与结合性

算术表达式的运算过程和数学中的规则一样，有括号时先运算括号内的子表达式。有多层括号时，先运算最里层。对于同一层次的运算，负号优先运算，其次运算乘、除，最后运算加、减。同一优先级从左向右进行运算。

【例 2.6】 将两个两位数的正整数 a、b 合并成一个整数放在 c 中。合并的方式如下：将正整数 a 的十位和个位依次放在 c 的千位和十位上，正整数 b 的十位和个位依次放在 c 的百位和个位上。

1）程序代码（demo2-6.c）

```
#include<stdio.h>
main( )
{
    int a,b,c;
    printf("请输入两个两位数的正整数a,b:");
    scanf("%d,%d",&a,&b);
    c=a/10*1000+a%10*10+b/10*100+b%10;
    printf("c=%d\n",c);
}
```

2）程序运行结果

```
请输入两个两位数的正整数a,b:12,34
c=1324
```

2.7.2 赋值运算符和赋值表达式

1. 赋值运算符

赋值运算符为“=”，注意不是等号，不能与日常算术运算中的等号相混淆。C 语言中取“=”作为赋值运算符，主要是考虑到赋值运算符在程序中使用得非常广泛，用“=”便于书写，相应地，C 语言中的等号改用“==”来表示。

2. 赋值表达式

语法：变量=表达式。

功能：将赋值运算符右侧表达式的值赋给变量。

例如：

```
x=10                /*把常量10赋给变量x，表达式的值为10*/
p=q=r=9             /*赋值运算符具有自右向左的结合性，表达式的值为9*/
x=(y=1)-(z=2)       /*表达式的值为-1*/
x=x+1               /*将变量x的值加1后再赋回给变量x，变量x的值增加了1 */
```

注意：赋值运算符的左侧只能是变量，不能是常量或表达式，如 5=b,a+b=c,是非法的。

3. 运算符的优先级与结合性

赋值运算符的优先级只高于逗号运算符，比任何其他运算符的优先级都低，且具有自右向左的结合性。

对于表达式 a=2+7/3，由于所有其他运算符的优先级都比赋值运算符高，所以先计算赋值运算符右侧表达式的值，再把此值赋给变量 a。

4. 赋值中的类型转换

在赋值表达式中，表达式的类型为表达式左侧变量的类型。

当右侧表达式的类型与左侧变量类型不一致时，将要进行类型转换。转换规则是把

“=”右侧值的类型转换为左侧变量的类型。

例如：

```
int a;
float x=8.88;
a=x;        /* a为整型，将实型x值赋给a，只取整数部分8*/
```

5. 复合运算符

在赋值运算符前加上某些特定的运算符，有如下 10 种复合运算符。

```
+=    -=    *=    /=    %=    <<=    >>=    &=    ^=    |=
```

例如：

```
i+=1          /*等价于i=i+1*/
x*=j+4        /*等价于x=x*(j+4)*/
```

注意：复合运算符相当于赋值号后有一个括号，实际上是自右至左进行运算的。

已有变量 a，其值为 9，计算表达式 a+=a-=a+a 的值。

因为赋值运算符与复合运算符“-=”和“+=”的优先级相同，且运算方向为自右至左，所以其运算过程如下。

（1）计算“a+a”，因为 a 的初值为 9，所以该表达式的值为 18，注意 a 的值未变。

（2）计算“a-=18”，此式相当于“a=a-18”，因为 a 的值仍为 9，所以表达式的值为-9，注意 a 的值已为-9。

（3）计算“a+=-9”，此式相当于“a=a+(-9)”，因为 a 的值此时已是-9，所以表达式的值为-18。

由此可知，表达式 a+=a-=a+a 的值是-18。

6. 赋值语句

语法：赋值表达式加上分号（;），即：

```
变量=表达式;
```

例如，将赋值表达式改为赋值语句：

i+=1 ⟶ i+=1;

x=(y=1)-(z=2) ⟶ x=(y=1)-(z=2);

【例 2.7】赋值语句中的语序问题。

1）源程序代码（demo2-7.c）

```
#include<stdio.h>
main( )
{
    int a,b;
    a=b+1;
    b=30;
    printf("a=%d",a);
}
```

2）程序运行结果

```
a=-858993459
```

初学者会误以为上面的程序输出 a=31。然而，由于程序在执行时是按语句顺序执行的，在对 a 赋值时，b 的值是未知的，因而，a 的值也是不可预料的。后面的赋值语句对 b 赋值 30，但这并不影响 a 的值。也就是说，a 的值不会自动变成 31。要想输出 a=31，应将语句“a=b+1;”放到语句“b=30;”的后面。

2.7.3 自增、自减运算符

C 语言中的两种非常有用的运算符是++、--，分别被称为自增和自减运算符，它们的作用是使变量的值加 1 或减 1。其有 4 种形式：++ n、--n、n++、n--。

++和--可以写在变量之前，称为前置运算，也可以写在变量之后，称为后置运算。

++ n、--n：使用 n 之前，先使 n 的值加/减 1。

n++、n--：使用 n 之后，再使 n 的值加/减 1。

对单独的一个变量进行前置运算或后置运算，其结果相同，都是使该变量的值增加或减少 1。然而，当它们用在表达式中时，效果不同。进行前置运算时，在使用变量的值之前进行自增或自减操作；进行后置运算时，先使用变量的当前值参与运算，再将变量加 1 或减 1。

例如：

```
int n=7,y;
```

如执行 y=++n，则 y=8，n=8，++在前，n 先自加 1 再把结果赋给表达式 y;

如执行 y=n++，则 y=7，n=8，++在后，先把 n 的值赋给表达式 y，n 再自加 1;

如执行 y=--n，则 y=6，n=6，--在前，n 先自减 1 再把结果赋给表达式 y;

如执行 y=n--，则 y=7，n=6，--在后，先把 n 的值赋给表达式 y，n 再自减 1。

由以上可知，++n 和 n++的相同点是变量 n 的值自加 1；不同点是++n 表达式的值是 n 自加以后的值，n++表达式的值是 n 自加之前的值。

【例 2.8】 自增（++）、自减（--）运算符的使用。

1）源程序代码（demo2-8.c）

```
#include<stdio.h>
main( )
{
  int i,j;
  i=5;
  j=5;
  printf("%d\n",++i);
  printf("%d\n ",j++);
  printf("%d\n ",j);
}
```

2）程序运行结果

```
6
5
6
```

++i 是先将 i 加 1 后再对 i 进行运算，i++是先对 i 运算再将 i 加 1。此演示程序中，对++i 输出时，是先将其值加 1，再进行输出。对于 j++，是先将其值输出，j 再加 1，故在最后一条输出语句中，j 的值为 6。

关于自增（++）、自减（--）运算符的几点说明如下。

（1）自增、自减运算常用于循环语句中，使循环控制变量加（或减）1，或者用于指针变量中，使指针指向下（或上）一个地址。

（2）运算对象是字符型、整型或实型变量，不能用于常量和表达式。例如，5++、--(a+b)等都是非法的。

（3）++和--的结合方向为从右到左。

（4）当对一个变量的自增/自减运算单独构成语句，而不是作为表达式的一部分时，前置和后置运算效果一样，都是使变量自加 1。例如，i++;和++i;的效果是一样的，都是使 i 加 1。

（5）在表达式中，连续使用同一变量进行自增或自减运算时很容易出错，所以最好避免这种用法。

2.7.4　逗号运算符和逗号表达式

1. 逗号运算符

在 C 语言中，可以用逗号把若干个独立的表达式连接起来，构成逗号表达式。

2. 逗号表达式

语法：

```
表达式 1,表达式 2,…,表达式 n
```

作用：依次求表达式 1 的值，表达式 2 的值……最后求表达式 n 的值，且表达式 n 的值为整个逗号表达式的值。

例如，对于 x=6,x+8，先求表达式 x=6 的值，再求表达式 x+8 的值，整个逗号表达式的值是 14。

3. 运算符的优先级与结合性

在所有运算符中，逗号运算符的优先级最低。逗号运算符的结合性为从左到右。

例如：

```
x=(3+5,4+6)                /*赋值表达式的值为10，x的值为10*/
x=3+5, x+6                 /*逗号表达式的值为14，x的值为8*/
```

2.7.5　sizeof 运算符

sizeof 运算符是用来求变量的字节数的。它的使用比较简单，需要注意的是其并不是函数。

例如：

```
int i;                     //sizeof(i)=4
float f;                   //sizeof(f)=4
double d;                  //sizeof(d)=8
```

```
char ch;                    //sizeof(ch)=1
sizeof("Hello")=6
```

2.7.6 位运算

在系统软件中，经常要处理二进制位的问题，例如，将一个存储单元中的各二进制位左移或右移一位，两个数按位相加等。C 语言是为描述系统程序而设计的，因此，它提供了位运算的功能。

位运算是针对二进制代码进行的运算。每一个二进制的位取值只有 0 和 1。位运算符的操作对象是一个二进制位集合。

C 语言提供的位运算符有以下几种。

&：按位与。

|：按位或。

^：按位异或。

～：取反。

<<：左移。

>>：右移。

（1）位运算符中除了～，均为二目运算符。

（2）运算量只能是整型或字符型的数据，不能为实型数据。

1. 按位与运算符

规则：参与运算的两个运算量，如果两个相应位都为 1，则该位结果值为 1，否则为 0。

例如，x=10001001、y=11101110，求 x&y。

$$\begin{array}{r} 10001001 \\ \&\ 11101110 \\ \hline 10001000 \end{array}$$

x&y=10001000。

按位与运算的特殊用途如下。

1）清零

方法：与一个各位都为零的数值相与，结果为零。

$$\begin{array}{r} 00101011 \\ \&\ 00000000 \\ \hline 00000000 \end{array}$$

2）取数 x 中的某些指定位

方法：找一个数与 x 相与，此数相对 x 数要提取的位的对应位为 1，其余位为零，此数与 x 相与就可以得到 x 中的某些位。

例如，设 x=10101110，

取 x 的低 4 位：

$$\begin{array}{r} 10101110 \\ \&\ 00001111 \\ \hline 00001110 \end{array}$$

取 x 的 2、4、6 位：

```
  10101110
& 01010100
----------
  00000100
```

2. 按位或运算符

规则：参与运算的两个运算量，如果两个相应位中有一个为 1，则该位结果值为 1，否则为 0。

例如，x=10001001、y=11101110，求 x|y。

```
  10001001
| 11101110
----------
  11101111
```

x|y=11101111。

按位或运算符的特殊用途：常用来对一个数据的某些位置 1。

方法：找一个数，此数的各位是这样取值的，对应 x 数要置 1 的位，该数对应位为 1，其余位为零。此数与 x 相或即可使 x 中的某些位置 1。

例如，使 x=10100000 的低 4 位为 1。

```
  10100000
| 00001111
----------
  10101111
```

3. 按位异或运算符

规则：参与运算的两个运算量，如果两个相应位为“异”（值不同），则该位结果值为 1，否则为 0。

例如，x=10001001、y=11101110，求 x^y。

```
  10001001
^ 11101110
----------
  01100111
```

x^y=01100111。

异或运算的应用如下。

（1）使特定位翻转，找一个数，此数的各位是这样取值的：对应 x 数要翻转的各位，该数对应位为 1，其余位为零，此数与 x 相异即可。

例如，x=10101110，使 x 低 4 位翻转。

```
  10101110
^ 00001111
----------
  10100001
```

（2）与 0 相异或，保留原值。

例如：

```
  00001010
^ 00000000
----------
  00001010
```

4. 取反运算符

规则：对一个二进制数按位取反，即将 0 变为 1，1 变为 0。
例如，0100001110010111 取反为 1011110001101000。
又如，使一个数 a 的最低位为零，可以表示成 a &～1，因为～1=1111111111111110。

5. 左移运算符

规则：将一个数的各二进制位全部左移若干位（左丢弃，右补 0）。
例如，a=a<<2，将 a 的二进制数左移 2 位，右补 0。
若左移时舍弃的高位不包含 1，则每左移一位，相当于该数乘以 2。

6. 右移运算符

规则：将一个数的各二进制位全部右移若干位（正数左补 0/负数左补 1，右丢弃）。
例如，a=a>>2，将 a 的二进制数右移 2 位。

将一个操作数左移一位，相当于将其乘以 2。将一个操作数右移一位，相当于将其除以 2。因此，可以用移位操作代替部分乘除操作，只要不产生溢出，这种代替都是正确的（用 CF 标志判断无符号数运算是否溢出，CF=1 表示溢出。用 OF 标志判断有符号数运算是否溢出，OF=1 表示溢出）。

7. 位运算符与赋值运算符结合

&=。如：a&=b 相当于 a=a&b。
|=。如：a|=b 相当于 a=a|b。
>>=。如：a >>=b 相当于 a=a>>b。
<<=。如：a<<=b 相当于 a=a<<b。
^=。如：a^=b 相当于 a = a^b。

8. 位运算举例

【例 2.9】利用位运算做乘法。

1）源程序代码（demo2-9.c）

```
#include<stdio.h>
main( )
{
  int a=5,b=6;
  a=a<<2;
  b=b>>1;
  printf("%d,%d\n",a,b);
}
```

2）程序运行结果

```
20,3
```

3）程序说明

对于一个变量，左移一位相当于乘以 2，右移一位相当于除以 2。用移位来做乘除法比一般乘除法快得多。当然，用移位做乘除法时必须要注意不能使数据发生溢出。

【例 2.10】 取一个整数 a 从右端开始的第 4～7 位。

1）算法分析

设 a 的值为 128，则其二进制形式为 0000 0000 1000 0000，十六进制的形式为 0080。依题意，要将其中的“1000”4 位取出，其值为 8。

为了将其中的“1000”取出，应先将 a 右移 4 位，成为 0000 0000 0000 1000，采用 a>>4 来完成。再取数 c，使其低 4 位为 1，其余为 0，二进制形式为 0000 0000 0000 1111，为得到 c 的值，可采用运算“～(～0<<4)”来实现，因为～0 为 1111 1111 1111 1111，“(～0<<4)”为 1111 1111 1111 0000，故“～(～0<<4)”的结果为 0000 0000 0000 1111。最后，将 a 左移 4 位的结果与数 c 的结果进行与运算，取出其后 4 位，即可得到要求的结果。

2）源程序代码（demo2-10.c）

```
#include<stdio.h>
main( )
{
    unsigned short a,b,c,d;
    scanf("%d",&a);
    b=a>>4;
    c=～(～0<<4);
    d=b&c;
    printf("输入数据的十六进制形式为:%x\n",a);
    printf("最后结果为:%d\n",d);
}
```

3）程序运行结果

```
128↙
输入数据的十六进制形式为：80
最后结果为：8
```

此小节的程序要求对二进制有所了解。初学者在刚学习时，位运算的内容可跳过，等以后有需要时再学习即可。

2.8 运算符的优先级

在一个表达式中，往往有各类运算符，运算符的优先级对运算结果的影响很大。为了完整，此处给出了 C 语言的全部运算符的优先级，如表 2-5 所示。有些运算符要到后面的相关章节中才会讲到。

表 2-5 C 语言的全部运算符的优先级

优 先 级	运 算 符	结 合 性
1	[] () . ->	左→右
2	++ -- sizeof & * +（正号） -（负号） ～ !	右→左

续表

<table>
<tr><th>优 先 级</th><th>运 算 符</th><th>结 合 性</th></tr>
<tr><td>3</td><td>（强制类型转换）</td><td>右→左</td></tr>
<tr><td>4</td><td>* / %</td><td>左→右</td></tr>
<tr><td>5</td><td>+ -</td><td>左→右</td></tr>
<tr><td>6</td><td><< >></td><td>左→右</td></tr>
<tr><td>7</td><td>< > <= >=</td><td>左→右</td></tr>
<tr><td>8</td><td>== !=</td><td>左→右</td></tr>
<tr><td>9</td><td>&</td><td>左→右</td></tr>
<tr><td>10</td><td>^</td><td>左→右</td></tr>
<tr><td>11</td><td>|</td><td>左→右</td></tr>
<tr><td>12</td><td>&&</td><td>左→右</td></tr>
<tr><td>13</td><td>||</td><td>左→右</td></tr>
<tr><td>14</td><td>? :</td><td>右→左</td></tr>
<tr><td>15</td><td>= *= /= %= += -= <<= >>= &= ^= |=</td><td>右→左</td></tr>
<tr><td>16</td><td>,</td><td>左→右</td></tr>
</table>

2.9 混合运算中的类型转换问题

C 语言允许不同类型的数据混合运算，即整型、实型和字符型数据都可以出现在同一个表达式中。但是，在计算机的运算器中，不同类型的数据是不能直接进行运算的。因此，当表达式中出现不同类型的数据时，要进行类型转换，使运算符两侧的操作数具有相同的类型。

2.9.1 自动类型转换

自动类型转换是指在表达式中无须显式地表明类型的转换，而由编译器根据规则自动执行。转换规则是将运算符两侧的数据转换为它们之中数据最长的数据类型，以保证运算精度不会降低。类型转换规则如图 2-4 所示。

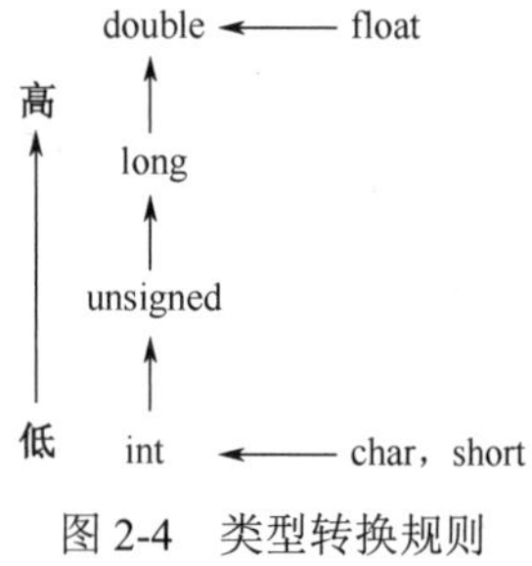

图 2-4 类型转换规则

图 2-4 中横向箭头表示必须进行的转换，即 float 型数据必须转换为 double 型，即使运算符两边都是 float 型数据也是如此，运算结果为 double 型，这样可提高运算精度。同理，char 和 short 类型的数据必须先转换为 int 型的数据。

图 2-4 中纵向箭头表示仅当运算符两侧的数据类型不同时才进行的转换。箭头方向表示低级别数据类型向高级别数据类型转换。例如，int 型数据与 long 型数据一起运算时，要将 int 型数据转换为 long 型数据。

【例 2.11】不同类型数据间的算术运算。

1）源程序代码（demo2-11.c）

```
#include <stdio.h>
main( )
{
    float x,y,z;
    x=5/2;
    y=5/2*1.0;
    z=1.0*5/2;
    printf("x=%f  ",x);
    printf("y=%f  ",y);
    printf("z=%f \n",z);
}
```

2）程序运行结果

```
x=2.000000   y=2.000000   z=2.500000
```

（1）要想对 x 赋值，首先要计算 5/2 的值，5/2 的结果是 int 型，值为 2，因此，变量 x 的值为 2.0。

（2）由于/和*的优先级相同，且算术运算符具有左结合性，因此，先计算 5/2，得到的结果 2 再和 1.0 相乘，所以 5/2*1.0 的值是 2.0，y 的值也是 2.0。

（3）在对 z 赋值时，由于先计算 1.0*5 得到了 double 型的结果 5.0，再计算 5.0/2，因此 z 的值是 2.5。

2.9.2　强制类型转换

在 C 语言中，可以通过强制类型转换将表达式强制转换成指定的类型。

格式:（类型名）（表达式）。

作用：将表达式的运算结果强制转换成类型说明符所表示的类型。

例如：

```
(int) (x+y)         /*把x+y的结果转换为整型*/
(char)(23.2+45)     /*将表达式结果强制转换成字符（D）*/
(float)(5/2)        /*将5整除2的结果转换成实型(2.000000)*/
(float)5/2          /*将5转换成实型，再除以2(=2.500000)，等价于(float)(5)/2*/
```

在使用强制类型转换时应注意以下问题。

（1）类型说明符和表达式都必须加括号（单个变量可以不加括号），如把(int)(x+y)写为(int)x+y，则表示 x 转换成 int 型之后再与 y 相加。

（2）无论是强制转换还是自动转换，都只是为了本次运算的需要而对变量的数据长度进行的临时性转换，而不改变数据说明时对该变量定义的类型。

【例 2.12】强制类型转换。

1）源程序代码（demo2-12.c）

```
#include<stdio.h>
main( )
{
    float x;
```

```
        int i;
        x=3.6;
        i=(int)x;
        printf("x=%f,i=%d",x,i);
    }
```

2）程序运行结果

```
    x=3.600000,i=3
```

强制类型转换时，得到一个所需类型的中间变量，原来的变量类型并未发生变化。

2.10 小结

本章内容较多，包含了 C 语言大多数的基本概念。这些概念中，有一些是非常基本且非常重要的。

1. C 语言中的数据类型、常量和变量

C89 标准提供的基本类型相对较少，只有字符型、整型、长整型、短整型、无符号型、单精度、双精度和长双精度。在 VC 中，只支持两种浮点类型：单精度和双精度。

在新的 C99 标准中增加了布尔类型、复数类型，长长整型（long long int）等。在支持 C99 的编译器中，长双精度往往大于 8 字节。目前市面上支持或部分支持 C99 标准的编译器有 Borland 公司的 C++ BuilderX、Linux 下的 GCC 3.2 及以上版本、LCC 3.3。但要注意，到目前为止，C++完全兼容 C89 标准，但不完全兼容 C99 标准。

常量是程序运行过程中不能改变的量，变量与常量相对应，是在程序运行过程中可以改变的量。所以，变量也可理解为程序中用来保存数据的装置。不管是常量还是变量，都有确定的类型，且不能改变。

2. 运算符

C 语言提供了很多运算符，本章给出了大多数的运算符，在后续章节中还要给出一些新的运算符。运算符中的细节较多，如除法运算符“/”，当两边的操作数均为整型时，结果为整型。又如，自增、自减运算符“++”“--”，前置和后置结果有时一样，有时不一样，这需要特别注意。再如，对字符进行运算时，其实是对其 ASCII 码值进行运算。对于关系或逻辑运算符，其运算结果为逻辑值，也就是“0”或“1”。运算符在程序中是无处不在的，因此，对运算符的使用要谨慎。

3. 表达式及运算符的优先级

表达式是由运算符连接常量、变量、函数所组成的式子。每个表达式都有一个值和类型。表达式求值按运算符的优先级和结合性所规定的顺序进行。

在有不同类型数据的表达式的计算过程中，每次只有同一种类型的数据才可以计算，这就会涉及类型之间的转换问题。也就是说，在每次计算时，系统要对运算符两边的操作数的类型进行统一，其转换原则是低级别的类型转换成高级别的类型。一个复杂的表达式的计算不是一次完成的，往往要分成若干步计算。所以，在计算表达式时，可能存在多次类型转换。

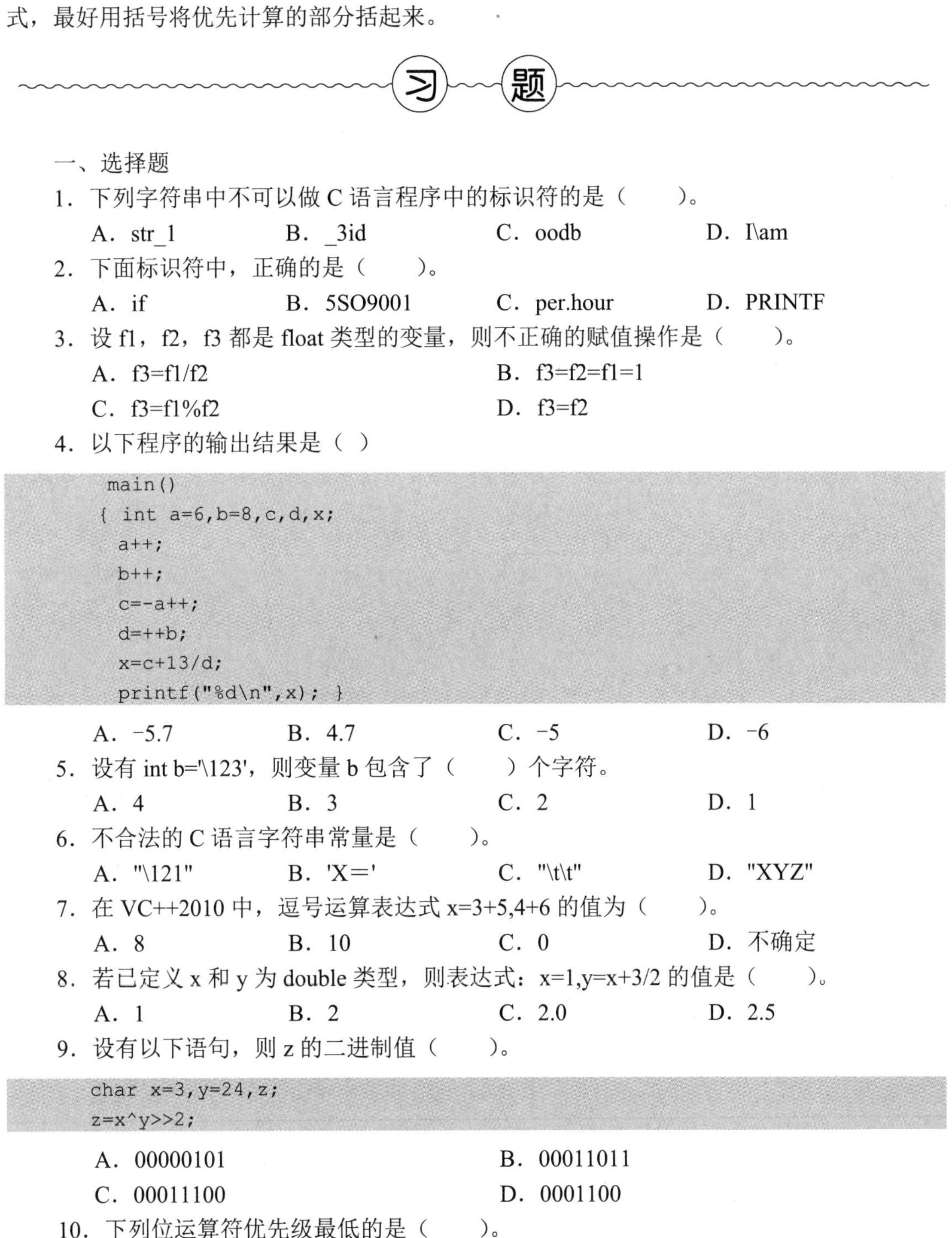

在一个复杂的表达式中，往往有多种运算符。对其求值时，系统按运算符优先级高低的顺序进行计算。如果优先级出错，则表达式的结果不可知。一般情况下，对于复杂的表达式，最好用括号将优先计算的部分括起来。

习　题

一、选择题

1．下列字符串中不可以做 C 语言程序中的标识符的是（　　）。

A．str_1　　B．_3id　　C．oodb　　D．I\am

2．下面标识符中，正确的是（　　）。

A．if　　B．5SO9001　　C．per.hour　　D．PRINTF

3．设 f1，f2，f3 都是 float 类型的变量，则不正确的赋值操作是（　　）。

A．f3=f1/f2　　B．f3=f2=f1=1

C．f3=f1%f2　　D．f3=f2

4．以下程序的输出结果是（ ）

```
main()
{ int a=6,b=8,c,d,x;
  a++;
  b++;
  c=-a++;
  d=++b;
  x=c+13/d;
  printf("%d\n",x); }
```

A．-5.7　　B．4.7　　C．-5　　D．-6

5．设有 int b='\123'，则变量 b 包含了（　　）个字符。

A．4　　B．3　　C．2　　D．1

6．不合法的 C 语言字符串常量是（　　）。

A．"\121"　　B．'X='　　C．"\t\t"　　D．"XYZ"

7．在 VC++2010 中，逗号运算表达式 x=3+5,4+6 的值为（　　）。

A．8　　B．10　　C．0　　D．不确定

8．若已定义 x 和 y 为 double 类型，则表达式：x=1,y=x+3/2 的值是（　　）。

A．1　　B．2　　C．2.0　　D．2.5

9．设有以下语句，则 z 的二进制值（　　）。

```
char x=3,y=24,z;
z=x^y>>2;
```

A．00000101　　B．00011011

C．00011100　　D．0001100

10．下列位运算符优先级最低的是（　　）。

A．>>　　B．&　　C．^　　D．|

二、计算题

1．设 x=2.5、a=10、y=4.7。

```
x+a%3*(int)(x+y)%2/4
```

2．设 a=2、b=3、x=3.5、y=2.5。

```
(float)(a+b)/2+(int)x%(int)y
```

3．设 a=1、b=2。

```
a^(b<<2)
```

4．设 a=1,b=2,c=2。

```
a|b&c
```

三、填空题

1．设实数 xy.z 的各位数字值存放在整型变量 x、y、z 中，则表示实数 xy.z 的表达式是________。

2．表达式 17/3 的值是________，表达式-17/3 的值是________。

3．已知圆柱体的底面半径为 *r*，高为 *h*，用 C 语言书写的正确的圆柱体体积公式为 3.14*________。

4．执行下列程序段后，a 的值为________，b 的值为________。

```
int a=10, b;
char c='B';  // 'B'的ASCII码为66
float f;
f=(float)a;
b=c+1;
```

5．执行下列程序段后，a 的值为________，b 的值为________。

```
int a, b;
a= sizeof("Hello\0");
b= sizeof("\tabcd\t");
```

四、程序阅读题

1．以下程序的运行结果是（　　）。

```
#include <stdio.h>
main()
{
    printf("%d\n",1/3*5+10/11);
}
```

2．以下程序的运行结果是（　　）。

```
#include <stdio.h>
main()
{
   int a=2;
   printf("%d,", -a++);
```

```
    printf("a=%d\n", a);
}
```

3．以下程序的运行结果是（　　）。

```
#include <stdio.h>
main()
{
    int x=12, y=12;
    printf("%d %d\n",x--,--y);
}
```

4．已知字母 A 的 ASCII 码值为 65，以下程序的运行结果是（　　）。

```
#include <stdio.h>
main()
{
    char ch1, ch2;
    ch1='A'+'5'-'0';
    ch2='a'+'D'-'B' ;
    printf("%d,%c\n", ch1,ch2);
}
```

5．以下程序的运行结果是（　　）。

```
#include <stdio.h>
main()
{
      unsigned a=0112,x,y,z;
      x=a>>3;
      printf("x=%o",x);
      y=~(~0<<4);
      printf("y=%o",y);
      z=x&y;
      printf("z=%o",z);
}
```

五、简答题

1．简述 C 语言标识符的命名规则。
2．C 语言的数据类型有哪些？
3．什么是常量？C 语言中的常量分为哪几种类型？
4．什么是变量？C 语言中变量的赋值有哪几种方法？
5．什么是表达式？设 int a=2, 赋值表达式 a+=a*=2*a 的值为多少？

第 3 章

顺序结构

程序设计有 3 种基本结构，分别是顺序结构、分支结构和循环结构。使用这 3 种结构可以编写任何复杂的程序。本章介绍顺序结构程序设计。顺序结构程序设计是指在程序的执行过程中，各条语句按照出现的先后顺序依次执行，并且只执行一次，中间没有中断、分支和重复。它是程序设计 3 种基本结构中最简单的一种。

3.1 C语言语句

根据 C 语言语句的构造和功能的不同，可以分为函数调用语句、表达式语句、控制语句、空语句和复合语句 5 种。

1. 函数调用语句

C 语言的基本单位是函数，C 语言利用函数体中的语句向计算机系统发出执行命令。函数调用语句由函数名、实际参数加上分号“;”组成。其一般形式如下。

```
函数名(实际参数表);
```

例如：

```
printf("Hello world!");        //调用输出函数，输出字符串"Hello world!"
pow(2,3);                      //调用幂函数，计算2的3次方
```

函数调用语句的具体内容将在第 6 章中进行详细介绍。

2. 表达式语句

表达式语句由表达式加上“;”组成，其一般形式如下。

```
表达式;
```

例如，“s=1+2;”是一条赋值语句；“1+2;”是加法运算语句，但计算结果不能保留，这样的语句对程序而言没有任何意义。

3. 控制语句

控制语句用于完成一定的控制功能，可以控制程序的流程。C 语言有 9 种控制语句，可

分为以下 3 类，具体将在后面的章节中进行详细介绍。

（1）分支结构控制语句：if 语句及其变形、switch 语句。

（2）循环结构控制语句：while 语句、do…while 语句、for 语句。

（3）其他控制语句：return 语句等。

4. 空语句

空语句只由分号构成，表示什么操作都不执行。

程序中出现空语句时，起占位作用，如可以用来作为空循环体。需要注意的是，空语句虽然什么都不做，但是在程序（尤其是分支结构和循环结构）中随意增加空语句，会改变程序的流程。对于初学者来说，尤其要注意这一点。

5. 复合语句

复合语句是使用大括号把许多语句和声明组合到一起形成单条语句。

例如：

```
{
    s=s+i;
    i=i+1;
}
```

这里的“{}”括起来的是一条复合语句。

关于复合语句，需要注意以下几点。

（1）在语法上，复合语句被看作单条语句，而不是多条语句。

（2）复合语句内的各条语句都必须以分号结尾，在“}”外不能加分号。

（3）复合语句可以嵌套，即复合语句中也可以包含一个或多个复合语句。

3.2　数据的输出和输入

把数据从计算机内部送到计算机外部设备上的操作称为“输出”。例如，把计算机的运算结果显示在屏幕上或打印在纸上。从计算机外部设备将数据送入计算机内部的操作称为“输入”。例如，通过键盘、鼠标等输入设备把数据输入到计算机中。

C 语言本身不提供用于输入和输出的语句，在程序中，可通过调用标准库函数提供的输入和输出函数来实现数据的输入和输出。调用标准库函数时要用到“stdio.h”头文件，因此源文件开头应该包含以下预处理命令。

```
#include< stdio.h >   //或者#include"stdio.h"
```

这里的 stdio 是 standard input & output 的意思。

3.2.1　printf( )函数和 scanf( )函数

C 标准函数库中包含了多个输出、输入函数。其中使用最多、最灵活的函数是 printf( )函数和 scanf( )函数。考虑到 printf( )和 scanf( )函数使用频繁，系统允许在使用这两个函数时不加#include<stdio.h>命令行。

1. printf( )函数

其一般形式如下。

```
printf("格式控制字符串",输出项列表);
```

作用：程序严格按照格式控制字符串中的说明将输出项列表逐一输出。

示例 1：

输出项列表

```
printf( "%d+%d 的结果是%d\n" , a, b, a+b );
```

格式控制字符串

（1）格式控制字符串：必须用双引号括起来，用于指定输出的内容及其格式，如示例 1 中的第一个逗号之前的字符串。格式控制字符串可以包含下列 3 种字符。

① 格式控制符：以%开头，以规定的某个字母结束的字符。格式控制符本身并不输出，它的作用是指定其所在位置的输出项的输出形式，例如，“%d”表示按十进制整型输出，“%c”表示按字符型输出等。示例 1 中有 3 个格式控制符，都是%d。表 3-1 所示为常用的格式控制符。

② 转义字符：以\开头，以规定的某个字母结束的字符。详见第 2 章中关于转义字符的介绍，转义字符通常用来控制光标的位置，使输出结果更清晰。示例 1 中有 1 个转义字符“\n”。

③ 普通字符：除格式控制符和转义字符之外的其他字符。普通字符输出时是原样输出的，起到了提示作用，使程序更清晰易懂。示例 1 中的“+”“的结果是”都是普通字符，需要注意的是，此处的“+”是普通字符，而不是算术运算符，不做加法运算，是需要原样输出的。

表 3-1 常用的格式控制符

格式控制符	说 明	举 例	输出结果(_代表空格)

%d	以十进制形式输入/输出一个整数	printf("%d",10);
		printf("%d",-10);
		printf("%d ",'a');
			10
			-10
			97

%u	按无符号十进制形式输出	printf(" %u",10); printf("%u ",'a');	10 97
%md	m 表示指定输出数据的宽度	printf("%5d",10); printf("%-5d ",'a');	___10 97___

%o	按无符号八进制形式输出	printf("%o",10);
		printf("%#o",10);
		printf("%o",'a');
			12
			012
			141

%x	按无符号十六进制形式输出	printf("%x",10);
		printf("%#x",10);
		printf("%x ",'a');
			a
			0xa
			61

%c	输出/输入一个字符	printf(" %c",10); printf("%c ",'a');	换行 a
%f %lf	以小数形式输出/输入实数（单精度） 以小数形式输出/输入实数（双精度）	printf("%f",3.1415926); printf("%lf",3.1415926);	3.141593 3.141593

续表

格式控制符	说　明	举　例	输出结果(_代表空格)
%m.nf	m 用于指定输出数据总的宽度，n 用于指定输出数据的小数位数	printf("%5.2f",3.1415926); printf(" %.2f",3.1415926);	_3.14 3. 14
%e	以指数形式输出，小数位数由精度决定	printf(" %e",314.15); printf(" %e",0.314);	3.141500e+002 3.140000e-001
%s	输出/输入一个字符串	printf("%s","Hello");	Hello
%%	输出/输入一个%	printf("%%");	%

（2）输出项列表：即需要输出的数据，它的形式可以是常量、变量或表达式等。输出项的个数与格式控制符的个数是对应的，多个输出项之间用逗号隔开。示例 1 中有 3 个输出项，分别是变量 a、变量 b 和表达式 a+b。有时如果只是用来输出一些提示信息，则可以没有输出项，如 printf("Hello world!");。

示例 1 中，由于有 3 个输出项，所以在格式控制字符串中出现了 3 个格式控制符，它们一一对应，即第 1 个%d 修饰 a，第 2 个%d 修饰 b，第 3 个%d 修饰 a+b。

如果格式控制符的个数多于输出项的个数，那么会有一些随机值输出。例如：

```
int x=10,y=5;执行printf("%d,%d,%d",x,y);
```

格式控制符有 3 个“%d”，而输出项只有 x、y 两项，则输出结果为 10,5,0023342。其中，0023342 为随机值。

反之，如果格式控制符的个数少于输出项的个数，则多余的输出项不予输出。例如，执行“printf("%d",x,y);”时，由于只有一个%d，而输出项有 x、y 两项，因此输出结果为 10，多余项 y 不输出。

假设有 a=3，b=6；则执行 printf("%d+%d 的结果是%d\n", a, b, a+b)，其输出结果是“3+6 的结果是 9”。

如果改成 printf("%d,%d,%d",a,b,a+b)，则其输出结果是“3,6,9”。

如果改成 printf("%d%d%d",a,b,a+b)，则其输出结果是“369”。

显然，后面两种的输出结果不如第一种的输出结果所要表达的意思清晰。因此，在使用 printf( )函数时，可以适当地加上一些普通字符，使得结果的输出形式更加丰富、更加人性化。

下面通过具体的实例进一步介绍 printf( )函数使用时的注意事项。

【例 3.1】 格式控制符的使用。

1）源程序代码(demo3_1.c)

```
#include<stdio.h>
main( )
{
    int i=2;
    char c='H';
    float x=3.14;
    printf("i=%d,c=%c,b=%s,x=%f\n", i,c,"ABCD",x);
}
```

2）程序运行结果

```
i=2,c=H,b=ABCD,x=3.140000
```

3）程序说明

%f 修饰输出项时，默认保留 6 位小数，因此 x 的值为 3.140000。

【例 3.2】 格式控制符的使用。

1）源程序代码（demo3_2.c）

```
#include<stdio.h>
main( )
{
    int i=12,j=32;
    char c='H';
    float x=3.14;
    printf("i=%o,j=%x,c=%u,x=%e\n", i,j,c,x);
}
```

2）程序运行结果

```
i=14,j=20,c=72,x=3.140000e+000
```

3）程序说明

在程序中，通过%o、%x 使得 i、j 的值（12 和 32）在输出时分别以八进制、十六进制格式（14，20）输出。但从运行结果来看，很容易误认为 14、20 是十进制数。因此，可以分别在%o 和%x 中间加上“#”，使得输出结果分别加上数字 0 和符号 0x 来标识八进制和十六进制。例如：

```
printf("%o,%#o,%x,%#x\n",10,10,10,10)
```

其运行结果如下。

```
12,012,a,0xa
```

【例 3.3】 格式控制符的使用。

1）源程序代码(demo3_3.c)

```
#include<stdio.h>
main( )
{
    float  x=1234.567;
    double y=1234.5678;
    printf("x=%f,y=%f\n", x,y);
    printf("x=%6.3f,y=%10.3f\n", x,y);
}
```

2）程序运行结果

```
x=1234.567017,y=1234.567800
x=1234.567,y=  1234.568
```

3）程序说明

%6.3f 对应输出项 x，表示输出 x 的值时，在屏幕上占据的宽度是 6 位，其中小数部分占 3 位。因此，%m.nf 表示所修饰的输出项在输出时总共在屏幕上占 m 位，其中小数部分占

n 位。如果指定的输出宽度不够，则按数据的实际宽度输出，如果指定的输出宽度多于数据实际宽度，则数据默认右对齐，左边补空格。例如：

```
printf("%5f",123.54); 123.540000        //指定宽度不够输出宽度，按实际宽度输出
printf("%12f",123.54); _ _123.540000  //指定总宽度为12，前面输出2个空格
printf("%8.1f",123.54);_ _ _123.5      //指定总宽度为8，小数位为1位
printf("%8.3f",123.54);_123.540        //指定总宽度为8，小数位为3位
printf("%8.0f",123.54);_ _ _ _ _124    //指定总宽度为8，小数位为0位
```

另外，可在 m 前加“-”来使输出数据左对齐，例如：

```
printf("%6d##\n",123)            _ _ _123##
printf("%-6d##\n",123)           123_ _ _##
printf("%14.8f##\n",1.3455)      _ _ _ _1.34550000##
printf("%-14.8f##\n",1.3455)     1.34550000_ _ _ _##
```

格式修饰符%md 也是如此。

【例 3.4】错误的格式化输出。

1）源程序代码（demo3_4.c）

```
#include<stdio.h>
main( )
{
    int a=10,b=100;
    printf("a=%d,b=%d\n",a*1.0,b);
    printf("a=%f,b=%d\n",101,b);
}
```

2）期望的程序运行结果

```
a=10.000000,b=100
a=101,b=100
```

3）实际的程序运行结果

```
a=0,b=1076101120
a=0.000000,b=4198912
```

4）程序说明

在第 1 条输出语句中，输出 double 型数据 a*1.0，却使用了%d，因此，不会正常输出 10.000000，并会影响到下一个表达式的输出。

在第 2 条输出语句中，输出 int 型数据 101，却使用了%f，因此，不会正常输出 101，同时会影响到下一个表达式的输出。

修改方法：将第一条输出语句中的 a=%d 改为 a=%f，将第二条输出语句中的 101 改为 101.0 或者将 a=%f 改为 a=%d。

因此，printf( )函数中的输出项列表中的各项要与格式控制符相适应，且格式控制项与输出列表中的项数要一致，否则会出现不可预见的错误。

2. scanf( )函数

scanf( )函数用来接收从键盘上输入的数据，并可将其转换为各种形式，如整型、字符型、实型等。其一般形式如下。

```
scanf("格式控制字符串",输入项地址列表);
```

作用：scanf( )函数是格式化输入函数，要求程序的执行者必须严格按照“格式控制字符串”中规定的格式从键盘上输入数据。scanf( )函数会将这些数据依次存入对应变量的地址。

例如：

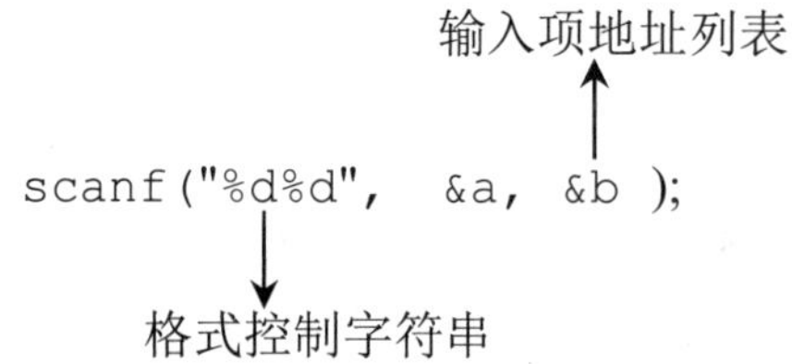

（1）格式控制字符串主要包含两种字符。

① 格式控制符：指定数据的输入格式，如%d，它和 printf( )函数中使用的几乎一样。其主要区别在于%f 和%lf。在输出时，%f 可同时用于 float 类型和 double 类型的数据，而在输入时，%f 只能用于 float 类型，double 类型则应用%lf。

例如：

```
int a;
scanf("%d",&a);
```

此时，应该输入一个十进制整数，如果输入的数据是 5，则 5 会被存入变量 a 中。

如果输入的数据是实数 5.6，则只接收整数部分，舍弃小数部分。因此，变量 a 中的值为 5。

② 普通字符：如果格式控制字符串中有普通字符，那么输入数据时，必须原样输入，否则会出错。

例如：

```
int a;
scanf("a=%d",&a);
```

如果要使变量 a 正确收到数据 10，则在输入数据时，只能按照下列形式输入。

```
a=10 ↙
```

其他任何形式的输出都会使得变量 a 得不到正确的数据。

因此，在 scanf( )函数中要慎重使用普通字符，以免造成麻烦。如果想增强程序的可读性，则可以在 scanf( )函数前调用 printf( )函数以对输入进行说明。

例如：

```
int a;
printf("请输入变量a的值: \n");
scanf("%d",&a);
```

另外，在 scanf( )函数中，对于格式控制字符串内的转义字符，系统并不把它当作转义字符来解释，而是将其视为普通字符，也会原样输入，因此应避免在 scanf( )函数中使用转义字符。

例如：

```
int a;
scanf("%d\n",&a);
```

如果要使变量 a 正确收到数据 10，则在输入数据时只能按照下列形式输入。

```
10\n↙
```

（2）输入项地址列表：用来指定输入数据的存储地址。如果有多个输入数据，则应在输入项地址列表中指定多个相应的变量地址，且地址之间用逗号隔开。输入项地址列表中的地址可以是变量的地址，也可以是字符数组名或者指针变量（将在后面章节中介绍）。变量地址的表示方法是&变量名，如“&a”，其中“&”是取地址运算符，“a”是普通变量。

下面的程序段表示接收两个数据并存储在变量 a 和 b 中。

```
int a,b;
scanf("%d%d",&a,&b);
```

如果改成下面的形式，则程序不会有语法错误，但运行结果是不可预知的。

```
int a,b;
scanf("%d%d",a,b);
```

因为调用 scanf( )函数时，变量 a 和 b 前面都漏掉了取地址运算符“&”，所以初学者要牢记一点：使用 scanf( )函数时，输入项地址列表的变量前面一定要加上运算符“&”。

【例 3.5】 scanf( )函数的使用。

1）源程序代码(demo3_5.c)

```
#include<stdio.h>
main( )
{
    int i,j,k;
    printf("请输入数据：");
    scanf("%d,%d,%d",&i,&j,&k);
    printf("i=%d,j=%d,k=%d\n",i,j,k);
}
```

2）程序运行结果

① 第 1 次运行（正确的输入）：

```
请输入数据：3,4,5↙
i=3,j=4,k=5
```

② 第 2 次运行（错误的输入）：

```
请输入数据：3 4 5↙
i=3,j=-858993460,k=-858993460
```

3）程序说明

第 2 次运行时，除 i=3 被正确赋值外，对 j 和 k 的赋值都将以失败告终。因为 scanf( )中含有普通字符“,”，必须原样输入。

下面把例 3.5 中的 scanf( )改为如下形式。

```
scanf("%d%d%d",&i,&j,&k);
```

由于格式控制字符串中没有普通字符，因此在输入时数据之间没有任何间隔。例如，345↙，如果是这种形式的输入，则计算机会把 345 当作一个整体接收，并赋值给变量 i。而 j、k 的值会等待下一次数据的输入。

为了区分输入的数值，可用空格、回车符和制表符将数据隔开，例如，要使 i=3、j=4、k=5，其输入格式可以有以下几种形式。

（1）3 4 5（间隔符为空格）。

（2）3（按 Tab 键）4（按 Tab 键）5 回车（间隔符为 Tab 键）。

（3）3
4
5（间隔符为回车符）。

（4）3　4
5（间隔符为空格与回车符混合）。

（5）3
4　5（间隔符为空格与回车符混合）。

因此，例 3.5 中第 1 次运行的数据输入方式对于 scanf("%d%d%d",&i,&j,&k)是错误的，而第 2 次运行的数据输入方式是正确的。

需要注意的是，在输入字符型数据时，输入的字符之间不需要间隔符，因为空格、回车符、Tab 键也会被当作字符读入。

例如：

```
scanf("%c%c%c",&ch1,&ch2,&ch3);
```

要使 ch1=x、ch2=y、ch3=z，则一定要输入：

```
xyz↙。
```

如果输入：

```
x  y  z↙
```

则 ch1=x，ch2=' '，ch3=z，其中 ch2 中是空格字符。

printf( )函数和 scanf( )函数的使用方式非常灵活，需要注意的细节也很多。

3.2.2 其他输入输出函数

在 C 语言标准库中，实现数据输入输出操作的函数除了 printf( )函数和 scanf( )函数，还有 putchar( )函数和 getchar( )函数、puts( )函数和 gets( )函数等。

1. putchar( )函数和 getchar( )函数

1）putchar( )函数

格式：

```
putchar(ch);
```

头文件：stdio.h。

说明：putchar( )函数的功能是向屏幕上输出一个字符。使用时必须带输出项，输出项 ch 可以是字符型常量、变量、表达式，但只能是单个字符而不能是字符串。putchar(ch)等价于 printf("%c",ch)。

若 putchar( )中的输出项为整型常量，则该常量被看作字符的 ASCII 码值，输出的是该整型常量值所对应的字符。

例如，语句“putchar(65)”输出大写字母 A。

2）getchar( )函数

格式：

```
ch=getchar( );
```

头文件：stdio.h。

说明：getchar( )函数的功能是接收从键盘上输入的一个字符，它不带任何参数。ch 为字符型或整型变量，getchar( )函数接收从键盘上输入的一个字符并将它赋给 ch。类似于 scanf("%c"，&ch)。它们之间的区别在于，getchar( )将空格和制表符当作字符接收，而 scanf( )不会接收这类字符。用 getchar( )接收字符时，并不是从键盘上输入一个字符后立即响应，而是按了回车键后再从缓冲区中读入从键盘上输入的数据。

如果输入时只输入回车符，由于它是两个键——回车和换行，则 getchar( )函数返回换行符（ASCII 码值为 10）。

【例 3.6】 putchar( )函数的使用。

1）源程序代码（demo3_6.c）

```
#include<stdio.h>
main( )
{
    char a='M',b='a',c='n';
    int i=97;
    putchar(a); putchar(b); putchar(c);
    putchar('\n');
    putchar(i);
}
```

2）程序运行结果

```
Man
a
```

3）程序说明

putchar('\n')使得光标从当前行换到下一行。

【例 3.7】 从键盘上输入表达式，将表达式中的各项分别赋给相关变量并输出。

1）源程序代码（demo3_7.c）

```
/*表达式的输入与输出*/
#include<stdio.h>
main( )
{
    int a,b;
    char ch;
    printf("请输入如（43+57）之类的表达式:\n");
    scanf("%d",&a);
    ch=getchar( );
    scanf("%d",&b);
    printf("输入结果: a=%d, ch=%c, b=%d\n",a,ch,b);
}
```

2）程序运行结果

```
请输入如(43+57)之类的表达式：23*89↙
输入结果：a=23, ch=*, b=89
```

3）程序说明

用户从键盘上输入的表达式“23*89”被存入键盘缓冲区，当用户按回车键后，程序开始从键盘缓冲区中读数据。

scanf( )函数从键盘缓冲区中读数据时，先读字符“2”，并判断其能否按格式字符串中指定的十进制格式进行转换，如果能转换，则继续读字符“3”，同样判断其能否按十进制格式进行转换。当读到字符“*”时，发现不能按十进制格式进行转换，函数停止读入字符，并将已读入的字符“23”按十进制格式进行转换后，存放到输入参数指定的变量 a 的地址中。剩余内容留在键盘缓冲区中。

getchar( )函数从键盘缓冲区中读数据时，读入剩余字符串中的第 1 个字符“*”，并将其赋给变量 ch。

当第 2 个 scanf( )函数读键盘缓冲区中的内容时，将剩余的字符“89”读入并按指定的格式进行转换后存放到变量 b 的内存地址中。

此程序较好地说明了输入函数数据的读入过程，请读者仔细体会。

2. puts( )函数和 gets( )函数

1）puts( )函数

格式：

```
puts（字符串常量或字符串数组）；
```

头文件：stdio.h。

作用：向屏幕输出一串字符，功能与 printf( )函数中的格式%s 相当。

说明：puts( )函数也只带一个参数，这个参数就是要输出的字符串。puts( )函数输出这个字符串后自动换行。例如，语句“putchar('A');”将输出字符'A'，语句“puts("ABCD");”将输出字符串"ABCD"。

利用 putchar( )函数和 puts( )函数都无法控制字符输出的格式。当程序不需要控制输出字符和字符串的格式时，调用 putchar( )和 puts( )函数要比调用 printf( )函数简便得多。

puts( )函数和 putchar( )函数都只带一个参数。它们的区别在于前者用于输出字符串，后者用于输出一个字符。

2）gets( )函数

格式：

```
gets(str);
```

头文件：stdio.h。

说明：gets( )函数读入字符串（包括空格），直到读入换行符为止，但换行符不作为字符串的内容，系统将自动用“\0”代替。str 用来存放字符串，一般是字符数组。

假设 str 用来存放字符串，执行语句“gets(str)”，如果输入“how are you?”，则 str 为“how are you?\0”。使用 printf("%s",str)的输出结果为“how are you?”。

若把 gets(str)换成 scanf("%s",str);，则输入“how are you”，str 为“how”，即用

printf("%s",str)输出结果为“how”。因为在 scanf( )函数中，对于%s 格式来说，空格、回车符等分隔符不能被读入。

3. getch( )和 getche( )函数

格式：

```
c=getch( );
c=getche( );
```

作用：返回从键盘上输入的一个字符，它不带任何参数。

头文件：conio.h。

说明：getch( )与 getche( )是 VC 编译器提供的非标准 C 但很有用的库函数，其功能与 getchar( )函数相同，它们的区别有以下两点。

（1）getch( )、getche( )直接从键盘上获取键值，无须等待用户按回车键，也就是说，只要用户按下一个键，getch( )和 getche( )会立即返回用户所按键的 ASCII 码值。

（2）当用户按回车键时，getch( )、getche( )将回车符返回，但不能返回换行符。此外，getch( )函数不回显用户输入的字符，这一点在输入密码时很有用。

【例 3.8】 getche( )和 getch( )的差别。

1）源程序代码(demo3_8.c)

```
#include <stdio.h>
#include <conio.h>
main( )
{
    char ch1,ch2;
    printf("请输入两个键:\n");
    ch1=getche( );
    ch2=getch( );
    printf("你已经输入%c和%c\n",ch1,ch2);
}
```

2）程序运行结果（假设依次按 a 键和 b 键）

```
请输入两个键:
ab
你已经输入a和b
```

3.3 顺序结构程序设计举例

在用顺序结构处理实际问题时，一般有以下三个步骤：

（1）输入数据。

（2）处理数据。

（3）输出结果。

【例 3.9】 已知圆的半径为 *r*（*r* 是一个可变的量），求圆的面积和周长。

1）算法分析

设圆的半径为 *r*，圆的面积为 area，圆的周长为 *s*。半径 *r* 通过 scanf( )函数输入。计算圆的面积和周长的公式如下。

```
area=π×r×r
s=2×π×r
```

2）数据结构分析

将半径 *r*、面积 area 和周长 *s* 都说明为 float 类型，即 float r,area,s;。

3）源程序代码（demo3_9.c）

```
/*计算圆的面积和周长*/                              /*注释语句*/
#include<stdio.h>
main( )
{
    float r,area,s;                                 /*数据说明*/
    printf("请输入半径r=");
    scanf("%f",&r);                                 /*数据输入*/
    area=3.14*r*r;                                  /*数据处理*/
    s=2*3.14*r;
    printf("面积= %f, 周长=%f",area,s);             /*结果输出*/
}
```

4）程序运行结果

```
请输入半径r=10↙
面积=314.000000,周长=62.800000
```

【例 3.10】 日积月累，量变引起质变。假设基数为 1，以 1%的日增长率计算 365 天后的值是多少。

1）算法分析

设 r 为日增长率，n 为天数，value 为 365 天后的值，则有 value=$1\times(1+r)^n$。

2）数据结构分析

根据算法分析，至少要用到：日增长率、天数、365 天后的值。而在这几个量中，日增长率是小数（浮点型数据），天数是整数（整型数据），365 天后的值应为浮点型数据。这些数据都要放在相应的变量中，并进行相应的数据说明。

3）源程序代码（demo3_10a.c）

```
#include<stdio.h>
#include<math.h>
main( )
{
    int n=365;
    float r=0.01,value;
    value=1*pow((float)(1+r),(float)n);
    printf("365天后的值为:%.2f\n",value);
}
```

4）运行结果

```
365天后的值为:37.78
```

5）程序说明

pow(x,y)为计算 x^y 的函数，使用时应包含头文件 math.h。

在此例中，只能计算 365 天后的值，且日增长率为 1%。如果将日增长率改为-0.1%或 0.1%，或者要计算 720 天后的值，则必须修改源程序。可用 scanf( )函数改写例 3.10 的程序。

1）源程序代码（demo3_10b.c）

```
#include<stdio.h>
#include<math.h>
main( )
{
    int n;
    float value,r;
    printf("请输入天数和日增长率：");
    scanf("%d,%f",&n,&r);
    value=1*pow((float)(1+r),(float)n);
    printf("%d天后的值为:%.2f\n",n,value);
}
```

2）程序运行结果 1

```
请输入天数和日增长率：：365,-0.01↙
365天后的值为：0.03
```

3）程序运行结果 2

```
请输入天数和日增长率：：720,0.001↙
720天后的值为：2.05
```

由程序运行结果可以看出，如果日增长率是 1%，365 天后变成了 37.78。如果日增长率是-1%，365 天后变成了 0.03。虽然 1% 是一个很小的数，但引出了 37.78 与 0.03 的“天壤之别”。如果每天增加一点点，日积月累，量变会引起质变；同样，如果每天减少一点点，日积月累，会每况愈下、一泻千里。

【例 3.11】 鸡兔同笼问题解答。已知鸡兔总头数为 h（Heads），总脚数为 f（Feet），问鸡兔各有多少只？

1）算法分析

① 建立数学模型。

设鸡为 x 只、兔为 y 只，由题意可得：

$$\begin{cases} x+y=h & ① \\ 2x+4y=f & ② \end{cases}$$

② 求解方程，找出 x、y 的具体求解公式。

用消元法找出方程的解为

$$y=(f-2h)/2$$
$$x=(4h-f)/2$$

注意： 计算机不会建立数学模型，需要求解者自己事先建立好数学模型。

2）数据结构分析

程序中要用到不同的数据，存放头、脚数量的变量，存放方程解（鸡、兔数量）的变量，存放方程式的变量等。对于鸡兔、头、脚的数量，其肯定是整型变量，方程的解理论上讲也是整型变量，但在求解方程时要进行运算，为了避免发生错误，最好用浮点型数据。

3）伪代码（此问题比较简单，也可直接编写程序）

伪代码是一种程序设计工具，介于程序语言与自然语言之间，伪代码不能被计算机编译，但它很容易翻译成高级语言。例 3.11 的伪代码如下。

```
说明变量：x、y、f、h
输入数据：h、f
计算：x、y
输出结果
```

4）源程序代码（demo3_11.c）

```
#include<stdio.h>
main( )
{
    float x,y;
    int f,h;
    printf("Input the numbers of Heads and Feet:");
    scanf("%d,%d",&h,&f);
    x=(4.0*h-f)/2.0;
    y=(f-2.0*h)/2.0;
    printf("Heads=%d,Feet=%d\n",h,f);
    printf("Chicken=%2.0f,Rabbits=%2.0f\n",x,y);
}
```

5）程序运行结果

```
Input the numbers of Heads and Feet:20,50↙
Heads=20,Feet=50
Chicken=15,Rabbits=5
```

6）讨论

如果输入另外一组数据，如 6 个头、10 只脚，则程序运行后显示有 7 只兔子、-1 只鸡。显然，结果极为可笑，但从数学上看，结果是正确的。

这说明当输入的数据不正确时，输出的结果不可能正确。

【例 3.12】小写字母转盘。要求用户输入一个小写字母，如果输入了 a，则显示 b，如果输入了 b，则显示 c，以此类推，输入 z 时显示 a。

1）算法分析

程序至少需要一个 char 型变量，用于存放用户输入的字符。接收用户输入的一个字符很容易，可以利用 scanf( )、getchar( )等函数。困难的是如何将这个字符转换为它的后继字母，即将 a 转换为 b，将 b 转换为 c 等。

求一个字母的后继字母并不总是加 1 就可以。例如，将 z 转换到 a 时不能通过加 1 实现。在没有学习条件控制之前，可以利用取余操作的特性，即任何一个数除以 26 的余数只能在 0～25 中。当一个数的值不断增长时，它除以 26 的余数仍在 0～25 中循环。

因此，对于一个字符 ch，要求它的后继字母，首先要知道它是第几个字母（'a'是第 0 个），即求 s=ch-'a'的值，而(s+1)%26 是 ch 的后继字母在 26 个字母中的位置，'a'+(s+1)%26 就是 ch 的后继字母。所以，程序设计思路如下。

① 定义一个存放用户输入字符的 char 型变量。

② 调用 getchar( )函数获取用户输入的字母，不回显。

③ 将这个字母转换为其后继字母并输出。

2）源程序代码（demo3_12.c）

```
#include <stdio.h>
main( )
{
    char ch;
    ch=getchar( );
    ch=(ch-'a'+1)%26+'a';
    printf("%c\n",ch);
    ch=getchar( );
    ch=(ch-'a'+1)%26+'a';
    printf("%c\n",ch);
}
```

3）程序说明

在此程序中，有以下程序段：

```
ch=getchar( );
ch=(ch-'a'+1)%26+'a';
printf("%c\n",ch);
```

其功能是接收字符、转换字符并将其输出。这段代码由于在程序中出现了两次，因此该程序运行一次可处理两个字符。

【例 3.13】求一元二次方程 $ax^2+bx+c=0$ 的根。a、b、c 的值由键盘输入，设 $a\neq0$，且 $b^2-4ac\geqslant0$。

1）算法分析

当 $a\neq0$，且 $b^2-4ac\geqslant0$ 时，一元二次方程有两个实根。求根公式如下。

$$x_1=\frac{-b+\sqrt{b^2-4ac}}{2a}$$

$$x_2=\frac{-b-\sqrt{b^2-4ac}}{2a}$$

2）源程序代码（demo3_13.c）

```
#include <math.h>
#include <stdio.h>
main( )
{
    float a,b,c,s,x1,x2;
    printf("please input a,b,c:\n");
    scanf("%f,%f,%f",&a,&b,&c);
    s=b*b-4*a*c;
```

```
        x1=(-b+sqrt(s))/(2*a);
        x2=(-b-sqrt(s))/(2*a);
        printf("There are two roots:%5.2f and %5.2f\n",x1,x2);
    }
```

3）程序运行结果

```
please input a,b,c:2,5,3↙
There are two roots:-1.00 and -1.50
```

4）程序说明

对于一般的一元二次方程，存在两类不同的根：实根和复根。这两类根的公式不同，求根之前需要对根的类型进行判断以便选用合适的公式。因此，要引进新的结构——分支结构，这将在第 4 章中进行讲解。

3.4 小结

本章主要介绍了 C 语言标准函数库中的输入输出函数的用法，并通过实例介绍了顺序结构程序设计的基本思想。

printf( )函数和 scanf( )函数是 C 语言中使用最多、功能最强，也是最易出错的输出输入函数。正确使用这两个函数的关键是注意其中的格式控制字符。对于输入函数，还要注意输入的数据的格式是否与格式控制字符串的格式一致。

顺序结构是程序设计中最简单、最常用的基本结构。在该结构中，各语句按照出现的顺序依次执行，它是所有程序的主体基本结构。不管在生活上还是学习中，我们经常使用这种按顺序处理问题的思维方式，比如合理规划时间和精力，脚踏实地、循序渐进地完成各个阶段的任务。

一、选择题

1．若变量已经被正确定义并赋值，则以下不能构成 C 语句的选项是（　　）。

A．b++;　　B．b+1=c;　　C．a=a+b　　D．a=a+1;

2．若定义了语句 int a,b;，通过 scanf("%d;%d",&a,&b);能把整数 3 赋给变量 a、5 赋给变量 b 的输入数据是（　　）。

A．35　　B．3;5　　C．3 5　　D．3,5

3．若有如下定义，程序运行时输入 3　4　5<回车>，能把 3 赋值给 a、4 赋值给 f、5 赋值给 d 的语句是（　　）。

```
int a;
float f;
double d;
```

A．scanf("%d%f%lf",&a,&b,&c);　　B．scanf("%d%d%d",&a,&b,&c);

C．scanf("%f%f%f",&a,&b,&c);　　D．scanf("%d%lf%lf",a,b,c);

4．以下叙述正确的是（　　）。

A．scanf( )和 printf( )是 C 语言提供的输入和输出语句

B．由 printf( )输出的数据的实际精度可以在格式控制字符串中指定

C．printf( )函数中必须要有输出项列表

D．scanf( )函数中可以没有输入项地址列表

5．设有定义 int a,b;float x,y;，则以下选项中对语句所进行的注释叙述错误的是（　　）。

A．scanf("%d%d%f",&a,&b);　/*多余的格式控制符%f 完全不起作用*/

B．scanf("%d%f%d",&a,&b,&x);　/*变量 b 和 x 得不到正确的输入数据*/

C．scanf("%d%d",&a,&b,&x);　/*多余的输入项不能获得输入数据*/

D．scanf("Input:%d%d",&a,&b);　/*格式控制字符串中允许加入格式控制符以外的普通字符*/

6．设有定义 int a;float b;，执行 scanf("%2d%f",&a,&b);，若从键盘上输入 876　543.0<回车>，则 a 和 b 的值分别是（　　）。

A．87 和 543.0　　B．87 和 6.0　　C．76 和 543.0　　D．876 和 543.0

7．如有以下程序段：

```
int x=12;
double y=3.141593;
printf("%d%8.6lf",x,y);
```

则其运行结果是（　　）。

A．12　3.141593　　B．123.141593

C．12，3.141593　　D．123.1415930

8．以下说法正确的是（　　）。

A．空语句就是指程序中的空行

B．当从键盘上输入数据时，每行数据在没有按回车键前可以任意修改

C．花括号只能用来表示函数的开始和结尾，不能用于其他目的

D．复合语句在语法上包含多条语句，不能只有一条语句

9．以下叙述正确的是（　　）。

A．使用 printf( )函数无法输出百分号%

B．在使用 scanf( )函数输入整数或实数时，输入数据之间只能用空格来分隔

C．在 printf( )函数中，各个输出项只能是变量

D．scanf( )函数中的格式控制符是为了输入数据用的，不会输出到屏幕上

10．以下叙述正确的是（　　）。

A．在 scanf( )函数中，必须有与输入项一一对应的格式控制符

B．不能在 printf( )函数中指定数据的宽度

C．scanf( )函数中的普通字符是提示程序员的，不必输入这些字符

D．复合语句也被称为语句块，至少要包含两条语句

二、程序阅读题

1．阅读程序，并写出其运行结果。

```
#include <stdio.h>
main( )
{
   int i,j;
   i=65;j=66;
   printf("%d,%c",i,j);
}
```

2. 阅读程序，并写出其运行结果。

```
#include <stdio.h>
main( )
{
   char ch1='a',ch2='b',ch3='c';
   printf("a%cb%c\tc%c\tabc\n",ch1,ch2,ch3);
}
```

3. 阅读程序，并写出其运行结果。

```
#include <stdio.h>
 main( )
 {
    int a=2,b=3,c;
    c=a+b;
    b=a++-1;
    printf("%d,%d,%d\n",a,b,c);
    b=--c+1;
    printf("%d,%d,%d\n",a,b,c);
 }
```

4. 阅读程序，如果从键盘上输入 2345678901, 则运行结果是什么？

```
#include <stdio.h>
 main( )
 {
    int a,b;
    float f;
    scanf("%3d%2d",&a,&b);
    f=a/b;
    printf("f=%5.1f\n",f);
 }
```

5. 阅读程序，并写出其运行结果。

```
main( )
{
   int x=0x13;
   printf("%d\n",x+1);
}
```

三、编程题

1. 编写程序，输入 1 个学生 3 门课程的成绩，计算这个学生的总分和平均成绩。

2．编写程序，输出摄氏温度和华氏温度相互转换表，摄氏温度和华氏温度之间的转换公式如下：

$$摄氏温度=\frac{5}{9}（华氏温度-32）$$

3．编写程序，从键盘上输入直角三角形的斜边 c 与一条直角边 a 的长，计算并输出另一条直角边 b 的长。

4．编写程序，任意输入一个大写字母，将它转换成相应的小写字母并输出。

5．编写程序，任意输入一个字母，将其 ASCII 码值加 5，使其变成新的字母并输出。例如，字母“a”变成“f”，字母“z”变成字母“e”（提示：为防止当字母的 ASCII 码值加 5 后，其值超过英文字母 ASCII 码值的范围，可利用求余“%”的办法解决）。

第 4 章

分支结构

在解决实际问题时，很多时候需要根据给定的条件来决定做什么，即条件满足时做什么，条件不满足时做什么。数学中通常根据判别式来求解一元二次方程 $ax^2+bx+c=0$（$a\neq0$）。当判别式大于或等于零时，方程有实根，否则方程只有复根（虚根）。生活中，如果外面正在下雨，那么出门的时候需要带雨伞。类似的问题还有很多，这些问题的特点是需要对给定的条件进行分析、比较和判断，并根据判断结果采取不同的操作。

显然，顺序结构无法解决类似的问题。计算科学中用来描述这种选择现象的重要手段是分支结构，也称为选择结构。这种结构根据判断的条件决定程序的不同走向。

在 C 语言中一般用逻辑判断（关系表达式或逻辑表达式）表示条件，实现分支结构时使用 if 语句和 switch 语句。

4.1 逻辑判断

本章将要讨论的 if 语句和第 5 章中的 while 语句中使用的表达式，通常是由关系表达式或逻辑表达式组成的，这些语句要检查表达式为真或假。因此，读者首先要了解逻辑判断：关系表达式和逻辑表达式。

4.1.1 关系运算符与关系表达式

在程序中经常需要比较两个量的大小关系，以决定程序下一步的工作。用于比较两个量的运算符称为关系运算符，即比较运算符。表 4-1 给出了 C 语言中的关系运算符，并给出了含义相当的数学符号。

表 4-1 C 语言中的关系运算符

关系运算符	含义	相当的数学符号	例子	结果	优先级
>	大于	>	9>8	1	优先级相同（高）
			8>9	0	
<	小于	<	8<9	1	
			9<8	0	

续表

关系运算符	含义	相当的数学符号	例子	结果	优先级
>=	大于或等于	≥	6>=5	1	优先级相同（高）
			5>=6	0	
<=	小于或等于	≤	7<=8	1	
			8<=7	0	
= =	等于	=	3+3= =6	1	优先级相同（低）
			2+3= =6	0	
!=	不等于	≠	11!=12	1	
			9+3!=12	0	

用关系运算符将两个式子连接起来组成的式子称为关系表达式，如 score>=90。关系表达式的值是一个逻辑值（非真即假）。用整数 1 表示“逻辑真”，用整数 0 表示“逻辑假”。因此，如果 score=95，则 score>=90 为真，关系表达式的值为 1；如果 score=60，则 score>=90 为假，关系表达式的值为 0。

关系运算符除了进行数值比较运算，还可以用于字符间的比较，进行比较时使用的是字符的 ASCII 码值。例如，'A'>'a'的值为 0。这是因为大写字母 A 的 ASCII 码值为 65，小写字母 a 的 ASCII 码值为 97，显然 65>97 为假。但字符串之间的比较不能使用关系运算符，如判断字符串“ABC”和“aBC”是否相等，不能写为"ABC"=="aBC"。如何进行字符串比较会在第 7 章介绍。

关于关系运算符，需要注意以下几点。

（1）关系运算符只能用于两个量之间的比较。如果连续使用关系运算符进行 3 个及以上量的比较，虽然语法上没有错误，但是表达式的值是不可信的。例如，$3<x<5$，无论 x 的值是多少，$3<x<5$ 表达式的值都是 1。这是因为 $3<x<5$ 等价于 $(3<x)<5$，先计算 $3<x$，$3<x$ 的表达式的值是 0 或者 1，而 0<5 或者 1<5 的值都是 1。这个问题需要使用逻辑运算符来解决。

（2）不要将关系运算符“= =”和赋值运算符“=”混淆，这两个运算符差别很大。前者用于检查左边和右边是否相等，后者用于把右边的值赋给左边。例如：

```
a==5          //如果 a 和 5 相等，该关系表达式的值为 1，否则该关系表达式的值为 0
a=5           //赋值表达式，将数字 5 赋给变量 a
```

（3）“≤”“≥”“≠”和“<>”都不是合法的 C 语言关系运算符。

（4）注意各个运算符的优先级。就像我们做事要分轻重缓急，不能一味地“讲究平等”。合理安排时间，优先解决最紧迫的事，才是处世做事之道。

4.1.2　逻辑运算符和逻辑表达式

在实际问题中，有时在多个条件同时为真时才做出某个决策，或者只要满足众多条件中的一个，就执行一个操作。

例如，要判断某一年是否为闰年，而符合以下条件之一即表示当前年份是闰年。

（1）能被 4 整除，但不能被 100 整除。

（2）能被 400 整除。

要表达这样的条件，利用前面介绍的关系表达式会遇到困难。因此，在高级程序语言中，需要引进逻辑运算符和逻辑表达式的概念，以表达复杂的条件。C 语言提供了以下 3 种逻辑运算符。

（1）逻辑非（!）：对表达式结果的否定，即“真”成“假”，“假”成“真”，相当于否定。

（2）逻辑与（&&）：当该运算符两边的表达式均为“真”时，结果为“真”，相当于同时。

（3）逻辑或（||）：当该运算符两边的表达式有一边为“真”时，结果为“真”，相当于“或者”。

其中，&&和||是双目（元）运算符，要求有两个运算量（操作数），如(*a*>*b*)&&(*x*>*y*)、(*a*>*b*)||(*x*>*y*)；

! 是单目（元）运算符，只要求有一个运算量，如!(*a*>*b*)。

逻辑运算的规则如表 4-2 所示。*x* 和 *y* 表示两个逻辑值，T 表示真（非 0），F 表示假（0）。表中内容为当 *x* 和 *y* 的值为不同组合时，各种逻辑运算所得到的值。

表 4-2　逻辑运算的规则

x	*y*	!*x*	!*y*	*x* && *y*	*x* || *y*
T	T	F	F	T	T
T	F	F	T	F	T
F	T	T	F	F	T
F	F	T	T	F	F

在这 3 个逻辑运算符中，逻辑非的优先级最高，逻辑与次之，逻辑或最低，即!→&&→||。

在 3 个逻辑运算符中，&&和||的结合方向是从左到右，! 的结合方向是从右到左。

用逻辑运算符连接的式子称为逻辑表达式。逻辑表达式的值也是一个逻辑值，用整数 1 表示“逻辑真”，用整数 0 表示“逻辑假”。例如，使用逻辑表达式表示判断闰年的条件，可以很方便地表示为：

```
(year % 4==0  && year % 100!=0) || (year % 400==0)
```

又如，可以用逻辑表达式表达以下数学表达式。

（1）3<*x*<5。

（2）*x*<60 或 *x*>80。

（3）10≤*x*≤30 或 50≤*x*≤90。

则相应的逻辑表达式如下。

（1）3<*x* && *x*<5。

（2）*x*<60 || *x*>80（或!(*x*>=60 && *x*<=80)）。

（3）(*x*>=10 && *x*<=30)||(*x*>=50 && *x*<=90)。

关于逻辑运算符，需要注意的是，在求解逻辑表达式的过程中，并非一定要求解该逻辑表达式中的所有表达式。例如，以下两种情况都存在“短路”操作。

表达式 1&&表达式 2。若表达式 1 的值为假（0），由于“假&&任何值”都是假，所以不计算表达式 2，逻辑表达式的值为 0。

表达式 1||表达式 2。若表达式 1 的值为真（非 0），由于“真||任何值”都是真，所以不计算表达式 2，逻辑表达式的值为 1。

关系运算符和逻辑运算符在程序设计中起着很重要的作用，它们构成的条件表达式能引领程序的走向，决定程序的结果。

4.1.3　条件运算符

对于比较简单的分支情况，C 语言提供了简单的条件运算符。其一般形式如下。

```
表达式1?表达式2:表达式3
```

条件运算符是 C 语言中唯一的三目运算符，其执行过程如图 4-1 所示。

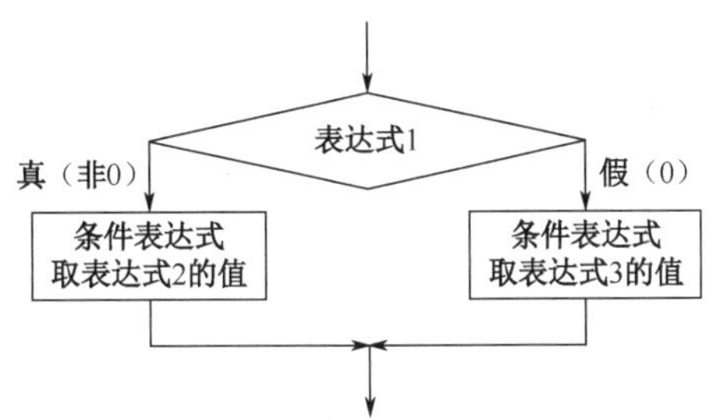

图 4-1　条件运算符的执行过程

先计算表达式 1 的值，若表达式 1 的值为真（非 0），则条件表达式的值为表达式 2 的值。若表达式 1 的值为假（0），则条件表达式的值为表达式 3 的值。

条件运算符的优先级高于赋值运算符，低于关系运算符，结合方向为“从右到左”。

例如：

```
a>b?a:c>d?c:d          /*等价于a>b?a:(c>d?c:d)*/
```

【例 4.1】将输入的英文字母转化为小写字母。

1）算法分析

在计算机中，处理英文字母时，其实是处理它的 ASCII 码值。将大写字母变为小写字母，就是将大写字母的 ASCII 码值变为相应的小写字母的 ASCII 码值。大写字母的 ASCII 码值比小写字母的 ASCII 码值小 32，故将相应大写字母的 ASCII 码值加 32 即可使其变为小写字母。

程序设计中需要注意的是，如果输入的不是大写字母，则不用进行转换。

2）源程序代码（demo4_1.c）

```
#include <stdio.h>
main( )
{
    char ch;
    scanf("%c",&ch);
    ch=(ch>='A' && ch<='Z')?(ch+32):ch;
    printf("%c",ch);
}
```

3）程序说明

程序中包含分支，程序的执行不再是简单的按顺序执行。

4）程序运行结果

```
B↙
b
```

尽管条件运算符也可用于复杂的分支，但一般情况下，只有简单的分支才使用条件运算符。

4.2 if语句

if 语句是一种常用的分支结构，可以构成复杂的判断选择。其一般有以下 3 种使用形式。

4.2.1 if语句的简单形式

if 语句最简单的形式是单分支结构，只能选择一个操作，一般形式如下。

```
if(表达式)
    语句块
```

如果表达式的值为真（非 0），那么执行语句块，否则跳过语句块，转向下一条语句，如图 4-2 所示。

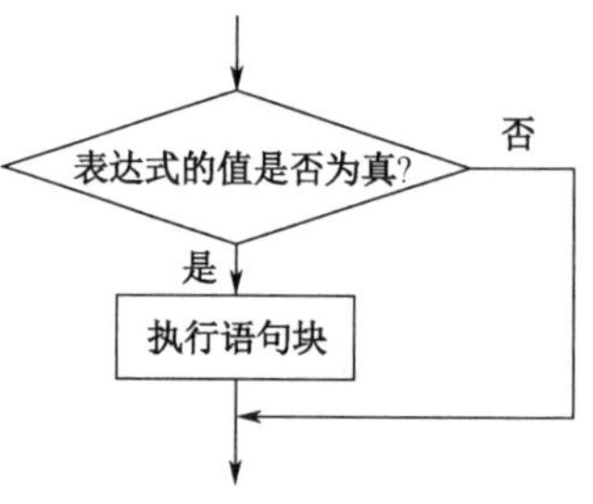

图 4-2 单分支结构的执行过程

在如下的例子中：

```
if(score>=90)
    printf("Congratulations!\n");    //语句块由一条语句组成
printf("Your score is %d\n",score);
```

当 score 的值大于或等于 90 时（假设为 95），程序输出两个结果。

```
Congratulations!
Your score is 95
```

当 score 的值小于 90 时（假设为 65），程序输出一个结果。

```
Your score is 65
```

显然，printf("Congratulations!\n");语句执行与否由 if 后面的表达式来决定。而 printf ("Your score is %d\n",score);语句不是 if 语句的一部分，它是一条独立的语句，程序在 if 语句执行后就执行此语句。

if 语句后面的语句块实质上就是一条语句，其可以是单条语句，也可以是复合语句。计算机将复合语句看作一条语句。因此，当 if 语句下面要控制一系列语句时，应用一对花括号将它们聚成一组，即使用复合语句。例如：

```
if(score>=90)
{
   printf("Congratulations!\n");
   printf("Your score is %d\n",score);
}
```

当满足条件 score>=90 时，执行复合语句，产生两个输出结果，否则不执行复合语句，即没有任何输出结果。

注意，即使 if 语句使用了复合语句，整个 if 结构仍被看作一条简单语句。

通常，if 语句中的表达式是关系表达式或逻辑表达式，如表达式 $x>y$ 和 $x>3\&\&x<5$，但也可以是 C 语言中任意合法的表达式，如算术表达式、赋值表达式等。当表达式的值为非 0 时，视为真；表达式的值为 0 时，视为假。例如：

```
if(a=0)
   printf("yes");
```

无论 if 语句之前的 a 为何值，因为括号内的 a=0 为赋值表达式，其值为 0，if 语句判断条件为假，不会执行语句 printf("yes")。

【例 4.2】输入一个非零整数，如果其大于零，则输出“正数”；如果小于零，则输出“负数”。

1）算法分析

假设 x 代表一个非零整数。判断该数是否为正数，只需将它与 0 进行比较即可。利用关系表达式表示为 $x>0$。如果该表达式为 1（真），则说明 x 是一个大于零的正数。

同理，判断 x 是否为负数，只需判断其是否小于 0。利用关系表达式表示为 $x<0$。如果该表达式的值为 1（真），则说明 x 是一个小于零的负数。

因此，可用两个不含 else 的 if 语句分别表示上述两种情况。

2）源程序代码（demo4_2.c）

```
#include<stdio.h>
main( )
{
   int  x;
   printf("请输入一个非零整数\n" );
   scanf("%d",&x);
   if (x>0)
      printf("正数");
   if(x<0)
      printf("负数");
}
```

3）程序说明

程序中有两条并行的 if 语句。printf("正数");语句是否执行由表达式 x>0 决定。如果 x>0 成立，则执行该条语句，否则不执行。同理，语句 printf("负数");也是如此。

4）程序运行结果

（1）运行结果 1：

```
请输入一个非零整数
5↙
正数
```

（2）运行结果 2：

```
请输入一个非零整数
-12↙
负数
```

说明：↙表示按回车键。

【例 4.3】 商店售货，按购物款的多少给予不同的优惠折扣，编程计算实际的应付款。

购物款不足 250 元，没有折扣；

购物款满 250 元（含 250 元，下同），不足 500 元，减价 5%；

购物款满 500 元，不足 1000 元，减价 7.5%；

购物款满 1000 元，不足 2000 元，减价 10%；

购物款为 2000 元及以上，减价 15%。

1）算法分析

设购物款为 m，折扣率为 d，则 d 可表示为

$$
\begin{cases}
d = 0 & (m<250) \\
d = 0.05 & (250 \leqslant m<500) \\
d = 0.075 & (500 \leqslant m<1000) \\
d = 0.1 & (1000<m<2000) \\
d = 0.15 & (m \geqslant 2000)
\end{cases}
$$

根据 m 的取值范围确定 d 的值，可用 if 语句实现。当 d 的值确定后，使用公式 $t=m(1-d)$ 计算实际应付款。

2）数据结构

根据题意，程序应分配 3 个变量分别用于存储购物款、折扣率和应付款。由于购物款、折扣率等一般为浮点数，所以变量应定义为 float 类型。

3）源程序代码（demo4_3.c）

```
#include<stdio.h>
main( )
{
    float m,d,t;
    printf("请输入购物款:");                //输出提示信息
    scanf("%f",&m);                        //输入购物款，存储于变量m中
    if (m<250)
        d=0;
    if (m>=250 && m<500)
        d=0.05;
    if (m>=500 && m<1000)
        d=0.075;
    if (m>=1000 && m<2000)
        d=0.1;
    if (m>=2000)
```

```
        d=0.15;
    t=m*(1-d),                              //计算应付款，存储于变量t中
    printf("实际应付款:%5.2f",t);         //输出实际应付款，结果保留2位小数
}
```

4）程序说明

程序中的 5 条 if 语句是并行关系。计算机对于每条 if 语句都要判断一次，但不一定都执行，只有当判断的表达式的值为真时，才会认为执行了相应的 if 语句，否则认为 if 语句没有执行。例如，假设 m 的值为 150，则第 1 条 if 语句执行了，其后面的其他 4 条 if 语句都进行了判断，但都没有执行，因为判断的表达式的值为假。

5）程序运行结果

（1）运行结果 1：

```
请输入购物款：249↙
实际应付款：249.00
```

（2）运行结果 2：

```
请输入购物款:500↙
实际应付款：462.50
```

说明：↙表示按回车键。

4.2.2　if…else 语句

if…else 语句是一种二分支结构，能够在两个条件之间进行选择。其语句的一般使用形式如下。

```
if (表达式)
    语句块1
else
    语句块2
```

如果表达式的值为真（非零），则执行 if 后面的语句块 1（亦称 if 子句）；如果表达式的值为假（零），则执行 else 后面的语句块 2（亦称 else 子句）。显然，语句块 1 和语句块 2 不能同时执行。其执行过程如图 4-3 所示。

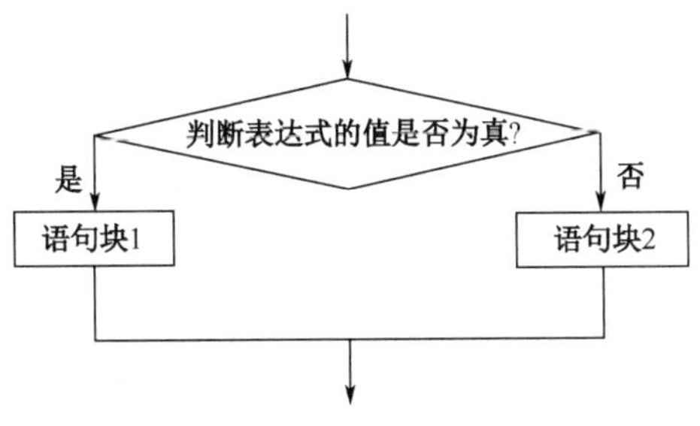

图 4-3　if…else 语句的执行过程

可用 if…else 语句来修改例 4.2 的程序。

```
if (x>0)
    printf("正数");
if(x<0)
```

```
        printf("负数");
```

这个程序段在执行过程中，两条 if 语句都要进行判断。而实际上，当 $x>0$ 成立时，$x<0$ 一定不成立，采用 if…else 语句进行修改后，程序不必重新进行判断。

```
    if (x>0)
        printf("正数");
    else
        printf("负数");
```

如果 $x>0$，则输出正数，否则一定属于小于零的情况，输出负数。这里程序只进行了一次判断。

如果 if 和 else 之间有多条语句，则必须用花括号将其括起来。下面的形式是错误的。

```
    if(x>=60)
        printf("pass");
        n++;
    else
        printf("no pass");
```

编译器认为 if 和 else 之间只有一条语句（单条或复合语句）。遇到上述形式的程序段时，编译器会报错，因为它认为 printf("pass");是 if 语句的一部分，而 n++被看作独立的一部分，不属于 if 语句，接着会认为没有 if 与 else 匹配。应该使用下面的形式。

```
    if(x>=60)
    {                           //复合语句
        printf("pass");
        n++;
    }
    else
        printf("no pass");
```

同样，如果 else 后面的语句块 2（即 else 子句）是由多条语句组成的，也应用花括号括起来形成复合语句。

示例 1：

```
    if(score>=60)
        printf("pass\n");
    else
        printf("no pass\n");
    printf("end\n");
```

示例 2：

```
    if(score>=60)
        printf("pass\n");
    else
    {
        printf("no pass\n");
        printf("end\n");
    }
```

从缩进格式来看，容易错误地将示例 1 等同于示例 2。但从示例 1 和示例 2 的运行结果（表 4-3）来看，显然，else 后面的两条语句加花括号和不加花括号是有本质区别的。实际上，示例 1 中只有 printf("no pass\n")是 else 的子句，而 printf("end\n");是区别于 if…else 语句的其他语句。

表 4-3　示例 1 和示例 2 的运行结果

表　达　式		程序的运行结果	
		示　例　1	示　例　2
score>=60	为真时	pass end	pass
	为假时	no pass end	no pass end

不管是哪种形式的 if 语句，编译器在识别 else 子句时所遵循的规则如下：将关键字 else 后面紧靠它的第一条语句视为 else 子句（语句块 2）。对于识别 if 子句（语句块 1）也是如此。计算机把复合语句看作一条语句。

【例 4.4】编写程序，计算如下分段函数。

$$y=\begin{cases}x+1 & (x\geqslant 0)\\ 2x+5 & (x<0)\end{cases}$$

1）算法分析

根据题意：如果 x 大于或等于 0，则选择表达式 x+1 计算 y 值；反之，选择表达式 2x+5 计算 y 值。可利用 if…else 语句实现。

代数表达式要写成标准的算术表达式：2x+5→2*x+5。

2）源程序代码（demo4_4.c）

```
#include<stdio.h>
main( )
{
int x,y;
printf("请输入1个整数\n");
scanf("%d", &x);
if(x>=0)
   y=x+1;
else
   y=2*x+5;
printf("结果为:%d\n",y);
}
```

3）程序运行结果

（1）运行结果 1：

```
请输入1个整数
5↙
结果为:6
```

（2）运行结果 2：

```
请输入1个整数
-3↙
结果为:-1
```

说明：↙表示按回车键。

【例 4.5】 求解任意一元二次方程 $ax^2+bx+c=0$（$a\neq0$），a、b、c 的值由键盘输入。

1）算法分析

当 $a\neq0$ 时，一元二次方程的根有以下两种形式。

（1）当判别式 $b^2-4ac\geqslant0$ 时，有两个实根，求根公式为

$$\begin{cases} x_1=\dfrac{-b+\sqrt{b^2-4ac}}{2a} \\ x_2=\dfrac{-b-\sqrt{b^2-4ac}}{2a} \end{cases}$$

（2）当判别式 $b^2-4ac<0$ 时，有两个共轭复根，求根公式为

$$\begin{cases} x_1=\dfrac{-b}{2a}+\dfrac{\sqrt{4ac-b^2}}{2a}\mathrm{i} \\ x_2=\dfrac{-b}{2a}+\dfrac{\sqrt{4ac-b^2}}{2a}\mathrm{i} \end{cases}$$

2）数据结构分析

由于此问题比较简单，只需要用到一些单精度实数。方程系数 a、b、c 采用单精度变量即可。

3）伪代码

```
输入方程系数 a，b，c
计算判别式  d=b*b-4*a*c
if (判别式≥0)
{
    计算两个实根
    输出结果
}
else
{
    计算实部和虚部
    输出结果
}
```

4）源程序代码（demo4_5.c）

```
#include <math.h>
#include<stdio.h>
main( )
{
    float a,b,d,c,x1,x2,p,q;
    printf( "输入方程系数a,b,c: " );
```

```
    scanf("%f,%f,%f",&a,&b,&c);
    d=b*b-4.0*a*c;
    if (d>=0)
    {
        x1=(-b+sqrt(d))/(2.0*a);//sqrt( )是平方根函数，头文件要包含<math.h>
        x2=(-b-sqrt(d))/(2.0*a);
        printf("x1=%5.2f,x2=%5.2f\n",x1,x2);
    }
    else
    {
        p=-b/(2.0*a);
        q=sqrt(-d)/(2.0*a);
        printf("实部为：%5.2f\n",p);
        printf("虚部为：%5.2f\n",q);
        printf("x1=%f+%fi,x2=%f-%fi\n",p,q,p,q);
    }
}
```

5）程序运行结果

（1）运行结果 1：

```
输入方程系数a,b,c：2,5,3↙
x1=-1.00，x2=-1.50
```

（2）运行结果 2：

```
输入方程系数a,b,c：2,3,4↙
实部为：-0.75
虚部为：1.20
x1=-0.75+1.20i，x2=x1=-0.75-1.20i
```

说明："↙"表示按回车键。

4.2.3　if…else if…else 语句

if…else if…else 语句是一种多分支结构，表示从中选择一个满足条件的情况进行操作，即多选一。

其一般形式如下。

```
if(表达式1)
    语句块1
else if(表达式2)
    语句块2
…
else if(表达式n)
    语句块n
else
    语句块n+1
```

程序依次判断 if 后面的圆括号中的表达式的真假，直到某个表达式的值为真，则选择其后的语句块执行，并完成 if 语句的执行，否则继续判断下一个表达式；如果所有 if 后面的表达式的值都为假，则执行 else 后面的语句块 n+1；最后执行 if 后面的其他语句。其执行过程如图 4-4 所示。

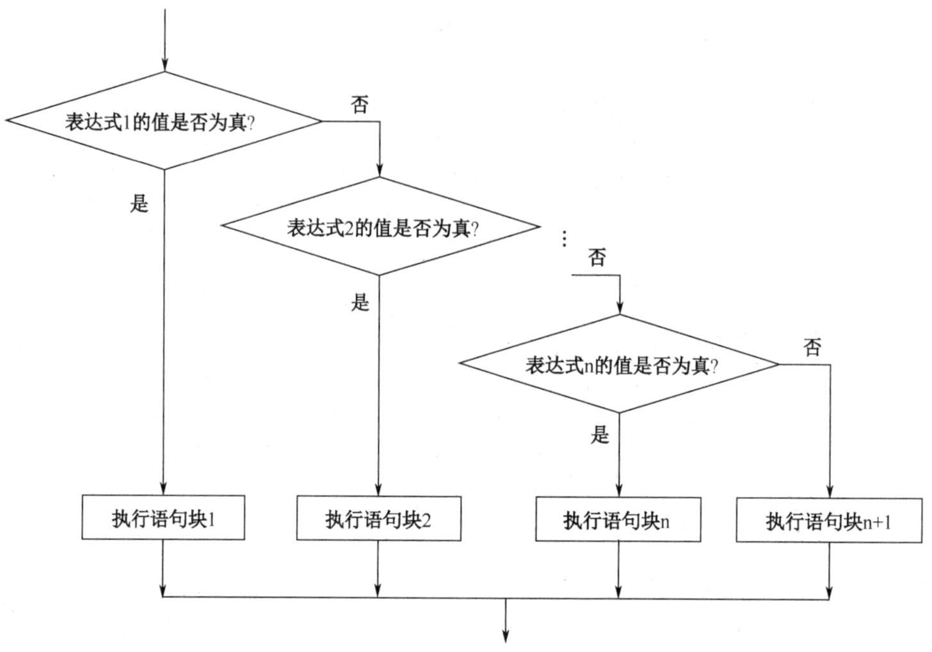

图 4-4 if…else if…else 语句的执行过程

看下面的例子：

```
int a=70;
if (a>50)
   printf("%d",a+1);
else if (a>40)
   printf("%d",a+2);
else if (a>30)
   printf("%d",a+3);
```

计算机会按照顺序依次判断条件表达式的值，当程序判断第 1 个表达式 a>50 为真时，选择其后的 printf("%d",a+1);语句执行，紧接着的 else 的意义为除上述情况之外（即 a<=50）判断 a 的值，因此，程序不需要再进行判断和执行后面的所有语句，其输出结果是 71。

如果把上面的程序段修改如下。

```
int a=70;
if (a>50)
   printf("%d ",a+1);
if (a>40)
   printf("%d ",a+2);
if (a>30)
   printf("%d ",a+3);
```

该程序段由 3 条并行的不含 else 的 if 语句组成。计算机在执行时，对于每条 if 语句都要判断其表达式。判断过程中，如果表达式为真，则执行其后的 printf 语句，否则判断下一条 if 语句。因此，该程序段的输出结果是 71、72、73。

【例 4.6】从键盘上输入一个整数，根据判断其是正数、负数还是零。

1）算法分析

一个整数不可能既是零，又是正数和负数，这是矛盾的，只能是其中的一种，即三选一。可利用 if…else if…else 语句实现。

判断的本质条件是将整数与零进行比较运算，可利用关系表达式表示。

2）源程序代码（demo4_6.c）

```
#include<stdio.h>
main( )
{
    int x;
    printf("请输入一个整数\n");
    scanf("%d",&x);
    if (x>0)
        printf("x是正数\n");
    else if (x<0)
        printf("x是负数\n");
    else
        printf("x是零\n");
}
```

3）程序说明

当 x>0 为假时，继续判断 x<0 是否为真，如果 x<0 也为假，则说明 x 只能为零。因此，在 if…else if…else 语句中，不需要再添加 else if(x==0)这个分支判断语句，else 部分足以说明问题。

4）程序运行结果

（1）运行结果 1：

```
请输入一个整数：-3↙
x是负数
```

（2）运行结果 2：

```
请输入一个整数：:0↙
x是零
```

说明：↙表示按回车键。

【例 4.7】用 if…else if…else 语句改写例 4.3 的程序。

1）源程序代码（demo4_7.c）

```
#include<stdio.h>
main( )
{
    float m,d,t;
    printf("请输入购物款\n ");
```

```
    scanf("%f",&m);
    if (m<250)
        d=0;
    else if (m>=250 && m<500)
        d=0.05;
    else if (m>=500 && m<1000)
        d=0.075;
    else if (m>=1000 && m<2000)
         d=0.1;
    else
         d=0.15;
    t=m*(1-d);                               //计算应付款
    printf("实际应付款:%5.2f\n",t);       //结果保留2位小数
}
```

2）程序运行结果

（1）运行结果 1：

```
请输入购物款：249↙
实际应付款：249.00
```

（2）运行结果 2：

```
请输入购物款:500↙
实际应付款：462.50
```

说明：↙表示按回车键。

3）程序说明

显然，使用 if…else if…else 语句表达的逻辑性更强，程序更清晰，执行时间更少。而且例 4.7 中 else if 后面的条件表达式可以由原来的

```
else if (m>=250 && m<500)
    d=0.05;
else if (m>=500 && m<1000)
    d=0.075;
else if (m>=1000 && m<2000)
     d=0.1;
```

简化成：

```
else if (m<500)
    d=0.05;
else if (m<1000)
    d=0.075;
else if (m<2000)
     d=0.1;
```

4.2.4 if语句的嵌套

一个 if 语句中可以包含另一个或多个 if 语句，这称为 if 语句的嵌套。如：

```
if(x>=0)
```

```
        if(x<60)
            printf("no pass")
        else
            printf("pass")
        else
            printf("Error")
```

其执行流程是：当 x>=0 为真时，执行虚线框中的 if…else 语句，否则执行语句 printf("Error");。这是在 if 子句（语句块 1）中嵌套 if 语句的情况，也可以在 else 子句（语句块 2）中嵌套 if 语句，这里不再举例。

if 语句有 3 种形式，当几种形式的 if 语句混合嵌套时，就涉及计算机如何判断哪个 if 对应哪个 else 的问题。例如：

```
    if(x>=0)
        if(x>0)
            printf("you");
    else
        printf("me");
```

从缩进的格式上看，else 好像是和第 1 个 if 配对的。如果按这种方式理解，则当 x 大于 0 时，输出结果为“you”；当 x 等于 0 时，没有输出；当 x 小于 0 时，输出结果为“me”。但这是错误的，因为编译器不是根据缩进格式识别 if 语句的。其识别 if 语句的规则如下：**else 与其上面最接近的 if 匹配，且这个 if 没有被花括号或其他 else 匹配。**

因此，在此例中，else 应与第 2 个 if 配对。通过缩进方式来表现时为下面的书写格式。

```
    if(x>=0)
        if(x>0)
            printf("you");
        else
            printf("me");
```

当 x 大于 0 时输出结果是“you”；当 x 等于 0 时，输出结果为“me”；当 x 小于 0 时，程序无输出。显然，理解的方式不同，输出结果也不同。

如果希望实现 else 和第 1 个 if 配对的效果，可以借助花括号来实现。

```
    if(x>=0)
    {
        if(x>0)
          printf("you");
    }
    else
        printf("me");
```

需要记住的是，缩进格式是为了便于程序员阅读和交流的，而编译器是忽略程序的缩进格式的。要正确识别一个复杂的 if 嵌套结构，就要始终遵循 else 与 if 配对的规则。

另外，在使用 if 嵌套结构时，嵌套必须完全包住，不能相互混杂。一般情况下，嵌套不能太深，以三层为限，嵌套太深，程序的复杂性增加很快，难于阅读和理解，且容易出错。

if 嵌套结构犹如人生之路。我们会面临众多选择（择业、择友、择偶等），要清晰辨别问题本质，面对不同问题要选择恰当的方式来解决，要坚持运用科学、辩证的观点面对现实生活中的问题。

【例 4.8】从键盘上输入一个字符，并做以下判断：如果为“Y”，则输出“是”；若为“N”，则输出“否”；若为其他字符，则提示输入错误。

要求：采用 if 嵌套结构；只考虑大写字母 Y 和大写字母 N 的情况。

1）算法分析

从总体上看，输入字符有两种可能——对或错，故可用一个 if…else 结构来处理输入字符的对错问题。输入正确的字符又有两种情形：输入的字符为“Y”或“N”，又可以用一个 if…else 结构来判断输入字符。所以，在 if 结构中嵌套了另一个 if 结构。

2）数据结构

此问题较简单，只需用到一个字符变量 a。

3）源程序代码（demo4_8.c）

```
#include<stdio.h>
main( )
{
    char ch;
    printf("输入一个字符：");
    ch=getchar( );
    if (ch=='Y'||ch=='N')
    {
        if (ch=='Y')
            printf("是");
        else
            printf("否");
    }
    else
        printf("输入数据不合要求\n");
}
```

4）程序说明

此程序中的 if…else 语句用于处理数据的合法性，其内部嵌套的 if…else 语句用于处理输入的字符到底是“Y”还是“N”。

5）程序运行结果

（1）运行结果 1：

```
输入一个字符：N↙
否
```

（2）运行结果 2：

```
输入一个字符：Y↙
是
```

（3）运行结果 3：

```
输入一个字符：m↙
输入数据不合要求
```

说明：↙表示按回车键。

4.3　if语句应用举例

【例 4.9】从键盘上输入一个小写字母，如果输入了 a，则显示 b，如果输入了 b，则显示 c，以此类推，输入 z 时显示 a。

1）算法分析

根据题意，如果输入的是 a～y，则显示紧随其后的字母；如果输入的字母是 z，则直接将 a 显示出来。可用 if…else 语句实现判断。

2）源程序代码（demo4_9.c）

```
#include <stdio.h>
main( )
{
    char ch;
    ch=getchar( );
    if ((ch>='a' && ch<='y'))
        printf("%c\n",ch+1);
    else
       printf("%c\n", 'a');
}
```

3）程序说明

为了简单起见，本程序只考虑小写字母的情况，且代码中并未对输入数据的合法性进行严格的限制，因此，当读者进行验证时，不能使用大写字母或其他字符验证。

4）程序运行结果

（1）运行结果 1：

```
b ↙
c
```

（2）运行结果 2：

```
z↙
a
```

说明：↙表示按回车键。

【例 4.10】从键盘上输入一个字符，判断其是小写字母、大写字母、数字还是其他字符，并输出相应的结果。

1）算法分析

（1）判断是否为大写/小写字母的条件。

由于大写/小写字母的 ASCII 码值是连续的，因此，如果一个字符的 ASCII 码值处于 97 和 122 之间，说明该字符一定是小写字母。同样，如果一个字符的 ASCII 码值处于 65 和 90 之间，说明该字符一定是大写字母。

表示在一定范围之内时，可用关系运算符和逻辑运算符来表示。

如果 ch>=97&&ch<=122 为真，说明 ch 中的值是小写字母，反之不是。

如果 ch>=65&&ch<=90 为真，说明 ch 中的值为大写字母，反之不是。

（2）判断是否为数字字符的条件。

数字字符的 ASCII 码值处于 48 和 57 之间。因此，如果 ch>=48&&ch<=57 为真，说明该字符为数字字符，反之不是。

（3）如果以上条件都不成立，则一定是其他字符。

显然，可以使用 if…else if…else 语句实现。

2）源程序代码(demo4_10.c)

```
#include<stdio.h>
main( )
{
    char ch;
    ch=getchar( );
    if(ch>=97&&ch<=122)
        printf("小写字母\n");
    else if(ch>=65&&ch<=90)
        printf("大写字母\n");
    else if(ch>=48&&ch<=57)
        printf("数字字符\n");
    else
        printf("其他字符\n");
}
```

3）程序说明

要表示字符处于一定范围之内，除了可用 ASCII 码值表示，还可用字符常量本身表示，例如：

ch>=97&&ch<=122　等价于　ch>='a' &&ch<='z'

ch>=65&&ch<=90　等价于　ch>='A'&&ch<='Z'

ch>=48&&ch<=57　等价于　ch>='0'&&ch<='9'

需要注意的是，字符常量一定要用单引号括起来。

另外，相应的大小写字母之间的 ASCII 码值相差 32。因此，如果要将变量 ch 中的小写字母转换成大写字母，则使用语句 ch=ch-32 即可，反之，可使用语句 ch=ch+32。

4）程序运行结果

（1）运行结果 1：

```
m ↙
小写字母
```

（2）运行结果 2：

```
= ↙
其他字符
```

（3）运行结果 3：

```
6↙
数字字符
```

说明：↙表示按回车键。

【例 4.11】输入一名学生的生日（年：y0、月：m0、日：d0），并输入当前日期（年：y1、月：m1、日：d1）。编写程序求出该学生的实际年龄。

1）算法分析

要求出某学生的年龄 age，只要将当前日期中的 y1 减去生日日期中的 y0 即可；进一步分析发现，若该学生生日中的 m0 大于当前日期中的 m1，则说明该学生还未满实际年龄，应该将 age 减 1；

同理，若该学生生日中的 m0 正好等于当前日期中的 m1，但该学生生日日期中的 d0 大于当前日期中的 d1，同样说明该学生还未满实际年龄，也应该将 age 减 1。

2）数据结构

这里需要用到一些整型变量。用变量 age 代表实际年龄；用变量 y0、m0、d0 分别代表某学生的生日日期中的年、月、日；用变量 y1、m1、d1 分别代表当前日期中的年、月、日。

3）伪代码

```
输入某学生的生日日期的年y0、月m0、日d0
输入当前日期的年y1、月m1、日d1
将y1-y0 ──► 变量age
if m0大于m1 then {
    将age-1──► age
}
if m0等于m1 且 d0大于d1 then
{
    将age-1──► age
}
输出变量age
end program
```

4）源程序代码（demo4_11.c）

```
#include<stdio.h>
main( )
{
    int age,y0,y1,m0,m1,d0,d1;
    printf("输入生日日期(年,月,日)");
    scanf("%d,%d,%d",&y0,&m0,&d0);
    printf("输入当前日期(年,月,日)");
    scanf("%d,%d,%d",&y1,&m1,&d1);
    age=y1-y0;
    if (m0>m1) age--;
    if (m0==m1 && d0>d1) age--;
    printf("age=%3d",age);
}
```

5）程序运行结果

```
输入生日日期(年,月,日)1999,12,31↙
输入当前日期(年,月,日)2020,9,1↙
age=20
```

说明：↙表示按回车键。

【例 4.12】 假定邮局对寄往某地的邮包按下列标准收费。

凡重量不超过 5kg 且体积不超过 250cm³ 的邮包按每千克 3.95 元计价，若有超重或超体积的情况，则对超重部分每千克加收 1.75 元，对超体积部分每立方厘米加收 0.15 元，请编写一个自动收费程序。

1）算法分析

首先，找到问题相应的算法，对于此问题，要找到计费的具体公式。

设邮包重 w kg，体积为 v cm³，应收费为 x 元，则

$$x=\begin{cases}3.95\times w & (w\leqslant 5,\ v\leqslant 250)\\ 3.95\times w+1.75\times(w-5) & (w>5,\ v\leqslant 250)\\ 3.95\times w+0.15\times(v-250) & (w\leqslant 5,\ v>250)\\ 3.95\times w+1.75\times(w-5)+0.15\times(v-250) & (w>5,\ v\geqslant 250)\end{cases}$$

2）数据结构

只需用到一些单精度实数。

3）伪代码

```
输入邮包的重量w和体积v
先计算既不超重又不超体积时的费用x
if  w超过5  then {
    在前面算出的费用x的基础上，加上超重部分的费用
    即x=x+超重费用
}
if  v超过250  then{
    在前面算出的费用x的基础上，加上超体积部分的费用
    即x=x+超体积费用
}
输出邮费x
end program
```

4）源程序代码（demo4_12.c）

```
#include<stdio.h>
main( )
{
    float w,v,x;
    printf("请输入邮包重量和体积：");
    scanf("%f,%f,",&w,&v);
    x=3.95*w;
    if  (w>5)  x=x+1.75*(w-5);
    if  (v>250) x=x+0.15*(v-250);
    printf("邮费为:%5.2f元\n",x);
}
```

5）程序运行结果

```
请输入邮包重量和体积：10,20↙
邮费为:48.25元
```

说明：↙表示按回车键。

6）程序说明

初学者往往认为第三种情况不需要考虑。事实上，程序中利用了累加特性。当邮包超重且超体积时，要累加两次，即把超重和超体积的费用都计算在内。

初学者在编写上述程序时，往往会直接利用多分支的 if 语句，但那样的程序不够简洁。

4.4　switch语句

当要实现几种可能之一时，可用 if…else if…else 甚至多重嵌套 if 语句来实现。但当分支较多时，程序就会变得复杂冗长，导致可读性降低。为此，C 语言提供了 switch 语句来专门处理多分支的情形，使程序变得简洁。

其一般使用形式如下。

```
switch(整型或字符型表达式)
{
    case 常量表达式1:语句1
    case 常量表达式2:语句2
        …
    case 常量表达式n:语句n
    default: 语句n+1
}
```

关于 switch 语句，需要注意以下几点。

（1）switch 后面的括号内的表达式的值必须是整型或字符型，且表达式结尾没有分号。

（2）case 与其后面的常量表达式之间要有一定的间隙。常量表达式与其后面的语句用冒号隔开。

（3）case 后面的表达式必须为整型常量表达式或字符型常量表达式，不能是实型，且各个常量表达式的值不能相同，否则会出现错误。

（4）“case 常量表达式：”后面允许有多个语句，可以不用“{}”括起来。

（5）当所有 case 常量表达式的值都与 switch 表达式的值不相等时，执行 default 语句。各 case 和 default 的先后顺序可以变动，不会影响程序的运行结果。

（6）default 语句可以省略，表示当所有 case 的常量表达式的值都与 switch 表达式的值不相等时，什么都不执行，程序直接绕过 switch 表达式。但若有 default 语句，只能有一个。

switch 语句的具体执行过程如下。

将 switch 括号中表达式的值从上往下依次与 case 后面的常量表达式的值进行比较运算。如果表达式的值与某个 case 后面的常量表达式的值相等，则执行该 case 后面的所有语句；如果表达式的值不与任何一个 case 值相等，则从 default 后面的语句开始执行；直到遇到 switch 的最后一个花括号，或遇到 break 语句时结束 switch 语句的执行，程序转向执行 switch 后的其他语句。

下面是一个使用 switch 语句实现按照考试成绩的等级输出百分制分数段的程序段，设 grade 为字符型变量。

```
switch (grade)
{
    case 'A': printf("85～100");
    case 'B': printf("70～84");
    case 'C': printf("60～69");
    case 'D': printf("<60");
    default : printf("error");
}
```

如果变量 grade 的值为 A，则程序的输出结果为 85～100 70～84 60～69 <60 error。这和预想的结果有出入，我们只想输出 85～100。这并不是因为程序有错误，而是因为 switch 语句的执行过程为：一旦某个 case 后面的表达式与 switch 后面的表达式相等，该 case 后面的语句被执行，转到下一个 case 语句继续执行，直到 switch 语句结束。可以通过 break 语句改变这种情况。

```
switch (grade)
{
    case 'A': printf("85～100");break;
    case 'B': printf("70～84");break;
    case 'C': printf("60～69");break;
    case 'D': printf("<60");break;
    default : printf("error");
}
```

在执行过程中，如果碰到 break 语句，则程序退出 switch 结构。因此，此时不管 grade 的值为多少，switch 语句只输出一个结果。例如，grade=A，程序的运行结果为 85～100。

还可以将多个 case 值与一组语句联系起来。例如，判断 26 个字母中哪些是元音字母，且只考虑小写字母的情况。

```
switch(ch)
{
    case 'a' :
    case 'e':
    case 'i':
    case 'o':
    case 'u':printf("The character is a vowel");break;
    default: printf("The character is not a vowel");
}
```

这个 switch 语句要测试 ch 是元音字母还是辅音字母。5 个元音 case 生成一个结果，对其执行相同的 printf 语句。当 ch 不是元音字母，即不与任何一个 case 语句对应时，执行 default 语句。

【例 4.13】假定在一家彩票销售点中，数字 35 可赢得一等奖，数字 122 可赢得二等奖，数字 78 可赢得三等奖，使用 switch 语句判断购买彩票者是否获奖。

1）算法分析

购买彩票者是否获奖共有 4 种情况，可以用 3 个 case 子句和 1 个 default 语句表示如下。

35 ：一等奖　　　　→　　case　35：一等奖
122：二等奖　　　　→　　case　122：二等奖
78 ：三等奖　　　　→　　case　78：三等奖
其他数字：未中奖　→　　default：　未中奖

判断的依据是购买彩票者手上的彩票号码，因此，可用彩票号码作为 switch 后的圆括号中的表达式，即：

```
switch(彩票号码)
{…}
```

2）数据结构

此问题比较简单，由于彩票号码是整数，因此只需要定义一个整型变量：int ticket_number。

3）源程序代码（dem04-13.c）

```
#include<stdio.h>
main( )
{
    int ticket_number;              //用来存储彩票号码
    printf("请输入您所买的彩票号码\n");
    scanf("%d",&ticket_number);
    switch(ticket_number)
    {
    case 35:printf("您的运气太好了,一等奖!\n"); break;
    case 122:printf("运气很不错哦,二等奖!\n");break;
    case 78:printf("恭喜,三等奖!\n");break;
    default:printf("运气不佳,再努力!\n");
    }
}
```

4）程序运行结果

（1）运行结果 1：

```
123↙
运气不佳,再努力!
```

（2）运行结果 2：

```
35↙
您的运气太好了,一等奖!
```

（3）运行结果 3：

```
78↙
恭喜,三等奖!
```

说明：↙表示按回车键。

5）程序说明

此例也可以用 if…else if…else 语句实现。何时使用 if 语句，何时使用 switch 语句，通常是没有约束的。但如果选择基于浮点表达式，或者变量必须落入某个范围，则使用 switch 语句不太方便。

【例 4.14】使用 switch 语句重写例 4.3。

1）算法分析

利用 switch 判定语句确定 d 的值，设购物款为 m，虽然 m 是一个单精度实数，无法用 case 子句将 m 的取值一一列出，但通过对 m 进行适当变换，引进一个中间整型变量 c，即可区分 m 所在的区间。

当 $m<250$ 时，将 $m/250$ 赋给 c，则 c 等于 0。

当 $250\leqslant m<500$ 时，将 $m/250$ 赋给 c，则 c 等于 1。

当 $500\leqslant m<1000$ 时，将 $m/250$ 赋给 c，则 c 等于 2 或 3。

当 $1000\leqslant m<2000$ 时，将 $m/250$ 赋给 c，则 c 等于 4 或 5 或 6 或 7。

当 $2000\geqslant m$ 时，将 $m/250$ 赋给 c，则 c 大于或等于 8，为了方便用 case 子句列出，统一取 c=8。

设折扣为 d，则 d 可表示为

$$\begin{cases} d=0 & (c=0) \\ d=0.05 & (c=1) \\ d=0.075 & (c=2、3) \\ d=0.1 & (c=4、5、6、7) \\ d=0.15 & (c=8) \end{cases}$$

此时，可计算实际应付款 $t=m(1-d)$。

2）源程序代码（demo4_14.c）

```
#include<stdio.h>
main( )
{
    int c;
    float m,d,t;
    printf("请输入购物款: ");
    scanf("%f",&m);
    if (m>2000)  c=8;
    else  c=m/250;
    switch(c)
    {
        case 0: d=0; break;
        case 1: d=0.05; break;
        case 2:
        case 3: d=0.075; break;
        case 4:
        case 5:
        case 6:
        case 7: d=0.1; break;
        case 8: d=0.15; break;
    }
    t=m*(1-d);     //计算实际应付款
    printf( "实际应付款:%5.2f\n",t);
}
```

3）程序运行结果

（1）运行结果 1：

```
请输入购物款：249↙
实际应付款：249.00
```

（2）运行结果 2

```
请输入购物款：500↙
实际应付款：462.50
```

说明：↙表示按回车键。

4）程序说明

变量 *c* 必须是整型变量，这样才能确保 *m*/250 为整数。当 $m \geqslant 2000$ 时，令 $c=8$，不会使得 *c* 的值随着 *m* 值的增大而增大，为了在 switch 语句中便于处理，用一个 case 子句即可处理 $m \geqslant 2000$ 的情况。此例中用到了一些技巧，要仔细理解，要特别注意不同类型的数据赋值时的处理方法。

4.5　无条件转移语句（goto）

语法：goto 语句标号。

作用：改变程序执行的顺序，无条件转移到语句标号所指定的语句行。

例如：

```
loop : x=x+1;
goto loop
```

说明：

（1）语句标号即某一行语句的名称，一般情况下可省略。

（2）在现代程序设计中，要求限制 goto 语句的使用。因为它不符合结构化程序设计的原则，除非万不得已，否则不要随便使用它。

（3）goto 语句可以使程序转向任何地方，使得在跟踪程序流程时发生困难。如果要使用 goto 语句，则最好向前跳转，不要随便向后跳转。

【例 4.15】统计某班级计算机课程的考试成绩高于 80 分的人数。假设学生人数为 10。

1）算法分析

若只有一名学生，则操作如下：先输入该学生的考试成绩 fs，再用 if 语句判断 fs 是否高于 80 分，若高于 80 分，则将人数加 1。

现有 10 名学生，应将上述操作重复执行 10 次，这样即可求出 10 名学生中高于 80 分的人数。

2）数据结构

这里主要用到一些整型变量，用变量 fs 代表考试成绩，用变量 i 统计考试成绩高于 80 分的人数，用变量 j 控制学生人数。

3）源程序代码（dem04-15.c）

```
#include <stdio.h>
main( )
```

```
{
    int i=0, fs, j=0;
    Loop: scanf("%d,",&fs);
    j++;                                  //统计已读入的数据个数
    if (fs>80)
    {
        i++;
    }
    if (j<10)                             //当数据未读完时，继续读入
        goto Loop;
    printf("高于80分的人数：%d",i);
}
```

4）程序运行结果

```
56,78,89,95,34,67,99,87,75,80,↙
高于80分的人数：4
```

说明：↙表示按回车键。

4.6 小结

分支结构使程序具有判断功能。C 语言提供了 3 种形式的分支结构：条件运算符、if 语句、switch 语句。当然，使用 goto 语句也可构造分支结构，但不如专门的分支语句那样方便。

if 结构是 C 语言中主要的分支结构，它有多种变形，可用于构成各种复杂的条件判断，适用于各种情况。不但如此，if 结构还可嵌套使用，以表示更为复杂的判断结构。在 if 的嵌套结构中，要注意 else 及与其配对的 if。C 语言规定 else 与离它最近的 if 配对。

尽管 if 结构功能强大，但有时用于一些简单的多分支结构中时不太方便。因此，C 语言引进了多分支的 switch 结构。switch 结构主要用来处理一些简单的多分支结构，所以它使用的表达式的类型很少，只有 char、short、int 等几种。一旦程序跳转到相应的 case 语句，则只有两种情形可能结束 switch 结构，一是执行到它的末尾，二是碰到 break 语句。初学者往往因为忽略 break 语句而导致程序出错。

在一些非常简单的“二选一”的情况下，使用条件运算符会使 C 语言的书写显得简洁，但其不适用于复杂的判断。

无条件转移语句 goto 是一条非常具有争议的语句。因为它不符合结构化程序设计的要求，在现代程序设计中应尽量避免使用它。

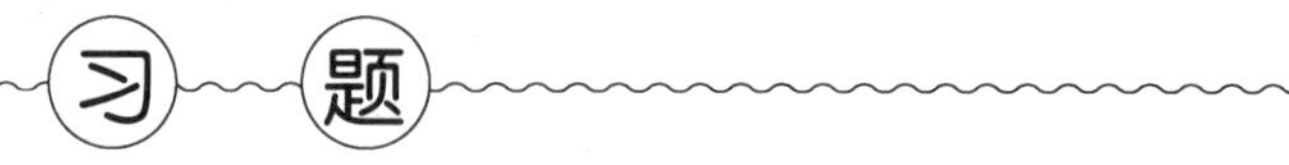

一、选择题

1．若要求在 if 后的一对圆括号中表示 a 不等于 0 的关系，则能正确表示这一关系的表达式为（　　）。

A. a　　B. !a　　C. a=0　　D. a<>0

2. 下列程序段的输出结果是（　　）。

```
main()
{
int w=20,x=21,y=22,z=23;
printf("%d\n",(w>x?w:z>y?z:x)) ;  }
```

A. 20　　B. 21　　C. 22　　D. 23

3. 当变量 c 的值为 1、3、5 时，值为真的表达式是（　　）。

A. (c==1)||(c==3)||(c==5)

B. (c= =1)&&(c==3)&&(c==5)

C. (c>=1&&c<=5)&&!(c%2)

D. (c>=1&&c<=5)&&(c%2!=1)

4. 有定义 int x,y;并已正确给变量赋值，则以下选项中与表达式(x&&y)?(x++):(y++)中的条件表达式(x&&y)等价的是（　　）。

A. (x!=0&&y!=0)　　B. (x!=0||y!=0)

C. (x==0&&y==0)　　D. (x==0||y==0)

5. 若 a 是数值类型，则逻辑表达式(a==1)&&(a!=1)的值是（　　）。

A. 1　　B. 0

C. 2　　D. 不知道 a 的值，不能确定

6. 以下程序的输出结果是（　　）。

```
main ()
{ int a=5, b=0, c=0;
   if(a=b+c)  printf("***\n");
    else  printf("$$$\n");}
```

A. 有语法错误，不能通过编译　　B. 可以通过编译但不能通过连接

C. 输出***　　D. 输出$$$

7. 以下 4 个选项中，不能看作一条语句的是（　　）。

A. ;　　B. a=5, b=2.5, c=3.6;

C. if（a<5）;　　D. if（b!=5）x=2; y=6;

8. 以下程序的输出结果是（　　）。

```
main ()
{ int a=45,b=40,c=50,d;
    d=a>30?b:c;
    switch(d)
    {
    case 30 : printf("%d,",a);
    case 40 : printf("%d,",b);
    case 50 : printf("%d,",c);
    default : printf("#"); }
}
```

A. 40,50,　　B. 50,#　　C. 40,#　　D. 40,50,#

9．设 char ch='A'，表达式 ch=(ch>='A'&&ch<='Z')?(ch+32):ch 的值是（　　）。

A．A　　B．a　　C．Z　　D．z

10．假定所有变量均已正确说明，下列程序段运行后 x 的值是（　　）。

```
a=b=c=0;
x=35;
if(!a) x--;
else  if (b);
if(c) x=3;
else x=4;
```

A．34　　B．4　　C．35　　D．3

二、写出下列逻辑表达式的值，设 a=3、b=4、c=5。

（1）a+b>c&&（b=c）

（2）a||b+c&&b-c

（3）!(a>b)&&!c

（4）!(x=a)&&(y=b)&&0

（5）!(a+b)+c-1&&b+c/2

三、程序填空题

1．如果用户输入一个小写字母 a，则显示 b，输入 b 则显示 c,，以此类推，输入 z 则显示 a。请填空。

```
#include<stdio.h>
main()
{
  char ch;
  scanf(" %c ",&ch);
  if(ch>=' a ' && ch<= ' y ')
     ____________;
  else
     ch= ' a ';
  printf(" %c\n ",ch);
}
```

2．输入一个字符，如果为 Y 则输出“是”，为 N 则输出“否”，为其他字符则输出“输入错误”。请填空。

```
#include<stdio.h>
main( )
{char a;
printf("输入字符:");
a=getchar();
switch (______)
{
  case 'Y':printf("是\n"); break;
  case 'N':printf("否\n"); break;
```

```
    default:printf("输入错误! \n")      }
    }
```

3．以下程序的运行结果是______。

```
main()
{
int a=5,b=6,c=7;
if(a=c)  a=a-b;
if(a>c)  c=a+b;
printf("%d%d%d\n",a,b,c);}
```

4．阅读程序，程序的运行结果是__________。

```
#include <stdio.h>
main()
{
  int m=5;
  if (m++>5)
    printf("%d\n",m);
  else
    printf("%d\n",m--);
}
```

5．阅读程序，程序的运行结果是__________。

```
#include <stdio.h>
main()
{
    int a=-1,b=3,c=3,s=0,w=0,t=0;
    if (c>0) s=a+b;
    if (a<=0)
    {
    if (b<0)
    if (c<=0) w=a-b;
    }
    else if (c>0) w=a-b;
    else t=c;
    printf("%d,%d,%d\n",s,w,t);  }
```

四、编程题

1．从键盘上输入年份和月份，计算并输出这一年的这个月共有多少天。

2．输入一个小于 1000 的正数，输出它的平方根。要求输入数据后先检查其是否为小于 1000 的正数。若不是，则不输出。

3．输入四个整数，按由小到大的顺序输出。

4．判断输入的正整数是否既是 5 的倍数又是 7 的倍数，是则输出 yes，否则输出 no。

5．任意输入一个字符，如果是字母字符，将其 ASCII 码值加 5，使其在字母字符 a～z 之间变换并输出。例如字母 a 变成 f，字母 z 变成字母 e；如果是数字字符，则将其 ASCII 码值减 2，使其在数值字符 0～9 之间变换并输出。例如字符 9 变成字符 7，字符 1 变成字符 9。

第 5 章

循环结构

第 3 章和第 4 章分别介绍了程序中常用到的顺序结构和分支结构，但是只有这两种结构是不够的。因为在日常生活中或在程序中常常遇到需要重复处理的问题。例如：

① 输入全班 50 名学生的成绩（重复 50 次相同的输入操作）；

② 分别统计全班 50 名学生的平均成绩（重复 50 次相同的计算操作）；

③ 求 50 个整数之和（重复 49 次相同的加法操作）；

④ 统计全班 50 名学生中计算机课程成绩高于 95 分的人数（重复 50 次相同的判别操作）。

以上述第 4 个问题为例进行算法分析：将该班计算机课程的考试成绩输入计算机，每输入一个成绩，就与 95 分进行比较，如果有高于 95 分的学生，则累加人数。

先编写求一个学生的考试成绩是否高于 95 分的程序段：

```
scanf("%d",&fs);
if (fs>95)
    num=num+1;
```

再重复写 49 个同样的程序段。对 50 名学生的成绩进行统计，就需要 50 个这样的程序段，如果有更多的学生成绩需要统计，则需要更多的程序段。这种方法虽然可以实现要求，但是显然是不可取的，因为工作量大、程序冗长、重复。此外，当学生人数动态变化时，程序会无法编写，因为不知道需要多少程序段。因此，只有顺序结构和分支结构还不能编写所有程序。想要处理上面的问题，就要求有一种结构，其能根据给定的条件，反复执行一段程序，这种结构就是本章要介绍的内容：循环结构——使一段程序反复执行若干次的结构。

C 语言中有 3 种循环语句：while 语句、do…while 语句和 for 语句。

5.1 while语句

while 语句是 C 语言中的一种基本循环结构，用法比较简单。

5.1.1　while语句的结构

其一般使用形式如下。

```
while (表达式)
   循环体
```

例如：

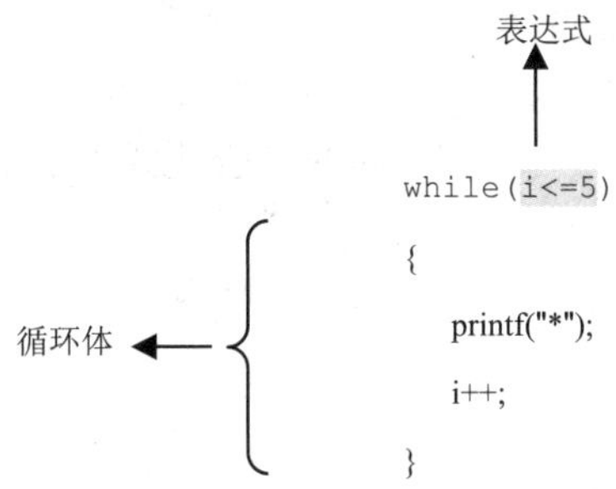

while 语句的执行过程如下。

计算机在执行循环体之前，要先计算表达式的值，并判断值的真假。如果表达式的值为真，则将循环体执行一次，循环体执行完后，计算机会重新对表达式进行计算并判断，如果该表达式的值仍然为真，则继续执行循环体，重复此过程，直到表达式的值为假，循环结束，如图 5-1 所示。

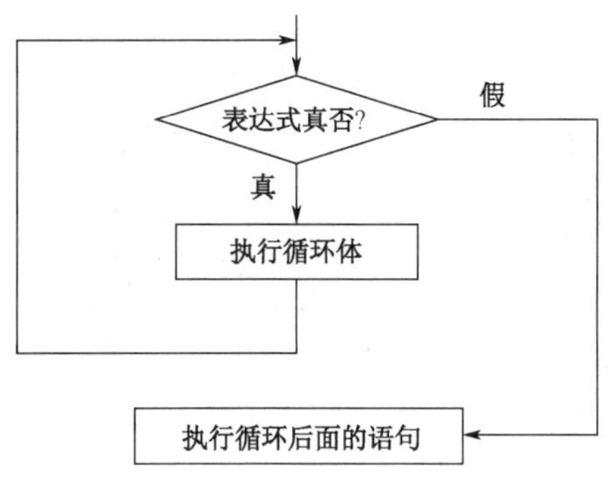

图 5-1　while 语句的执行过程

因此，在上述例子中，只要表达式 i<=5 的值为真，则执行语句 printf("*")和语句 i++。假设 i 的初值为 1，那么输出结果为*****。

显然，while 后面的圆括号中的表达式决定了是终止循环还是继续执行循环。它可以是 C 语言中任意形式的合法表达式，如关系表达式、逻辑表达式、算术表达式等。因此，真假的概念可扩展如下：表达式的值为非零时，视为逻辑真；表达式的值为零时，视为逻辑假。例如：

```
while(a=0)
    printf("Hello\n");
```

注意，a=0 为赋值表达式，将 0 赋给 a，a 的值为 0，while 表达式的值也为 0，视为假，循环体不执行。赋值表达式 a=0 一定要和关系表达式 a==0 区分开。

循环体是指计算机需要重复执行若干次的程序代码，可由一条语句组成，也可由多条语句组成。如果是多条语句，则应用花括号将其括起构成复合语句，复合语句整体上就是一条语句。因此，对于计算机而言，while 语句的循环体就是紧随在 while (表达式) 后的第一条语句。

示例 1：

```
while(i<=5)
   sum=sum+i;
   i++;
```

从缩进格式看，很容易认为它的循环体是 sum=sum+i;和 i++;这两条语句。但编译器是忽略缩进格式的，所以 sum=sum+i;才是紧随在 while（表达式）后的第一条语句，即其为唯一的循环体语句。i++;是 while 循环结束后才会执行的语句。

如果想让 sum=sum+i;和 i++;构成此 while 语句的循环体，则需要用花括号将其括起来。

示例 2：

```
while(i<=5)
{
    sum=sum+i;
    i++;
}
```

下面来看这两个示例的运行结果。

假设 i=1，sum=0。显然，在示例 1 中，循环体只有紧随在 while（表达式）后的第一条语句，即 sum=sum+i;，计算机会无休止地执行 sum=sum+i;。因为循环体没有改变 i 的值，i 的值一直为 1，表达式 i<=5 始终为真，这称为死循环。

实际使用循环时，要避免死循环出现。因此，循环体中应有能使 while 后面的表达式的值由真变为假的语句，如示例 2。

在示例 2 中，循环体中有 i++;语句，使得每次循环体执行后，i 的值会加 1。所以随着循环的执行，i 的值递增，当 i 递增到 6 时，表达式 i<=5 的值为假，循环结束。循环体共执行了 5 次，实现了计算 sum=1+2+3+4+5 的功能。

要计算 sum=1+2+3+⋯+100，只要将示例 2 中的 while(i<=5)改为 while(i<=100)即可，循环体中的语句不变。

语法上 while （表达式）后面是没有分号的。如果出现分号，编译器会将其认作空语句。例如：

```
int n=3;                                  int n=3;
while(n-->0);             等价于          while(n-->0)
    printf("n=%d",n);                           ;
                                          printf("n=%d",n);
```

在这个例子中，编译器把空语句（;）作为 while 的循环体。当 n-->0 为真时，反复执行空语句。

```
while(n-->0);
    printf("n=%d",n);
```

不同于：

```
while(n-->0)
```

```
        printf("n=%d",n);
```

改变一个小小的“;”，程序的功能就截然不同。因此，我们一定要树立踏实、遵循标准、严谨细致的工作和学习作风。

对于表达式 n-->0，要特别注意--在 n 的后面，等价于 n>0; n--;，即先将 n 当前的值和 0 进行比较，当 n>0 为真时，执行循环体，n 减 1，并继续执行循环体。n 不断减 1，当 n 变成 0 时，n-->0 的值为假，循环结束，n 依然减 1，因此退出循环时 n 的值为-1。之后执行语句 printf("n=%d",n);，结果是 n=-1。

注意：while 语句本身在语法上就是一条语句，即使它的循环体是由很多语句组成的。

5.1.2　while 语句的使用

现在可用 while 语句来解决本章一开始所提出的问题。

【例 5.1】 统计某班级计算机课程考试成绩高于 95 分的学生人数（为了运行程序时减少输入考试成绩的工作量和时间，这里假设学生数量为 10 人）。

1）算法分析

由题意得知，对于每名学生的成绩，处理过程相同，只是过程中所使用的数据（成绩）不同。因此应用循环结构处理此问题。

对学生成绩的处理过程（即循环体）为：

① 将计算机课程的考试成绩输入计算机；

② 与 95 分进行比较，如果该学生成绩高于 95 分，则累加人数。

计算机每执行一次上述步骤，就表示处理了一名学生的成绩，直到 10 名学生的成绩都处理完毕。

2）数据结构

这里需要用一个实型变量来存储学生的成绩，用一个整型变量存储成绩高于 95 分的学生总人数。

3）源程序代码（demo5_1.c）

```
#include<stdio.h>
main( )
{
    float fs;
    int num,i;
    i=1;
    num=0;
    while(i<=10)
    {
        printf("请输入第 %d 个分数：",i);
        scanf("%f",&fs);
        if(fs>95)
            num=num+1;
        i++;
```

```
    }
        printf("高于95分的学生人数为 %d人\n",num);
}
```

4）程序运行结果

```
请输入第1个分数：78 ↙
请输入第2个分数：65 ↙
请输入第3个分数：76 ↙
请输入第4个分数：98 ↙
请输入第5个分数：84 ↙
请输入第6个分数：96 ↙
请输入第7个分数：78 ↙
请输入第8个分数：63 ↙
请输入第9个分数：89 ↙
请输入第10个分数：98 ↙
高于95分的学生人数为3人
```

说明：↙表示按回车键。

5）程序说明

变量 i 用来记录目前已处理的学生人数，其初值为 1。因此，循环体中每次处理完当前学生的成绩后，i 的值应加 1，即 i++。当 i=11 时，表示 10 名学生的成绩已全部处理完，循环体不再执行。因此可将 i<=10 作为循环控制条件，如果学生人数为 50 人，则循环控制条件该怎么写呢？

变量 num 用来统计成绩高于 95 分的学生人数，其初值为 0。只要满足 fs>95，num 的值就应加 1。

思考：如果循环体中没有 i++;这条语句，会出现什么情况？

【例 5.2】输入一段文本，统计其中的英文字母、数字和其他字符的个数。用键盘上的回车键结束文本的输入。

1）算法分析

程序中用字符常量“\n”表示键盘上的回车键。

每获取文本中的一个字符，先要判断其是否为“\n”字符，如果是“\n”字符，则说明这一段文本中的字符已全部判断完毕，否则继续对该字符进行判断，即其为字母、数字还是其他字符。

2）源程序代码（demo5_2.c）

```
#include<stdio.h>
main( )
{
    char  ch;
    int letter=0,digit=0,other=0;
    printf("input a text \n");
    while((ch=getchar( ))!='\n')
        if(ch>='a'&&ch<='z'||ch>='A'&&ch<='Z')
            letter++;
        else if(ch>='0'&&ch<='9')
            digit++;
```

```
        else
            other++;

    printf("letter=%d,digit=%d,other=%d\n",letter,digit,other);
}
```

3）程序运行结果

（1）运行结果 1：

```
input a text
as1@3↙
letter=2,digit=2,other=1
```

（2）运行结果 2：

```
input a text
2w&q324*↙
letter=2,digit=4,other=2
```

说明：↙表示按回车键。

4）程序说明

while 后的圆括号中的表达式(ch=getchar( ))!='\n'用于控制循环体执行与否。它有两层意思：先计算圆括号中的 ch=getchar( )，即获取文本中的某个字符，将其赋给 ch 变量，再判断 ch 变量中的值是否不等于'\n'，如果不等于'\n'，则进入循环体，反之，循环结束。

循环体的内容看起来很多，但实际上是由一条增加了 else if 的 if…else if…else 语句组成的，用来判断 ch 中的字符的 3 种情况：字母、数字或者其他字符。if 后面的圆括号中的表达式 ch>='a'&&ch<='z'||ch>='A'&&ch<='Z'把英文字母的大小写情况都包含了进去，是否还有更简洁的写法呢？请自己思考。

【例 5.3】求 1+3+5+7+…+99。

1）算法分析

可以模仿求 1+2+3+4+5 的程序段来实现本例。

2）源程序代码（demo5_3.c）

```
#include<stdio.h>
main( )
{
    int sum=0;
    int i=1;
    while(i<=99)
    {
        sum=sum+i;
        i=i+2;
    }
    printf("1+3+5+…+99=%d\n",sum);
}
```

3）程序运行结果

```
1+3+5+…+99=2500
```

4）程序说明

此程序中，用变量 sum 存放累加和。它的初值应设置为 0，不要忽略给 i 和 sum 赋值，否则它们的值是不可预测的，结果会不正确。读者可上机试一下。

在循环体中，语句 sum=sum+i;实现累加。每执行一次循环体，就将 i 的值向 sum 中累加。而由语句 i=i+2;可看出，每经过一次循环，变量 i 就在原有值的基础上加 2，所以 i 的递增规律是 1、3、5、7、…、99，因此变量 i 除了控制循环体的次数，还可以理解为加数的值。

当变量 i 递增到 101 时，表达式 i<=99 为假，循环结束。

循环的基本思想之一就是用简单的规律解决复杂的问题。有一个有趣的例子——“棋盘上的麦粒”，国王感觉农夫索要的奖励很微小，欣然答应。但是通过实际计算，却发现农夫所需要的麦粒竟然是个天文数字。从这个示例以及循环累加的算法中可以理解“积少成多”的道理，不要小看水滴石穿的力量。

思考：编写程序分别求 0.9 和 1.1 的 365 次方。

1 代表的是原地不动。1×1×1×1 代表每天一成不变，最终结果还是 1。

1.1×1.1×1.1×1.1 代表每天进步一点点，一年以后会变成什么样呢？

0.9×0.9×0.9×0.9 代表每天懒散一点点，那么一年以后又会变成什么样呢？

每天努力朝自己的目标进步一点点，那么自己的成绩就会越来越好！做一个积极的人，每天进步一点点，一步一个脚印，不断积聚力量，就会越来越强大。

【例 5.4】 用 $\frac{\pi^2}{6}\approx\frac{1}{1^2}+\frac{1}{2^2}+\frac{1}{3^2}+\cdots+\frac{1}{n^2}+\cdots$ 公式求 π 的近似值，直到发现某一项的值小于10^{-10}（该项不累加）。

1）算法分析

π 为圆周率，我国古代伟大的科学家祖冲之通过圆的内接多边形求出了 π 的近似值。这是求 π 近似值方法中的一种。求 π 的近似值可以用不同的方法。例如，以下表达式都可以用来求 π 的近似值。

$$\frac{\pi^2}{6}\approx\frac{1}{1^2}+\frac{1}{2^2}+\frac{1}{3^2}+\cdots+\frac{1}{n^2}+\cdots \quad (5.1)$$

$$\frac{\pi^2}{4}\approx 1-\frac{1}{3}+\frac{1}{5}-\frac{1}{7}+\frac{1}{9}-\frac{1}{11}+\cdots \quad (5.2)$$

不同的方法求出的 π 的近似值不完全相同（近似程度不同）。因此，使用计算机解题时，首先应确定用哪一种方法来计算。有一门学科叫作“计算方法”，用于研究什么方法最有效，近似程度最好，执行效率最高。这不是本课程的任务，读者只要对此有一些了解即可。

下面使用式（5.1）计算 π 的近似值。

2）源程序代码（demo5_4.c）

```
#include<stdio.h>
#include<math.h>
main( )
{
    double pi,term,sum;
    int i=1;
```

```
    sum=0.0;
    term=1.0;
    while(term>0.00000000001)
    {
        term=1.0/(i*i);
        sum=sum+term;
        i++;
    }
    pi=sqrt(sum*6);
    printf("pi=%lf\n",pi);
}
```

3）程序运行结果

```
pi=3.141572
```

4）程序说明

此程序并无特别难以理解之处。变量 term 用来保存通项的值，同时用作循环控制条件。

由于要用到计算平方根的库函数 sqrt，因此需要增加相应的头文件<math.h>，否则结果不可知。

从程序运行结果来看，其精度很差。为了提高 π 的精度，可将误差减小。例如，到某项的值小于 10^{-14} 时为止，同时使输出的位数多一些，如 printf("pi=%20.18lf\n",pi);，运行程序可看到结果无变化。事实上，不管误差多小，结果都是一样的。

5）程序调试

为了看看到底发生了什么，需要对程序进行调试。调试之前，先要对程序进行分析，不能一开始就单步跟踪，因为循环可能要执行成千上万次，单步跟踪是不可能的。

从程序运行结果来看，程序应能正确运行，只是结果精度不够。影响精度的因素是每次累加的通项 term。为此，在语句“pi=sqrt(sum*6);”上设置一个断点，跳过循环，看看循环结束时通项的值。按 F5 键执行程序到断点处，将光标放在变量“term”上，此时会观察到 term 的值为-4.6566...，不同计算机的结果可能不一样，但有一点相同，就是 term 变成了一个很小的负值。为什么会出现这样的现象呢？分析一下通项计算的表达式，其为“term=1.0/(i*i)”，i 从 1 逐渐增加，每次都加 1，这看起来没有问题。从理论上来说，计算通项的语句没有问题。

现在的问题是，计算机是机器，在计算通项时，先计算括号中的“i*i”，变量 i 是有符号的整型数，计算结果仍是有符号的整型数。第 2 章中曾指出，整型数的最大表示值是有限的，当“i * i”的结果超过有符号整型数的最大表示范围时就会出现数据溢出。因此，通项的值就变成了负数（之所以会变成负数，是因为负数是用补码表示的，如要详细了解，可查阅相关书籍）。解决的办法也很简单，将语句“term=1.0/(i*i);”写成“term=1.0/i/i;”即可。对表达式“term=1.0/i/i”进行计算时，计算机先计算“1.0/i”，计算结果为双精度实数，再除以 i，结果仍是实数，这样就不会产生数据溢出的问题了。

再运行程序，结果为 pi=3.141589633，精度提高了很多。

如果要计算更精确的 π 值，则要将误差取为更小的值。但是，如果循环变量 i 还是整数，则到一定的程度时 i 同样会溢出。因此，要将变量 i 定义为双精度数据。

注意：计算π的级数是一个收敛很慢的级数，要得到有效位数比较高的π值，需要计算很长时间，如果将误差取得很小进行计算，则可能要花费较长的计算时间，需要耐心等待。

5.2 do…while语句

while 语句在每次循环之前要先检查判断条件，如果第一次判断表达式的值就是假的，则循环体将一次都不执行。C 语言中还有一种判断条件是放在循环之后进行检查的，可以保证循环体至少执行一次，这就是 do…while 语句。

5.2.1 do…while语句的结构

do…while 语句的结构如下。

```
do
    循环体
while(表达式);
```

do…while 语句中的循环体和表达式与 while 语句中的一样。但要注意，do…while 语句必须以分号结束。

其执行过程如下：计算机先执行循环体，再计算并判断表达式的值。如果表达式的值为真，再次执行循环体，以此类推，直到表达式的值为假时循环终止。其执行过程如图 5-2 所示。

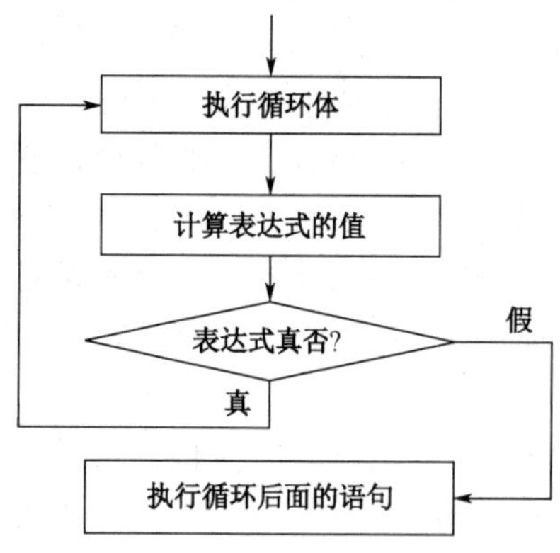

图 5-2　do…while 语句的执行过程

下面来看两个示例。

示例 1：

```
int n=4;
while(n<4)
{
    printf("n=%d\n",4);
```

```
        n++;
    }
```

示例 2：

```
    int n=4;
    do
    {
        printf("n=%d\n",4);
        n++;
    } while(n<4);
```

示例 1 的代码没有任何输出。因为一开始表达式 n<4 的值就为假，所以永远不会执行循环体。

而示例 2 却不同。由于它是 do…while 语句的程序段，所以计算机先执行循环体，输出 n=4，且 n 的值递增 1，再判断条件 n<4 的真假。显然，此时 n<4 为假，循环结束，即循环体执行了一次。

通过示例 1 和示例 2 可知，由于 while 循环在执行循环体之前会检测循环条件，而 do…while 循环先无条件地执行一次循环，再判断循环条件是否成立，所以，do…while 语句的循环体至少要执行一次，而 while 语句的循环体可以一次都不执行。

显然，当需要至少执行一次循环时，do…while 语句是最佳的选择。

5.2.2 do…while 语句的使用

【例 5.5】 从键盘上输入某班级学生计算机课程的考试成绩，查找是否有成绩高于 95 分的学生。假设该班级有 10 名学生。

1）算法分析

依次对第 1 名到第 10 名学生的考试成绩进行判断。如果当前所判断的学生的成绩高于 95 分，则说明查找到了，停止循环，不再判断其后的学生成绩。如果当前学生的成绩不高于 95 分，则继续判断下一名学生的成绩，直到全班学生的成绩都判断完毕。

显然，至少要判断一名学生的成绩，可用 do…while 语句实现上述过程。

2）源程序代码（demo5_5.c）

```
#include<stdio.h>
main( )
{
    int fs,i=1;
    do
    {
        printf("请输入第 %d 个分数: ",i);
        scanf("%d",&fs);
        i++;
    }while(i<=10 && fs<=95);
    if ( fs >95)
        printf( "\n找到啦!\n" );
    else
        printf( "\n没找到!\n");
}
```

3）程序运行结果

这里假设该班 10 名学生的成绩如下：78，65，76，98，84，96，78，63，89，98。

```
请输入第1个分数：78↙
请输入第2个分数：65↙
请输入第3个分数：76↙
请输入第4个分数：98↙
找到啦！
```

说明：↙表示按回车键。

4）程序说明

（1）循环条件 i<=10 && fs<=95 表示要同时满足 i<=10 和 fs<=95 才能继续执行循环，判断下一名学生的成绩。即当学生人数超过 10 人，或者已输入学生的成绩高于 95 分时，循环将结束。

（2）致使循环结束的情况有两种：一种是某名已输入学生的成绩高于 95 分，另一种是全班没有一名学生的成绩高于 95 分。因此，循环结束后，要根据 if…else 语句对 fs 做进一步判断：如果此时 fs 是大于 95 的，说明找到了；如果此时 fs 是小于或等于 95 的，说明没找到。

【例 5.6】编写一个程序，将一个正整数的各位数字之和求出来。例如，对于数字 674，其各位数字之和为 6+7+4=17。

1）算法分析

为实现程序，可以考虑将输入的正整数的每一位数字分离出来，并相加求和。

在取得正整数的每位数字时，个位数比较简单，通过和整数 10 的取余运算即可实现，但依次取十位、百位、千位等高位数字时，还要结合当前所在的十进制位和正整数本身有多少位这两个因素。

这里可以通过将高位逐次转换成低位，并逐次取出累加的方法来完成。

具体实现方式如下。

（1）取得正整数的个位数并进行累加。

（2）将正整数去掉个位数（除以 10 取整）进行降位处理。

（3）重复步骤（1）和（2）。

（4）直到不能降位处理（整数处理成 0），结束程序。

最后的累加值即此正整数的各位数字之和。

2）源程序代码（demo5_6.c）

```
#include<stdio.h>
main( )
{
    int num, sum=0;
    printf("请输入一个正整数\n");
    scanf("%d",&num);
    do
    {
        sum=sum+num%10;
        num=num/10;
```

```
    }
    while(num!=0);
    printf("各位数字之和是%d\n",sum);
}
```

3）程序运行结果

```
请输入一个正整数
674↙
各位数字之和是17
```

说明：↙表示按回车键。

4）程序说明

在这个程序中，使用 do ... while 语句是最适合的，因为任何数都至少有一位数字。

假设用户输入的数字是 674，通过 scanf 语句将其存储到变量 num 中。

在循环体中，通过取余运算（num%10）来获得 num 变量值的个位数。通过整除运算将高位逐次转换成低位：num=num/10。例如，674%10=4，674/10=67。

依次重复这样的过程，直到 num 中的值为 0，表示原来的数字都已分解出来。

因此，do…while 语句的循环控制条件是 num!=0。

循环体中的语句 sum=sum+num%10;用于实现对正整数各位数字的累加。

5.3　for语句

除了可以使用 while 语句和 do…while 语句实现循环，还可以使用 for 语句实现循环。相比于 while 和 do…while 语句，for 语句结构简洁，使用方便。对初学者来说，使用 for 语句不易出错。

5.3.1　for语句的结构

其一般使用形式如下。

```
for(表达式1;表达式2;表达式3)
    循环体
```

3 个表达式的主要作用如下。

表达式 1：设置初始条件，只执行一次。可以为零个、一个或多个变量设置初值。

表达式 2：循环条件表达式，在每次执行循环体前先执行此表达式，用来判定是否继续循环。

表达式 3：作为循环的调整，例如，使循环变量增值时，是在执行完循环体后才进行的。

这样，for 语句就可以理解为

```
for（循环变量赋初值;循环条件;循环变量增值）
```

例如，for 语句和 while 语句的对比如下。

```
for(i=1;i<=100;i++)
    sum=sum+i;
i=1;
while(i<=100){
```

```
    sum=sum+i;
    i++;
}
```

for 语句的执行过程如下：先计算表达式 1 的值，再计算表达式 2 的值，如果其值为真，则执行循环体，并计算表达式 3 的值，且重新回到循环开始处继续对表达式 2 进行判断。依次重复此过程，直到表达式 2 的值为假，循环结束。执行过程如图 5-3 所示。

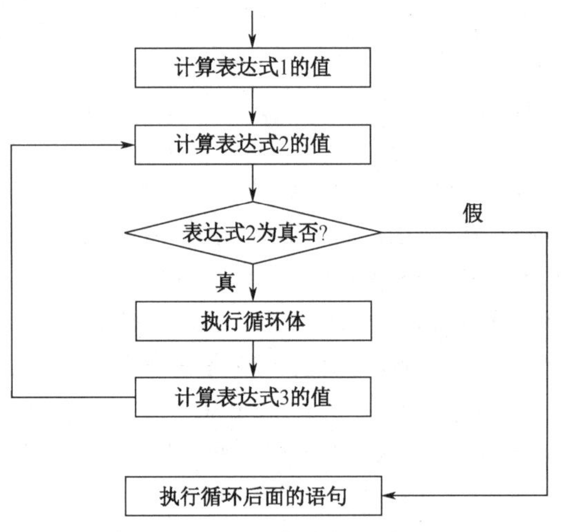

图 5-3 for 语句的执行过程

执行 for 语句时，表达式 1 在循环开始时执行，且只执行一次；表达式 2 在每次循环开始前计算，如果其值为真，循环就继续，否则，循环停止；表达式 3 在每次循环结束后执行。

例如：

```
for(i=1;i<=3;i++)
{
    s=i*i;
    printf( "s=%d\n",s);
}
```

在该例中，表达式 i=1 只执行一次，将变量 i 的值设置为 1。表达式 i<=3 在循环体开始执行之前计算。如果其值为真，则执行循环体，否则循环结束。也就是说，只要 i 的值小于或等于 3，就继续循环。表达式 i++在每次循环结束时执行，它通过递增运算符++给变量 i 的值加 1。第一次循环时，i 的值为 1，s=1；第二次循环时，i 的值为 2，s=4，以此类推，当 i 的值等于 4 时，循环结束。

其运行结果如下。

```
s=1
s=4
s=9
```

注意 for 语句的标点符号。关键字 for 之后的圆括号中的 3 个表达式一定要用分号隔开，这 3 个表达式均可省略，但其分号不能省略。

在上述例子中，如果将变量 i 初始化语句 i=1;放到 for 循环外面，那么在循环语句中就不需要指定表达式 1。如果将表达式 i++放到 printf("s=%d\n",s);之后，那么在 for 语句中就不需要指定表达式 3。例如：

```
i=1;
for(i<=3;)
{
    s=i*i;
    printf( "s=%d\n",s);
        i++;
}
```

这是省略表达式 1 和省略表达式 3 的情况。其功能和前面的例子是一样的。

下面是省略表达式 2 的例子。

```
for(i=1; ;i++)
{
    s=i*i;
    printf( "s=%d\n",s);
}
```

当表达式 2 被省略时，计算机默认 for 语句的循环控制条件为真。因此，该语句会一直执行循环，即出现了死循环。

下面也是正确的 for 语句。

```
for(;;)
    printf("Hello");
```

这是 3 个表达式都省略的情况。显然，该语句是死循环，会无休止地输出“Hello”。

实际上，for 语句比任何一种循环语句都灵活，这种灵活性源自 for 语句中的 3 个表达式。通常情况下，表达式 1 用来实现循环的初始化赋值；表达式 2 用来控制循环的条件；表达式 3 用来改变循环变量的值，且其值影响循环的运行。

5.3.2　for语句的使用

【例 5.7】 求 $1\times2\times3\times4\times\cdots\times n$，即 $n!$。

1）算法分析

求整数 n 的阶乘值，通过分析其数学表达式，可以理解为其值是一个累乘的结果，具体过程是分别对 1、2、3、…、n 进行累乘。结合循环的概念，可以将算法描述如下。

（1）i 的初值为 1。

（2）将 i 累乘到目的变量中。

（3）使 i 的值增加 1。

（4）重复步骤（2）和（3），直到累乘到 n（即 i 的值和 n 的值相等）。

（5）结束，累乘的结果即为阶乘值。

2）源程序代码（demo5_7.c）

```
#include<stdio.h>
main( )
{
    int i, s=1,n;
```

```
    printf("请输入一个整数\n");
    scanf("%d",&n);
    for(i=1;i<=n;i++)
        s=s*i;
    printf("%d!是%d\n",n,s);
}
```

3）程序运行结果

（1）运行结果 1：

```
请输入一个整数
5 ↙
5! =120
```

（2）运行结果 2：

```
请输入一个整数
17↙
17! =-288522240
```

说明：↙表示按回车键。

从运行结果来看，17!已经超过了 int 类型数据的表示范围，因此，可以考虑将 s 变量的类型定义为 double 类型。

4）程序说明

s 变量用来存放累积。s 的初值为 1。如果将 s 的初值像求若干数之和一样设置为零，那么程序的结果总是为零，因为 0 乘以任何数均为 0。要注意这一点。

除了在定义变量时给 s 赋初值，还可以将它的赋初值操作放在 for 语句中，如 for(i=1, s =1;i<=n;i++)。

在 for 语句中，循环变量 i 用于控制循环的次数。只要 i 的值小于或等于变量 n 的值，循环就会继续，且通过计算表达式 i++，使得 i 的值随着循环的过程逐次递增。因此，i 的变化与数列中乘数的变化是一致的，所以每次执行 s=s*i，都会将 i 的值累乘到 s 中。

其实，本例也可以用 while 语句实现，只要把 i=1 放到循环体外，将 i<=n 作为 while 的循环控制条件，s=s*i;和 i++;构成 while 语句的循环体即可。例如：

```
i=1;
while(i<=n)
{
    s = s *i;
    i++;
}
```

但要注意 while 循环体中两条语句的顺序不能颠倒，否则就变成了求 $2\times3\times\cdots\times(n+1)$。因此，使用 while 语句时，处理不当很容易出错，而使用 for 语句实现更简洁。

【例 5.8】 求 $1+\frac{1}{2!}+\frac{1}{3!}+\cdots+\frac{1}{10!}+\cdots+\frac{1}{50!}$。

1）算法分析

数列中每个数的分子都是 1，分母不同但有规律，即第 i 个数的分母是在第 i-1 个数分母的基础上乘以 i。因此，在循环过程中，先求分母，再进行累加。

```
fm=fm*i;
sum=sum+1/fm;
```

2）源程序代码（demo5_8.c）

```
#include<stdio.h>
main( )
{
    int i;
    double sum=0,fm=1;
    for(i=1;i<=50;i++)
    {
        fm=fm*i;
        sum=sum+1/fm;
    }
    printf("结果是%lf\n",sum);
}
```

3）程序运行结果

```
结果是1.718282
```

4）程序说明

循环过程中，求分母的过程实质上就是求阶乘。

当 i=1 时，fm 的值为 1!=1；

当 i=2 时，fm 的值为 2!=1×2；

……

当 i=50 时，fm 的值是 50!=1×2×3×…×50。

所以 fm 的初值应设置为 1。

此数列中共有 50 项数据相加，因此循环 50 次，并通过关系表达式 i<=50 控制循环的次数。

【例 5.9】 求$1+\frac{1}{6}+\frac{1}{11}+\cdots+\frac{1}{1+5n}+\cdots+\frac{1}{1+500}$。

1）算法分析

该数列中每一项的分母都有规律，后一项的分母为前一项的分母加 5，分母的通式为

$$A_n = A_{n-1} + 5, \quad A_0 = 1 \tag{5.3}$$

或者，直接计算通项，公式为

$$A_n = \frac{1}{1+5n} \qquad (n = 0,\ 1,\ 2,\ \cdots,\ 100) \tag{5.4}$$

如果采用公式（5.3），则利用累加的方式求和。对于每一项，需要先求出它的分母，再求通项（分母的倒数），整个数列从第 0 项开始，且第 0 项的分母为 1。如果用变量 sum 表示前 n 项的和，an 表示第 n 项的分母，则累加的程序片段为

```
an=an+5;
sum=sum+1.0/an;
```

注意此程序片段，右边的 an 表示第 n−1 项的分母的值，左边的 an 显然是第 n 项分母的值；同样，右边的 sum 表示数列前 n−1 项的和，左边的 sum 表示数列前 n 项的和。

累加时，把第 0 项作为初值直接赋给累加变量 sum 时，只需要累加 100 项。

2）源程序代码（demo5_9.c）

```
#include<stdio.h>
main( )
{
    int i,an=1;
    float sum=1;
    for(i=1;i<=100;i++)
    {
        an=an+5;
        sum=sum+1.0/an;
    }
    printf("数列求和结果为%f\n",sum);
}
```

3）程序运行结果

```
数列求和结果为 1.980238
```

注意：初学者往往会直接用公式（5.4）计算通项，但是这样计算通项时要多做一次乘法运算，浪费时间，算法效率低。

5.4 循环中break和continue语句的使用

以上介绍的都是根据事先指定的循环条件正常执行或终止的循环，但有时需要提前结束正在执行的循环。例如，募捐到 20 万元捐款就结束时，就可以用循环来处理此问题，每次输入一个捐款人的捐款金额，不断累加。但是，事先并不能确定循环的次数，需要每次输入捐款金额后进行累加，并检查总数是否达到 20 万元，如果未达到，则继续执行循环，输入下一个捐款金额，如果达到则终止循环。C 语言提供了 break 语句和 continue 语句来提前结束循环，读者学完本节后可以尝试编写程序解决这个募捐问题。

在第 3 章中已经介绍过用 break 语句可以使流程跳出所在的 switch 语句。实际上，break 语句还可以用来从循环体内跳出，即提前结束循环，并执行循环下面的语句。例如：

```
for(i=1;i<=10;i++)
{
   if(i==8)  break;
   printf("*");
}
```

尽管从表达式 i<=10 来看，循环正常结束应该是在循环体重复执行 10 次以后，但由于循环体中存在一个 break 语句，所以在循环过程中，当 i 的值等于 8 时，满足执行 break 语句的条件，使得 for 语句提前结束了。所以该语句只输出 7 个“*”，循环结束时 i 的值为 8。

C 语言还提供了 continue 语句，利用它，可使程序放弃循环体中 continue 语句后面的其他语句的执行。例如：

```
for(i=1;i<=10;i++)
```

```
    {
        if(i<=8) continue;
        printf("*");
    }
```

在循环的过程中，continue 语句就像是一块“挡路石”，只要 i 的值小于或等于 8，i<=8 表达式的值为真，执行 continue 语句，就会结束本次循环，提前开始下一次循环，即放弃对其后面的 printf（"*"）;语句的执行。当 i 的值大于 8 时，i<=8 表达式的值为假，没有执行 continue 语句，这块“挡路石”不起作用，此时后面的 printf（"*"）;语句才得以执行。所以该语句只输出两个“*”，循环依然当 i<=10 的值为假时才结束，循环结束时 i 的值为 11。

> **注意**：break 语句能提前结束整个循环，而 continue 语句能提前结束循环过程中的某次循环，并判断是否能进行下次循环，判断是否退出循环仍要依靠循环条件表达式。

【例 5.10】将例 5.1 中的源程序代码使用 continue 语句重写。

1）源程序代码（demo5_10.c）

```
#include<stdio.h>
main( )
{
    int fs,sum,i;
    i=1;
    sum=0;
    while(i<=10)
    {
        printf("请输入第 %d 个分数: ",i);
        scanf("%d",&fs);
        i++;
        if(fs<=95) continue;
        sum=sum+1;
    }
     printf("高于95分的学生人数为  %d人\n",sum);
}
```

2）程序说明

当输入的分数不大于（小于或等于）95 分时，循环体中的 continue 语句使得它后面的 sum=sum+1;语句不执行，并转到循环的起始处。实质上，这种写法与当分数高于 95 分时就统计相应的人数是一致的。

在此例中，似乎看不出 continue 语句的特别之处，但当循环体中有很多语句有条件执行时，continue 语句的优势就显示出来了。

【例 5.11】从键盘上输入一个整数，判断其是否为素数。

1）算法分析

素数即质数，它是指只能被 1 和自身整除的整数。因此，可根据素数的定义判断一个数 *n* 是否为素数。

具体方法是依次看 *n* 能否被 2～*n*-1 中的任何一个整数整除。如果 2～ *n*-1 中所有的整

数都不能将 *n* 整除，说明 *n* 是素数。如果发现存在一个数能将 *n* 整除，则说明 *n* 不是素数，因为不符合素数的定义，此时不再需要判断后面的其他数。

所以，可用一个 2～*n*-1 的循环来判断某整数是否为素数。当某次循环过程中得出 *n* 不是素数的结论时，可通过 break 语句结束循环。

2）源程序代码（demo5_11.c）

```
#include<stdio.h>
main( )
{
    int n,i;
    printf("请输入一个整数\n");
    scanf("%d",&n);
    for(i=2;i<=n-1;i++)
        if(n%i==0)  break;
    if(i<=n-1)
        printf("该数不是素数\n");
    else
        printf("该数是素数\n");
}
```

3）程序运行结果

（1）运行结果 1：

```
请输入一个整数
7↙
该数是素数
```

（2）运行结果 2：

```
请输入一个整数
15↙
该数不是素数
```

说明：↙表示按回车键。

4）程序说明

在 for 语句中，通过 i++使得 i 在 2～*n*-1 范围内递增。

每次循环时，都通过 if 语句判断当前的 i 能否被 *n* 整除。

如果能，则执行 if 后面的 break 语句，使得程序终止 for 语句的执行，即不需要再向后判断其他数，说明 *n* 不是素数。

如果不能，则 break 语句不会被执行，因而循环可以继续判断下一个数能否被 *n* 整除。

因此，当循环结束后，如果 i 的值仍然小于或等于 *n*-1，则说明是从 break 语句处结束循环的，而能从 break 语句处结束循环是因为在 2～*n*-1 中存在一个数能被 *n* 整除，从而说明 *n* 不是素数。反之，只有前面的数不能被 *n* 整除，才会使 i 递增为下一个数，继续进行判断。因此，当 i 的值变化为 *n* 时，说明 2～*n*-1 中的每个数都不能被 *n* 整除，从而说明 *n* 是素数。

5.5　循环语句的嵌套

与第 3 章的 if 和 switch 结构的嵌套类似，循环结构也可嵌套，即在一个循环体内又包含另一个完整的循环结构。循环的嵌套也称为多重循环。3 种循环（while 循环、do…while 循环和 for 循环）可以互相嵌套。例如：

```
for(i=1;i<=4;i++)          ← 外部循环
{
    for(j=1;j<=4;j++)
        printf("*");       ← 内部循环
    printf("\n");
}
```

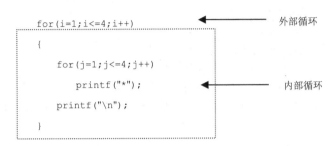

这是一个典型的双重嵌套。外部 for 语句的循环体含有一个 for 语句和 printf("\n");语句。

对于一个循环语句来说，不管循环体有多复杂，整体上仍被视为一条语句。因此，上述代码就是一条 for 语句。

按照循环的执行过程，进行如下操作。

当 i=1 时：执行外部循环的 for 语句，
　　　　　执行 printf("\n");。

当 i=2 时：执行外部循环的 for 语句，
　　　　　执行 printf("\n");。

……

因此，外部循环的 for 语句和 printf("\n");语句要执行 4 次。

而在执行内部循环的 for 语句时，也要遵循其执行过程，即：

当 j=1 时，执行 printf("*");。

当 j=2 时，执行 printf("*");。

……

因此，每次执行内部循环的 for 语句时，printf("*");要执行 4 次。

显然，整个 for 语句可以输出 4 行 4 列的"*"：

```
****
****
****
****
```

外部循环的 for 语句用来控制输出几行，内部循环的 for 语句用来控制每行输出几个“*”。printf("\n");用于实现每行输出 4 个“*”后的换行。

在嵌套循环中，只有当内部循环执行结束后，才表示外部循环的某次循环执行完毕。

【例 5.12】分别统计某班学生各科成绩中高于 95 分的人数。学生人数为 10，课程包含数学、语文、英语、物理、生物。

1）算法分析

在分析此例之前，先回顾一下例 5.1。例 5.1 是统计某班学生计算机课程考试中考试成绩高于 95 分的人数。其主要程序段如下。

```
i=0;
sum=0;
while(i<=10)
{
    printf("请输入第 %d 个分数: ",i);
    scanf("%d",&fs);
    if(fs>95) sum=sum+1;
    i++;
}
```

在程序段的循环中，只统计了一门课程高于 95 分的人数。如果要统计 5 门课程，显然，只需在原有程序段的外面加上对课程的循环即可。这样编写出来的程序就是循环嵌套或多重循环。

2）源程序代码（demo5_12.c）

```
#include<stdio.h>
main( )
{
    int i,j,sum,fs;
    for(j=1;j<=5;j++)
    {
        i=1;
        sum=0;
        while(i<=10)
        {
            printf("请输入第 %d 个分数: ",i);
            scanf("%d",&fs);
            if(fs>95) sum=sum+1;
            i++;
        }
        printf("\n第%d门课的高于95的人数%d \n",j,sum);
    }
}
```

3）程序运行结果

程序运行结果与例 5.1 相似，只是现在要输入 5 门课程的成绩。

4）程序说明

在循环嵌套中，内部循环作为外部循环的循环体。此例中，当进入外部 for 循环时，先给循环变量 j 赋初值 1（此时表示处理数学课程），再判断循环是否结束，如不结束，则将内部循环执行一次，统计出数学成绩超过 95 分的人数，内部循环结束。然后将外部循环的循环变量 j 加 1，j 变成 2，表示对第 2 门课程（即语文课程）进行处理，等等，当所有的课程处理完毕后，程序结束。

此程序中，外层用 for 循环，内层用 while 循环。但这并不表示循环嵌套中内外部循环必须相异，其实，它们的类型可以相同，也可以不同。

对于上述程序，可用单步执行的方式，跟踪程序的运行，观察各变量的变化情况，以增加对循环嵌套的理解。

在这种计算类的循环嵌套中，要注意变量的初始化。此例中的变量 i、sum 在内部循环结束后要重新初始化，否则会出错。

【例 5.13】 编写程序输出 3～100 的全部质数。

1）算法分析

要求 3～100 的全部质数，显然要使用双重循环来解决。外部循环从 3 逐次加 1 递增到 100，以扫描 3～100 的全部整数。内部循环对 3～100 的每一位整数 *n*，用 2～*n*-1 中的所有整数进行整除，如果发现该数能被其中的某个整数整除，则该数为非质数，使用 break 语句结束内部循环。当内部循环正常结束时，说明找到质数。此时，输出质数，并累加已求质数的个数。所以，当内部循环结束后，需要一段程序判断内部循环是否正常结束。如果内部循环的循环变量超过循环终值，则可确定内部循环已正常结束。

2）源程序代码（demo5_13.c）

```
main( )
{
    int n,j,sum=0;
    for(n=3;n<=100;n++)
    {
        for(j=2;j<=n-1;j++)
            if((n%j)==0) break;
            if(j>n-1) //判断内部循环是否正常结束
            {
                printf("%d,  ",n);
                sum=sum+1;
            }
    }
    printf("\nsum=%d\n",sum);
}
```

3）程序运行结果

```
    3, 5, 7, 11, 13, 17, 19, 23, 29, 31, 37, 41, 43, 47, 53, 59, 61, 67, 71, 73,
79, 83, 89, 97
    sum=24
```

4）程序说明

根据初等数论，如果一个数 *n* 不能被 2～$\sqrt{n}$ 的任意一个整数整除，则其为质数。这样，可对内部循环进行改写，使程序编译更快捷。

5.6　3 种循环的比较

（1）3 种循环可以用来处理同一个问题，一般情况下它们可以互相代替。

（2）在 while 循环和 do…while 循环中，只在 while 后面的括号中指定循环条件，因此为了使循环正常结束，应在循环体中包含使循环趋于结束的语句，如 i++;或 i=i+1;等。

for 循环可以在表达式 3 中包含使循环趋于结束的语句，甚至可以将循环体中的操作全部放到表达式 3 中。因此，for 循环的功能更强，凡是使用 while 循环能完成的程序，使用 for 循环都能实现。

（3）在 while 循环和 do…while 循环中，循环变量初始化的操作应在 while 循环和 do…while 循环之前完成。而 for 循环可以在表达式 1 中实现循环变量的初始化。

（4）while 循环、do…while 循环和 for 循环都可以用 break 语句跳出循环，用 continue 语句结束本次循环，提前开始下一次循环。

5.7 循环语句的综合应用

前面仔细分析了循环语句的特点和实现方法，有了初步编写循环程序的能力，下面通过一些例子进一步掌握循环程序的编写和应用，重点是学习与循环有关的算法。

【例 5.14】 用泰勒多项式求正弦函数 sin$x$ 的近似值。其中，x 和 n 的值由键盘输入。

$$\sin x \approx \frac{x}{1!}-\frac{x^3}{3!}+\frac{x^5}{5!}-\frac{x^7}{7!}+\cdots+(-1)^{n-1}\frac{x^{2n-1}}{(2n-1)!} \tag{5.5}$$

1）算法分析

C 语言中求三角函数的库函数都是用无穷级数取有限项求和得到的。对于求式（5.5）中有限项的和，可采用双重循环。外部循环用来对多项式逐项相加，内部循环用来求每一项的值，即各项中的分子和分母（分母为阶乘，需进行多次连乘，故要用循环进行处理）。由于多项式中各项的符号不同，因此要在每项前面乘以 1 或-1 以体现正值或负值，用 sign 代表符号，它的初值为+1，依次变为-1、+1、-1…只要每次令 sign 乘以-1 即可。变量 fact 代表各项的分母，xpower 代表各项的分子。

由于以上公式使用的是弧度，为了方便用户使用，只要求用户输入角度，故程序中需用一条语句将输入的角度转换成弧度。

2）数据结构设计

在这种计算类程序中，要注意数据的类型。其中，xpower、fact，用来存放角度及弧度的变量 x、存放累加结果的变量 y 均为浮点型，其余数据使用整型即可。

3）源程序代码（demo5_14.c）

```
#include<stdio.h>
#include<math.h>
main( )
{
    int i,j,n,sign,fact;
    float y,x,xpower;
    sign=1;
    scanf("%f,%d",&x,&n);
    x=x*3.14159/180.0;
    y=x;
    for(i=2;i<=n;i++)
    {
        fact=1;
        xpower=1;
        for(j=1;j<=2*i-1;j++)
```

```
        {
            fact=fact*j;
            xpower=xpower*x;
        }
        sign=-sign;
        y=y+sign*xpower/fact;
    }
    printf("y=%f\n",y);
}
```

注意：程序利用了循环求通项，这是很花费时间的，如果在计算通项时考虑前一项的值，则只需使用单循环。

【例 5.15】利用 getch 函数，编写密码输入程序。

1）算法分析

所谓密码输入程序，即当用户输入密码时，屏幕上不显示输入的内容，而代之以“*”之类的内容，以防他人看到密码。

为了不让他人看到程序使用者输入的密码，要求输入时不能在屏幕上显示输入的内容，这一般用 getch 函数来实现。用户输入密码并按回车键后，结束输入。

2）源程序代码（demo5_15.c）

```
#include<stdio.h>
#include<conio.h>
main( )
{
    char c='\0';
    printf("请输入密码：\n");
    while(c!=13)
    {
        c=getch( );
        putchar('*');
    }
    putchar('\n');
}
```

3）程序说明

程序中用循环来输入密码，用户输入一个字符，getch 函数将它读取后赋给变量 c，并用 putchar 函数在屏幕上输出一个“*”。用户按回车键后，循环结束。

【例 5.16】设口袋中放着 12 个球，其中 3 个是红球，3 个是白球，6 个是黑球，每次从中取 8 个球，问有多少种取法，并输出各种可能的取法。

1）算法分析

（1）从袋中取出红球的数量可能是 0、1、2、3。

从袋中取出白球的数量可能是 0、1、2、3。

从袋中取出黑球的数量必须为 8-红球数量-白球数量。

（2）如果红、白球数量之和小于 2，则凑不满 8 个，故每次红球、白球数量之和应至少为 2。

（3）设分别取 0、1、2、3 个红球（即对红球的可能取法循环），白球的可能取法也是 0、1、2、3，但同时必须满足红球、白球数量之和不少于 2。

（4）每找到一种组合，就将它们的组合输出。

2）数据结构设计

使用 3 个整数表示红、白、黑 3 种球每次取出的个数，使用一个整数来记录取法，故所用变量为 red、white、black、sum。

3）伪代码

```
所有变量均为整型变量
sum=0 (累加变量初始化)
begin loop (red=0 to 3) (对红球的可能取法循环)
    begin loop (white=0 to 3) (对白球的可能取法循环)
        if red+white<2 ( 红球+白球<2) 则
             本次取不到8个球,不计数
        else
             sum=sum+1 (取法累加一次)
        endif
    end loop (对白球的循环结束)
end loop (对红球的循环结束)
print "sum=";sum (输出结果)
结束程序

如果要输出不同的取法,则要在else语句后面加上若干条语句
black=8-red-white
begin loop (i=1 to red)
    print "红";
end loop
begin loop (i=1 to white)
     print "白";
end loop
begin loop (i=1 to black)
     print "黑";
end loop
print
```

4）源程序代码之一（不考虑输出取法，demo5_16a.c）

```
#include<stdio.h>
main( )
{
    int red,white,sum=0;
    for(red=0;red<=3;red++)
            for (white=0;white<=3;white++)
                if((red+white)>=2) sum++;
    printf("sum=%d\n",sum);
}
```

5）源程序代码之二（考虑输出取法，demo5_16b.c）

```
#include<stdio.h>
main( )
{
    int red,white,sum=0,i,black;
    for(red=0;red<=3;red++)
        for (white=0;white<=3;white++)
            if((red+white)>=2)
            {
                sum++;
                black=8-red-white;
                for(i=1;i<=red;i++)
                    printf("r");
                for(i=1;i<=white;i++)
                    printf("w");
                for(i=1;i<=black;i++)
                    printf("b");
                putchar(10);
            }
    printf("sum=%d\n",sum);
}
```

6）程序运行结果

```
wwbbbbbb
wwwbbbbb
rwbbbbbb
rwwbbbbb
rwwwbbbb
rrbbbbbb
rrwbbbbb
rrwwbbbb
rrwwwbbb
rrrbbbbb
rrrwbbbb
rrrwwbbb
rrrwwwbb
sum=13
```

> **注意：**此例程序没有现成的算法，要根据具体情况将实际问题可能出现的情况全部列出，这种算法称为穷举法。

【例 5.17】我国古代的《张丘建算经》中有这样一道著名的百鸡问题：“鸡翁一，值钱五；鸡母一，值钱三；鸡雏三，值钱一。百钱买百鸡，问鸡翁、母、雏各几何？”其意如下：公鸡每只 5 元，母鸡每只 3 元，小鸡 3 只一元。用 100 元买 100 只鸡，问公鸡、母鸡和小鸡各能买多少只？

1）算法分析

设公鸡、母鸡、小鸡数量分别为 x、y、z，依题意列出方程组 $x+y+z=100$，$5x+3y+z/3=100$，采用穷举法求解，100 元买公鸡最多可买 20 只，买母鸡最多可买 33 只，所以 x 从 0 变化到 20，y 从 0 变化到 33，则 $z=100-x-y$，只要判断第二个条件是否满足即可。

2）数据结构设计

使用 3 个整数表示公鸡、母鸡、小鸡的数量，所用变量分别为 x、y、z。

3）源程序代码（demo5_17.c）

```
#include <stdio.h>
main( )
{
    int x,y,z;

    for(x=0;x<=20;x++)
    {
        for(y=0;y<=33;y++)
        {
            z=100-x-y;
            if(5*x+3*y+z/3.0==100)
            {
              printf("x=%d,y=%d,z=%d\n",x,y,z);
            }
        }
    }
}
```

4）程序运行结果

```
x=0,y=25,z=75
x=4,y=18,z=78
x=8,y=11,z=81
x=12,y=4,z=84
```

通过探究百鸡问题，我们体会到烦琐的手工计算无异于愚公移山，而通过双重循环结构编写程序代码，计算机成功执行就可以立即得到结果。使用多重循环结构解决穷举计算问题，让我们深刻体会到程序设计的惊人力量，开阔了计算思维，感受到打破传统、关注科技发展的必要性，学会利用先进的手段解决问题，提高创新能力。

【例 5.18】韩信点兵。韩信有一对兵，他想知道有多少人，便让士兵排队报数。按从 1 至 5 报数，最后一个士兵报的数为 1；按从 1 至 6 报数，最后一个士兵报的数为 5；按从 1 至 7 报数，最后一个士兵报的数为 4；按从 1 至 11 报数，最后一个士兵报的数为 10。你知道韩信至少有多少兵吗？

1）算法分析

设兵数为 x，则按题意 x 应满足下述关系表达式。

$$x\%5==1 \quad \&\&\ x\%6==5 \quad \&\&\ x\%7==4 \quad \&\& \quad x\%11==10$$

采用穷举法对 x 从 1 开始试验，可得到韩信至少有多少兵。

2）源程序代码（demo5_18.c）

```
#include <stdio.h>
main( )
{
    int x=1;
    int find=0;  /*设置找到标志为假*/

    while(!find)
    {
        if(x%5==1  && x%6==5  && x%7==4  && x%11==10)
        find=1;
        x++;
    }
    printf("x=%d\n",x);
}
```

3）程序运行结果

```
x=2112
```

5.8　小结

循环结构是 C 语言的基本组成结构。一般而言，for 循环较为灵活，它可以取代 while 循环和 do…while 循环。但也可用 while 循环和 do…while 循环来构造 for 循环。不同的循环结构有不同的使用场合，使用原则有两个，一个是要完成要求的功能，另一个是要尽可能简单。例如，事先知道循环的次数，用 for 循环构成的计数循环就比较简单；如果只知道循环的结束条件，则用 while 循环就比较方便。

循环结构的语法并不复杂，困难的是如何使用循环结构描述实际问题，这就要学会循环结构的使用方法。

顺序结构、选择结构和循环结构是 C 语言程序设计中的基础知识，任何算法都离不开这三种基本结构。要注重基础，稳扎稳打地学习程序设计知识才能熟能生巧地快速解决问题。我们要学习雷锋的“螺丝钉精神”，新时代青年要与时俱进地学好专业知识，提高专业素养，不断积累新经验，增长新本领。

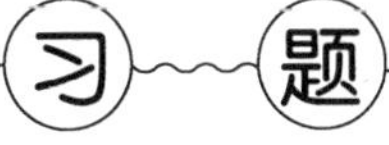

一、选择题

1. 有以下程序段：

```
int  k=0;
while(k=0) k++;
```

while 循环执行的次数是（　　）。

A. 无限次　　B. 有语法错误，不能执行

C. 一次也不执行　　D. 执行 1 次

2．有如下程序：

```
main( ){
int   n=9;
while(n>6) {n--;printf("%d",n--);}
}
```

该程序段的输出结果是（　　）。

A．987　　B．876　　C．8765　　D．86

3．有以下程序段，其输出结果是（　　）。

```
int x=3;
do
{ printf("%d" ,x+=3); }
while  (!(--x));
```

A．6　　B．6　0　　C．6　9　　D．死循环

4．有以下程序段：

```
main( )
{
    int  y=5;
    for( ; y>0 ; y--)
        if(y%2==0 )   printf("%d" , --y) ;
}
```

程序的运行结果是（　　）。

A．31　　B．531　　C．54321　　D．4

5．以下程序段的运行结果是（　　）。

```
main( )
{ int k=4,n=0;
    for( ; n<k ; )
        { n++;
            if(n%3!=0) break;
            k--;
        }
printf("%d,%d\n",k,n);
}
```

A．4,1　　B．2,2　　C．3,3　　D．4,4

6．以下程序段的运行结果是（　　）。

```
main( )
{
 int i=0,j,a=0;
 while(i<20)
    { for(j=1;j<3;j++)
          if((i%10)==0) continue;
          else i--;
      i+=10;
```

```
    a+=i;
    }
  printf("%d\n",a);
}
```

A．30　　　　B．31　　　　C．32　　　　D．0

7．以下程序段的运行结果是（　　）。

```
main(){
  int x=25;
  do
  {
   printf("%d",x);
   x--;
  }while(!x);
}
```

A．2524　　　　B．25　　　　C．不输出任何内容　　　　D．陷入死循环

8．以下程序段的运行结果是（　　）。

```
main( )
{
    int i,j,x=0;
    for(i=0;i<=2;i++)
    {
        x++;
        for(j=0;j<=2;j++ )
        {
            if(j%2) break;
            x++;
        }
        x++;
    }
    printf("x=%d\n",x);
}
```

A．x=8　　　　B．x=9　　　　C．x=10　　　　D．x=11

9．以下程序段的运行结果是（　　）。

```
main( )
{
    int   i=3;
    while(i!=0)
    {
        if(i%3==0)
            if(i%5==0)
            {  printf("%d",i);  break;  }
        i++;
    }
    printf("\n");
}
```

A．15　　B．16　　C．17　　D．不输出任何内容

10．以下程序段的运行结果是（　　）。

```
main( )
{
    int n;
    for(n=1;n<10;n++)
    {if(++n%3==0) break;
     if(++n%2==0) continue; }
    printf("n=%d",n);
}
```

A．n=10　　B．n=6　　C．n=8　　D．死循环

二、填空题

1．设有以下程序：

```
main( )
{
    int  n1,n2;
    scanf("%d",&n2);
    while(n2)
        {
            n1=n2%10;
            n2=n2/100;
            printf("%d",n1);
        }
}
```

程序运行后，如果从键盘上输入 1234，则输出结果为________。

2．以下程序的运行结果是________。

```
main( )
{
    int  s,i;
    s=0;
    for(i=2;i<10;i+=2)
       s+=i;
    printf("%d\n",s);
}
```

3．以下程序的功能是从低位开始取出长整型变量 s 奇数位上的数，依次构成新数放在变量 t 中。请将程序补充完整。

```
main( ){
 long s,s1=10,t;
 printf("\nPlease enter s:");
 scanf("%ld",&s);
 t=s%10;
 while (__________)
   {  s=s/100;
```

```
      t=s%10*s1+t;
      s1=s1*10;
   }
  printf("The result is:%ld\n",t);
 }
```

4．以下程序段的运行结果是________。

```
main( )
{
   int i,j;
   for(i=1; i<5; i++){
      for(j=1; j<=i; j++)
         putchar('#');
    putchar('\n');
 }
}
```

5．以下程序的功能是求出两个非零正整数的最大公因数，请将程序补充完整。

```
main()
{
 int a,b,t,r;
 printf("Input num1 num2:");
 scanf("%d%d",&a,&b);
 printf("num1=%d  num2=%d\n\n",a,b);
 if(a<b)
 {t=a;a=b;__________;}
 r=a%b;
 while(____________)
 {a=b;b=r;r=a%b;}
printf("The maximun common divisor is %d\n",b);
}
```

三、编程题

1．编写程序，计算 1+22+333+4444+⋯（前 n 项的和）。

2．计算 $e^x=1+x/1!+x^2/2!+x^3/3!+\cdots+x^n/n!$，精确到第 n 项，误差小于 0.001。

3．计算 100 以内的最大的 10 个素数之和。

4．编写程序，从低位开始取出长整型变量 s 中的奇数，依次构成新数放在变量 t 中。

5．分别用 while、do⋯while、for 三种循环结构编写程序，计算 π 的近似值，公式如下。

$$\pi/4\approx 1-1/3+1/5-1/7+\cdots$$

直到最后一项的绝对值小于 10^{-6}。

第 6 章

函　数

通过前 5 章的学习，读者已经能够编写一些简单的 C 语言程序了，但是如果程序的功能比较多，规模比较大，把所有程序代码都写在一个主函数中，就会使主函数变得庞杂，使阅读和维护程序变得困难。此外，有时程序中要多次实现同一功能，如编写程序计算 sum=3!+85!+35!+50!+45!+70!。需要计算很多没有规律的数的阶乘，就需要多次重复编写实现此功能的程序代码。这使得程序冗长、不简洁。

现实生活中，在设计一个很大、很复杂的问题时往往把它分解成若干个相对独立、规模较小的任务。如果使用高级语言程序来处理这样的问题，则最好能将其任务用相对独立、规模较小的程序模块来描述。也就是说，复杂的程序若能分解成若干较小且较简单的模块进行设计、调试，就能大大降低程序的难度，这就是模块化程序设计的思路。另外，一个需要反复使用的程序可以用函数的形式来调用。因此，在 C 语言中，引进了函数的概念。

6.1　函数的概念

从前面的章节中，我们知道一个 C 语言源程序总是由许多函数组成的，如输入函数 scanf( )、输出函数 printf( )、幂函数 pow(x,y)等。函数其实就是定义好的程序模块，人们会把一些经常使用的功能模块定义成函数，存放在函数库中供使用者调用。有时候，当用计算机程序去解决一个复杂问题的时候，为了降低程序的难度，会把复杂问题分解成若干个规模较小的问题，即把一个复杂的程序分解成若干较小且较简单的函数，再由主程序去调用这些函数来解决复杂问题。

一个 C 语言程序由一个或多个程序模块组成，每一个程序模块作为一个源程序文件，对于较大的程序，一般不希望把所有内容都放在一个文件中，而是将它们分别放在若干个源文件中，由若干个源文件组成一个 C 语言程序。这样便于分别编写和编译，提高了调试效率。一个源程序文件可以为多个 C 语言程序共用。

一个源程序文件由一个或多个函数及其他有关内容组成。一个源程序文件是一个编译单位，在程序编译时是以源程序文件为单位进行编译的，而不是以函数为单位进行编译的。

从用户使用的角度看，函数可分为两类：一类是库函数，也叫标准函数；另一类是用户自定义函数。

6.1.1　库函数

库函数由 C 语言系统提供，不需要用户编写，所有用户都可以直接调用库函数。C 语言提供了丰富的库函数，如数学处理函数、字符处理函数、输入输出函数等，学会调用这些库函数，可以提高编程效率。

调用库函数时需要使用 include 命令。对于每一类库函数，在调用该库函数时，用户在源程序 include 命令中应该包含头文件名，如调用数学库函数 sin(x)、sqrt(x)时，应用头文件 #include <math.h>或#include "math.h"；调用库函数可以出现在表达式中，也可以出现在独立语句中。但要注意 include 命令不是 C 语句，因此不能在最后加分号。

对库函数进行调用的一般形式如下。

```
函数名(参数表)
```

【例 6.1】 设已知 x=3.0，y=6.0，编程求 $z_1=x^y$、$z_2=e^x$、$z_3=\sin(x)$的值。

分析：对于这类问题，单纯地从编程角度来看，需要分别编写 3 个程序来实现，且要编写出这 3 个程序并不简单。事实上，C 语言系统提供了求解 x^y、e^x、$\sin(x)$等的库函数，程序员只要调用库函数即可。

1）源程序代码（demo6_1.c）

```
#include<stdio.h>
#include<math.h>
main( )
{
   double z1,z2,z3,x,y;
   printf(" 请输入x与y的值:\n");
   scanf("%lf %lf",&x,&y);
   z1=pow(x,y);  ┐
   z2=exp(x);    ├──────→ 调用库函数
   z3=sin(x);    ┘
   printf("%6.2f  %6.2f  %6.2f",z1,z2,z3);
}
```

2）程序运行结果

```
请输入x与y的值: 3  6↙
729.00  20.09  0.14
```

上述程序分别调用了 pow(x,y)、exp(x)和 sin(x)这 3 个函数，调用函数的返回值分别赋给 z1、z2、z3。

6.1.2　自定义函数

在 C 语言中，除了可调用库函数，大部分实际问题需要用户自己编程解决，用户可以把这些自己编写的程序定义成函数，即用户自定义函数，供自己或他人调用。用户自定义函数可分为有参函数和无参函数两种。

1. 有参函数的定义

有参函数的一般形式如下。

```
[存储类型符] [返回值类型符] 函数名([形参说明表])
{
    函数语句体
    ...
    [ return (表达式)]
}
```

【例 6.2】定义一个求两个数之和的函数。

```
extern int Add(int a,int b)
{
    int c;
    c=a+b;
    return c;
}
```

该函数名为 Add，函数的存储类型符为 extern（外部函数），函数的返回值类型为 int（整型），a 和 b 为函数的两个整型形参，两个花括号之间的部分为函数体，其中 return c;为返回语句。

说明如下。

（1）存储类型符指的是函数的作用范围，它只有两种形式——static 和 extern，默认为 extern。

（2）返回值类型符指定了函数返回值的类型。省略此项时，默认类型为 int。

（3）形参说明表是用逗号隔开的一系列参数，称为虚拟参数或形式参数（形参），以便在调用函数时利用它们传递数据，也可不带参数，但必须带括号。参数可以是常量、简单变量、记录、数组及指针等。

（4）花括号中的内容称为函数体，指定函数应当完成什么操作，即函数是做什么的，即函数的功能，一般包括说明部分、语句部分和返回语句。

（5）return（表达式）为返回语句，函数调用时，由函数名带回表达式的值，表达式两边的括号可省略，且“表达式的值”的类型必须与函数返回值的类型一致，否则，系统将自动根据返回值的类型进行强制转换，如不能转换，则会出错。

（6）所有函数都是“平行”的，即在定义函数时是分别进行定义的，函数是互相独立的。一个函数并不从属于另一个函数，不能在函数内部再定义函数，即函数不能嵌套定义。

【例 6.3】定义一个求 $n!$ 的函数。

```
fact (int n)
{
    int s=1,k;
    for(k=1;k<=n;k++)
    s=s*k;
    return s;
}
```

该函数名为 fact，函数省略了存储类型符和返回值类型符，默认存储类型为 extern，返回值类型为 int，n 为形式参数。

【例 6.4】定义一个输出 *n* 个“*”的函数。

```
void  prt( int n)
{
   int  k;
   for(k=1;k<=n;k++)
   printf("*");
}
```

该函数名为 prt，函数存储类型为 extern，返回值类型为无值型（即 void），n 为形式参数。

> 注意：（1）自定义函数可以省略 return 语句，此时，当程序执行到被调用函数末尾，并返回调用函数时，带回不确定的值。
>
> （2）为使被调用函数不带回值，必须用 void 定义为“空类型”，即不带回值。

【例 6.5】将求解一元二次方程的过程定义为函数。

```
void root(float a,float b,float c)
{
   float d,p,q,x1,x2;
   d=b*b-4.0*a*c;
   if (d>=0)
   {
      x1=(-b+sqrt(d))/(2.0*a);
      x2=(-b-sqrt(d))/(2.0*a);
      printf( "x1=%5.2f,x2=%5.2f\n",x1,x2);
   }
   else
   {
      p=-b/(2.0*a);
      q=sqrt(-d)/(2.0*a);
      printf("实部为：%5.2f\n",p);
      printf("虚部为：%5.2f\n",q);
   }
      return ;
}
```

该函数名为 root，存储类型为 extern，返回值类型为 void，a、b、c 为形式参数。

2. 无参函数的定义

C 语言中的自定义函数可以不带参数，即函数名后面的括号中是空白的，没有任何参数。无参函数的形式与有参函数类似，其一般形式如下。

```
[存储类型符]   [返回值类型符]  函数名（    ）
{
   函数体语句
}
```

【例 6.6】定义一个输出 8 个“#”的无参函数。

```
void putstsar( )
{
    printf("########\n");
}
```

该函数名为 putstar，存储类型为 extern，返回值类型为 void，即函数无返回值。

说明如下。

（1）存储类型符有 extern 和 static 两种，默认为 extern。

（2）函数的返回值类型省略时，表示为 int 型。

（3）无参函数一般不需要返回值，可用 void 定义，即使函数没有返回值。

（4）无参函数中的函数体可以没有任何语句，这称为空函数，表示什么也不做。

6.1.3 自定义函数的调用

用户自定义函数是不能直接编译与运行的，必须通过主函数进行调用。调用用户自定义函数与调用库函数的方式相同，凡是可以使用表达式的地方都可以出现函数的调用。

自定义函数调用的形式如下。

```
函数名([实参列表]);
```

说明如下。

（1）实参列表可以是变量名、数组名、数组元素名、结构名、指针、常数或表达式等。

（2）调用时，相应位置上的实参传给对应的形参，实参的类型和个数必须与形参一致，否则应按形参的类型进行强制类型转换。实参名和形参名不必相同。实参不能加类型说明。

（3）实参对形参的传递是值传递，且是单向的，实参的值可以传给形参，形参的值不能回传给实参。

（4）函数调用时转去执行被调用函数中的语句，执行完毕后，回到函数的调用处，继续执行后面的语句。

按函数调用在程序中出现的形式和位置，有 3 种函数调用方式：函数调用语句、函数表达式和函数实参。

1）函数调用语句

这是指将函数调用单独作为一条语句使用。例如，调用例 6.4 中编写的 prt 函数时，可在 main( )函数体中输入函数调用语句“prt(20);”，即可输出 20 个“*”，此时不要求函数带回值，只要求函数完成一定的操作。

2）函数表达式

这是指函数调用出现在一个表达式中。例如，调用例 6.3 中编写的 fact 函数时，可在 main( )函数体中输入“c=fact(6);”，fact(6)是一次函数调用，它是赋值表达式的一部分。此时要求函数带回一个确定的值以参与表达式的运算，如 c=2*fact(6)。

3）函数实参

这是指函数调用作为另一个函数调用时的实参。例如，调用例 6.2 中编写的 Add 函数时，可在 main( )函数体中输入“m=Add(10,Add(20,30));”，其中，Add(20,30)是一次函数调用，它的返回值 50 作为 Add 函数另一次调用的实参，即 m=Add(10,50)，经过赋值后，m 的值为 60。

自定义函数在程序中的位置通常有两种情况，一种是自定义函数在 main( )函数的前面，另一种是自定义函数在 main( )函数的后面。

1. 自定义函数在 main( )函数的前面

【例 6.7】编写程序，调用 Add 函数，实现对输入的两个数的相加，并在主函数中输出两个数的和。

1）源程序代码（demo6_7.c）

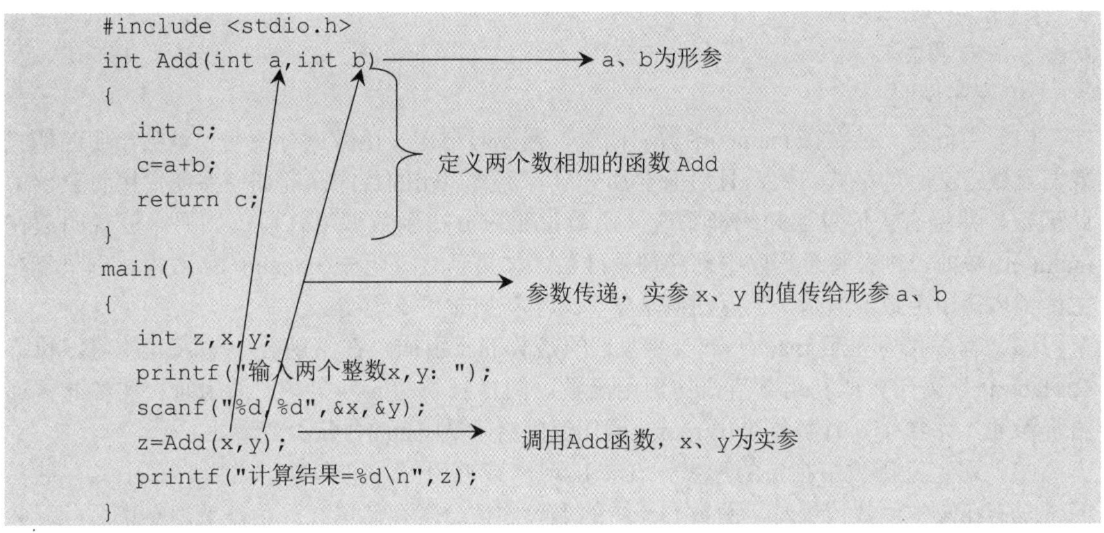

```
#include <stdio.h>
int Add(int a,int b)
{
   int c;
   c=a+b;
   return c;
}
main( )
{
   int z,x,y;
   printf("输入两个整数x,y: ");
   scanf("%d,%d",&x,&y);
   z=Add(x,y);
   printf("计算结果=%d\n",z);
}
```


2）程序运行结果

```
输入两个整数x,y:3,4↙
计算结果=7
```

3）程序说明

此程序由主函数 main( )和求两个数之和的 Add 函数组成，a、b 为形参，x、y 为实参。调用时，将实参 x、y 的值传递给形参 a、b，计算 a+b，计算结果由 return 语句返回给函数 Add 并赋给变量 z，最后在屏幕上显示求和结果。

2. 自定义函数在 main( )函数的后面

【例 6.8】编写程序，调用 fact 函数，计算 $n!$。

1）源程序代码（demo6_8.c）

```
#include <stdio.h>
int fact(int m);  ——→ 函数说明
main( )
{
    int c,n;
    printf("输入整数n: ");
    scanf("n=%d",&n);
    c=fact(n);  ——→ 调用函数fact, n为实参
    printf("n!=%d",c);
}                    ——→ 参数传递，实参 n 的值传给形参 m
int fact(int m)
{
```

```
    int i,f=1;
    for(i=2;i<=m;i++)
    f=f*i;                  定义求 n 的阶乘的函数 fact
    return f;
}
```

2）程序运行结果

```
输入整数n:n=5↙
5!=120
```

3）程序说明

（1）当自定义函数在 main( )函数后面时，需要对自定义函数进行说明。函数声明的格式要与函数定义时的格式一致，且后面要加分号。函数声明的目的是向编译系统声明将要调用此函数，并将有关信息通知编译系统。函数说明应放在函数调用之前，如果函数说明放在 main( )函数前，则在整个程序中都能调用函数，如果函数说明放在 main( )函数内，则只能在主函数内调用函数。但是，当返回值是整型或字符型时可不说明。

（2）程序由主函数 main( )和计算 *n*！的函数 fact 组成，在主函数中输入 n 的值，执行“c=fact(n);”语句，即利用赋值语句调用函数。圆括号中的 n 为实参，调用时，实参 n 传递给形参 m，计算 *n*!，计算结果由 return 语句返回给函数 fact( )并赋给变量 c。

（3）在定义函数中指定的形参，在未出现函数调用时，它们并不占用内存中的存储单元。只有在发生函数调用时，函数 fact 中的形参才被分配存储单元。函数调用结束后，形参所占用的内存单元也被释放。

（4）实参可以是常量、变量或表达式，如 fact(5)、fact(a+b)、fact(n)，在调用时应将实参的值赋给形参。

（5）在定义函数时，必须指定形参的类型，实参与形参的类型应相同。

【例 6.9】阅读以下程序，了解实参对形参的数据传递是“值传递”，即单向传递。

1）源程序代码（demo6_9.c）

```
#include <stdio.h>
void swap(int x,int y);      // 函数说明
main( )
{
    int a=2,b=10;
    swap(a,b);
    printf("主函数中的结果: a=%d,b=%d\n",a,b);
}
    void swap(int x,int y)
{
    int temp;
    temp=x;
    x=y;
    y=temp;
    printf("函数内部的结果: x=%d,y=%d",x,y);
}
```

2）程序运行结果

```
函数内部的结果：x=10,y=2
主函数中的结果：a=2,b=10
```

3）程序说明

（1）实参 a、b 的值分别传给形参 x、y，传递后 x＝2、y=10。x、y 的值交换后，x=10、y=2。因此，在被调用函数 swap( )中输出的 x、y 的值为 10、2。

（2）形参 x 和 y 的值由 2 和 10 交换为 10 和 2，而实参 a 和 b 的值仍为 2 和 10，没有交换。这就说明了实参对形参的数据传递是“值传递”，即单向传递，只能由实参传给形参，而不能由形参传给实参。实参和形参在内存中占用不同的存储单元。形参获得实参传递的初值后，执行一个被调用函数，形参的值发生改变，调用结束后，形参所占用的存储单元被释放，实参无法得到形参的值。注意：实参的值仍保留并维持为原值。

【例 6.10】编程计算组合数 C_j^k。设有两个数 j、k 且 $j>k$，其组合数为 $j!/[k!(j-k)!]$。

1）算法分析

计算组合数时，先要计算 3 个数——j、k 及$(j-k)$的阶乘，为此需要编写 3 段求不同整数阶乘的代码。由于 3 段程序代码是类似的，为简化程序设计，可编写一个计算阶乘的函数，并用不同的参数调用该函数。

2）源程序代码（demo6_10.c）

```
#include<stdio.h>
float jc(int);                    // 函数说明
main( )
{
    int j,k;
    float result;
    scanf("%d,%d",&j,&k);
    result=jc(j)/(jc(k)*jc(j-k));
    printf("the result=%f\n", result);
}
// 计算n的阶乘
float  jc(int n)
{
int i;
    float  j=1.0;
    for(i=1; i<=n; i++)
    j=j*i;
    return j;                     //通过return将运算结果j带回主函数
}
```

3）程序运行结果

```
5,2↙
The result=10
```

【例 6.11】编程计算数列 1/2、2/3、3/5、5/8、8/13、13/21、…的前 10 项、前 15 项和前 20 项之和。

1）算法分析

同一批数列要计算 3 次和，需要编写 3 段程序代码，由于这 3 段程序代码是类似的，因此，可编写一个累加计算函数，并以不同的参数调用该函数。

分析上述数列，可找出数列中的规律：后一项的分子是前一项的分母，后一项的分母是前一项的分子分母之和。

2）源程序代码（demo6_11.c）

```
#include<stdio.h>
float m1(int m);            // 函数说明
main( )
{
    float s1,s2,s3;
    s1=m1(10);
    s2=m1(15);
    s3=m1(20);
printf("%6.2f %6.2f %6.2f ",s1,s2,s3);
}
float m1(int m)        // 定义计算数列和的函数
{
    int n;
    float t,a=1,b=2,s=0;
    for(n=1;n<=m;n++)
    {
        s=s+a/b; t=b; b=a+b; a=t;
    }
    return s;
}
```

3）程序运行结果

```
6.10   9.19   12.28
```

【例 6.12】编写函数，函数的功能是判断从主函数中传递来的变量是否为素数，若是素数，函数返回 1，否则返回 0。

1）算法分析

素数是除了能被 1 和本身整除，不能被其他任何数整除的数。因此，要判断一个数 n 是否为素数，可用 2～n-1 整除 n，若它们之间没有一个数能整除 n，则 n 是素数，否则 n 不是素数（根据前面所学知识，要判断一个数 n 是否为素数，只要用 2～$\sqrt{n}$ 整除 n 即可，这样可以减少程序的运算次数）。

2）源程序代码（demo6_12.c）

```
#include<stdio.h>
main( )
{
    int n;
    printf("请输入一个大于或等于3的整数:");
    scanf("%d",&n);
    if(isprime(n)==1)
```

```
    printf("%d 是素数\n",n);        //函数返回1时，输出"是素数"
    else
    printf("%d 不是素数\n",n);      //函数返回0时，输出"不是素数"
}
int isprime(int n)                  //自定义判断素数函数
{
    int i;
    for(i=2;i<=n-1;i++)
    if(n%i==0)  break;
    if(i>=n-1)
        return 1;
    else
        return 0;
}
```

3）程序运行结果

```
请输入一个大于或等于3的整数:7
7是素数
```

4）程序说明

自定义函数中的 for(i=2;i<=n−1;i++)可以改写为 for(i=2;i<=sqrt(n);i++)，这样可以减少循环执行的次数。

6.2 变量的作用域和存储类别

本章中的一些程序包含两个或多个函数，可以在各函数内定义变量，也可以在函数外定义变量。有的读者自然会提出一个问题：在一个函数内定义的变量，在其他函数中能否被引用？在不同位置定义的变量，在什么范围内有效？

这就是变量的作用域问题。每一个变量都有一个作用域，即它们在什么范围内有效。在C语言中，根据存储类别、作用域和生命期的不同，可将变量分成不同的类型。

按照作用域（即变量的有效范围），变量可分为局部变量和全局变量。

按照存储类别，变量可分为自动变量（auto型）、寄存器变量（register 型）、静态变量（static型）和外部变量（extern 型）。

为便于理解存储方式的概念，首先简单介绍一下程序运行期间存储空间的分配情况。程序运行时，存储空间分为4部分，如图6-1所示。

1. 代码区
2. 静态数据区
3. 动态数据区（栈）
4. 自由空间区（堆）

图6-1　程序运行期间存储空间的分配情况

（1）代码区：存放程序的指令。

（2）静态数据区：存放程序运行过程中要用到的数据，其空间是在编译时分配的。静态数据区中的数据在程序运行过程中一直存在，程序结束后，静态数据所占据的空间被释放。静态数据的初始化是在编译时完成的。

（3）动态数据区：也称栈，同样存放程序运行期间要用到的数据，但它们的存储空间是在程序运行期间根据需要分配的，用完之后立即释放所占空间，故其生命期比整个程序的运行期短。

（4）自由空间区：也称堆，它由系统程序掌握。当 C 语言程序在运行期间要求有空间来存放数据时，可向系统申请，系统根据程序的要求分配合适的空间，用完之后，程序又将这些空间交还给系统。

6.2.1 变量的作用域

1. 局部变量

所谓局部变量，是指某一变量在某一局部定义并只在该局部区域内有效的变量，这个局部区域一般是指函数或复合语句内部。

【例 6.13】 阅读以下程序，了解局部变量的作用域，观察变量 x 和 k 的值。

1）源程序代码（demo6_13.c）

```
#include<stdio.h>
int fun(int x);
main( )
{
    int x=5,k=2;                        变量x、k在main( )函数中有效
    x=fun(x);
    printf("x=%d,k=%d\n",x,k);
}
 int fun(int m)                          //自定义函数fun
{
    int x,k;
    x=m;
    if(x>0)
    {                                    变量x、k在自定义函数fun中有效
        k=2*x;
        printf("x=%d, k=%d\n",x,k);
        return (k);
    }
        else
    return (x);
}
```

2）程序运行结果

```
x=5,k=10
x=10,k=2
```

3）程序说明

（1）在程序运行结果中，第一行为函数 fun 中的变量 x 和 k 的值，第二行为主函数中变量 x 和 k 的值，两者结果不同。也就是说，函数 fun 中的变量和主函数中的同名变量不是同一个变量，它们在内存中占用不同的内存单元，互不混淆。

（2）也可在一个函数内部的复合语句中定义变量，这些变量只在此复合语句中有效，这种复合语句也称为“分程序”或“程序块”。例如：

```
main( )
{   int a,b;
    …
    { int c;
      c=a+b;        c在此范围内有效    a、b在复合语句范围内有效
      …
    }
    …
}
```

变量c只在复合语句（分程序）内有效，离开该复合语句后变量c无效，并释放内存单元。

注意：（1）形参变量属于被调函数的局部变量，实际参数变量属于主调函数的局部变量。

（2）主函数中定义的变量只能在主函数中使用，不能在其他函数中使用。同时，主函数中不能使用其他函数中定义的变量。因为主函数也是一个函数，它与其他函数是平行的。这是C语言与其他语言不同的地方，应予以注意。

2. 全局变量

在函数外部定义的变量称为全局变量。全局变量的作用域与其定义的位置有关，作用域为定义点到文件尾。当全局变量定义在源文件的最后时，需要用关键字extern说明，才能起作用。一个全局变量只能定义一次，在编译时为其分配存储空间。

当一个程序较大时，不同的模块可能由不同的程序员开发。如果一个程序由多个程序员合作完成，且他们在各自的模块中要通过一些全局变量来交换信息，当某一程序员的模块出现了错误而使全局变量异常时，全局变量的共享会导致其他程序员的模块无法正确运行。由于导致模块运行错误的原因在模块之外，查找错误就会变得困难。因此，对于全局变量，能不用时尽量不用，非用不可时，一定要小心谨慎，并给出足够的说明。

【例6.14】阅读以下程序，了解变量的作用域，区分全局变量与局部变量的作用域。

1）源程序代码（demo6_14.c）

```
#include <stdio.h>
float add(float x,float y);
float  z, h=5;          → 定义全局变量z、h（在函数外面定义）
main( )
{
    z=3;
    printf("调用函数结果= %f\n", add(1,3));
}                                            //z、h在整个程序中都有效

float add(float x,float y)
{   float h=9;
    return (x+y+z+h);                        //x、y、h在函数add中有效
}
```

2）程序运行结果

```
调用函数结果=16
```

3）程序说明

（1）此程序中 z、h 为全局变量，作用域为整个程序，形参 x、y 和局部变量 h 的作用域是函数 add。

② 程序的第 3 行语句“float z,h=5;”为定义全局变量 z、h 的语句，也可写为“extern float z,h＝5;”。一般可把 extern 省略，其功能是一样的。但在全局变量的说明中，extern 不能省略。

（3）在同一个程序源文件中，全局变量与局部变量同名时，在局部变量的作用域内，全局变量被“屏蔽”，局部变量起作用，故上述程序中 “return (x+y+z+h);”语句中的 h 取 9 而不是 5。

（4）全局变量有利于函数间共享多个数据，即增加了各函数间数据联系的渠道。由于函数的调用只能带回一个返回值，所以有时可以利用全局变量从被调函数处得到一个以上的返回值。利用全局变量沟通信息，被调函数就能直接影响主调函数中所用到的数据。

【例 6.15】在程序末尾用 extern 定义全局变量，扩展其在程序文件中的作用域。

1）源程序代码（demo6_15.c）

```
#include <stdio.h>
int max(int x,int y)
{
    int z;
   z=x>y?x:y;
    return(z);
}
main( )
{
    extern int A,B;                    // 外部变量说明
    printf("%d\n",max(A,B));
}
int A=13,B=-8;                         // 定义外部变量
```

2）程序运行结果

```
13
```

3）程序说明

（1）此程序的最后一行定义了外部变量 A 和 B，由于外部变量定义的位置在 main( )之后，因此在 main( )函数中不能直接引用它们。为了在 main( )函数中引用外部变量，在主函数的第三行用 extern 对 A 和 B 进行了“外部变量说明”，表示 A 和 B 是已经定义的外部变量（但定义的位置在后面）。这样，在 main( )函数中就可以合法地使用全局变量 A 和 B 了。如果不作 extern 声明，编译时会出错，系统不会认为 A、B 是已定义的外部变量。一般的做法是外部变量的定义放在引用它的所有函数之前，这样可以避免在函数中多加一个 extern 声明。

（2）使用 extern 声明外部变量时，类型名可以写，也可以不写。例如，此例中的“extern int A,B;”也可写成“extern A,B;”。

6.2.2 变量的存储类别

1. 自动变量

在函数内部或复合语句中定义的局部变量或者用auto说明符说明的变量都为自动变量。自动变量存储在内存的动态存储区中，故又称为动态变量。为方便起见，C语言规定“auto”可以省略，局部变量的存储类型默认为auto，即int x=7;和auto int x=7;完全等价。前面介绍的函数中定义的局部变量都没有声明为auto，其实都隐含为自动变量。

自动变量的主要特点是在函数调用时才能分配存储空间，一旦调用结束，立即释放存储空间。自动变量的初始化在函数调用时完成，其生命期只限于相应的函数被调用时。

2. 寄存器变量

寄存器变量也是自动变量。它与自动变量的区别仅在于：自动变量的值放在内存中，寄存器变量的值放在CPU的寄存器中。对于一些使用频繁的变量，存取变量的值要花费不少时间。为提高执行效率，C语言允许在需要使用时直接从寄存器中取出局部变量参与运算，不必再到内存中去取。

3. 静态变量

用static关键字定义的变量称为静态变量，静态变量既可以定义局部变量，又可定义全局变量。其用于定义局部变量和全局变量时产生的效果不同，下面分别进行介绍。

1）静态局部变量

当static作用于局部变量时，该局部变量称为静态局部变量。静态局部变量保存在静态数据区中，它的生命期与程序相同，静态局部变量的初始化是在编译时完成的，如果赋初值时不确定其值，则编译时自动为其赋初值0。

静态局部变量是一种在函数调用之间保持其值不变的局部变量，即在函数调用结束后，静态局部变量不会消失，其占用的存储单元不会被释放，单元中存储的结果将保留，下次该函数被调用时，变量的值就是上次函数调用结束时的值。

注意： 在编译时，不同的编译器对静态局部变量在静态存储区的变量名的处理会有所不同。但有一点是相同的，即它们在静态数据区的名称是由函数名和变量名组合而成的。因此，在不同函数中定义的同名静态变量，在静态数据区中存储时不会发生冲突。

【例6.16】 在同一程序中，比较i分别作为局部变量和静态局部变量时的不同之处。

程序1：i作为静态局部变量。

1）源程序代码（demo6_16_1.c）

```
#include<stdio.h>
int f( );
main( )
{
    int i,j;
    for(i=0;i<4;i++)
    j=f( );
```

```
        printf("%d",j);
    }
    f( )
    {
        static int i=0,j;            // 定义为i、j为静态局部变量
        i=i+1;
        printf("%d ",i);
        return i;
    }
```

2）程序运行结果

```
    1 2 3 4 4
```

程序 2：i 作为局部变量。

1）源程序代码（demo6_16_2.c）

```
    #include<stdio.h>
    int f( );
    main( )
    {
        int i,j;
        for(i=0;i<4;i++)
        j=f( );
        printf("%d",j);
    }
    f( )
    {
        int i=0,j;           // 定义为i、j为局部变量
        i=i+1;
        printf("%d ",i);
        return i;
    }
```

2）程序运行结果

```
    1 1 1 1 1
```

3）程序说明

（1）比较上面两个程序，唯一的不同之处是在程序 1 的函数 f 中说明变量 i、j 时增加了关键字 static。由于有了关键字 static，在函数 f 每次被调用时，i 的值都会被保留。也就是说，i 被定义为静态局部变量，当定义它的函数调用结束后，其值仍然保留。

（2）对静态局部变量赋初值是在编译时进行的，且只赋值一次。在程序运行时，其已有初值。以后每次调用函数时不再重新赋初值而只保留上一次函数调用结束时的结果。对自动变量赋初值，是在函数调用时进行的，每调用一次函数，初值都重新赋值一次，相当于执行一次赋值语句。

（3）如果在定义局部变量时不赋初值，则对于静态局部变量而言，编译时自动为其赋初值 0。而对于自动变量而言，不赋初值时，其值是一个不确定的值。

2）静态全局变量

当用 static 定义全局变量时，变量被称为静态全局变量。静态全局变量只限于被本文件引用，不能被其他文件引用。例如：

程序代码 1（file1.c）：

```
static int A;
main( )
{
    …
}
```

程序代码 2（file2.c）：

```
extern int A;
fun(int n)
{
    …
    A=A*n
    …
}
```

在 file1.c 中定义的全局变量 A，因其用 static 定义，故只能用于本文件，虽然在 file2.c 文件中使用了“extern int A;”，但 file2.c 文件无法使用 file1.c 中的全局变量 A。

在程序设计中，常由若干人分别完成各个模块。为使各人可以独立地在其设计的文件中使用相同的外部变量而互不相干，需要在每个文件中的全局变量前加上 static，使之成为静态全局变量，以免被其他文件误用。

4. 外部变量

如果在函数之外定义的变量没有指定其存储类别，则其为一个外部变量。外部变量是全局变量，作用域为定义点到本文件末尾，全局变量的存储类型默认为 extern。如果其他文件要引用本文件的外部变量，或者在不同的源文件中共享同一个外部变量，则需要用关键字 extern 对其进行说明，使得编译器不必再为其分配内存，其一般形式如下。

```
extern 类型名  变量名
```

【例 6.17】 阅读以下程序，了解有多个源程序文件的程序中外部变量的引用方法，程序的功能是输入 a 和 m，求 a^m。

1）源程序代码 1（demo6_17_1.c）

```
#include <stdio.h>
int A;                          // 定义外部变量
int power(int);                 // 对调用函数进行说明
main( )
{
    int d,m;
    printf("Enter the number A and its power m:\n");
    scanf("%d,%d",&A,&m);
    d=power(m);
    printf("%d**%d=%d\n",A,m,d);
}
```

2）源程序代码 2（demo6_17_2.c）

```
extern A;                       // 说明A为一个已定义的外部变量
power(int n)
{
```

```
    int i,y=1;
    for(i=1;i<=n;i++)
    y*=A;
    return(y);
}
```

3）程序说明

源程序代码 2 文件的开头有一个 extern 声明，它声明在本文件中出现的变量 A 是一个已经在其他文件中定义过的外部变量，本文件不必再为它分配内存。本来外部变量 A 的作用域是源程序代码 1 文件，但现在用 extern 声明将其作用域扩大到源程序代码 2 文件中。假如程序有 5 个源文件，在一个文件中定义外部整型变量 A，则其他文件都可以引用 A，但必须在每一个文件中都加上“extern A;”声明。各源程序文件经过编译后，连接程序会将所有源程序文件生成的目标文件连接成一个可执行的文件。

【例 6.18】综合应用。阅读以下程序，写出程序的输出结果，了解局部变量和全局变量的作用域，以及动态变量和静态变量在函数调用过程中的变化。

1）程序代码（demo6_18.c）

```
#include<stdio.h>
int k=7;
int fun(int n)
{
    static int k=1;
    int t=2;
    if(n%2!=1)
        {
            static int k=4; t += k++;
        }
    else
        {
            static int k=5; t += k++;
        }
    return t+k++;
}
main( )
{
    int s=k, i;
    for( i=0; i<3; i++) s+=fun(i );
    printf("%d\n", s);
}
```

2）程序运行结果

```
33
```

3）程序说明

对于定义在函数外部的全局变量 k=7，它的作用域是整个程序。定义在 fun 函数中的静态局部变量 k=1，动态变量 t=2，其只在 fun 函数中有效。在复合语句中定义的静态局部变量 k=4 和 k=5 在复合语句内有效。

下面从不同角度进行归纳。

（1）按照变量的作用域，变量可分为局部变量和全局变量。它们采用的存储类型如下。

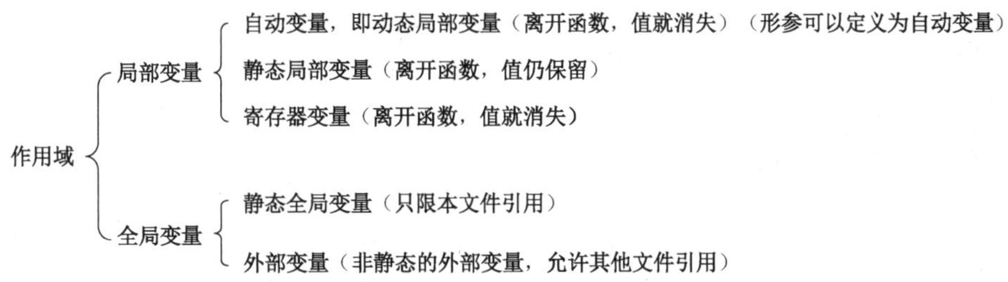

（2）按照变量的生存期，变量可分为动态存储变量和静态存储变量两种类型。静态存储变量在程序运行期间都存在，而动态存储变量在调用函数时临时分配单元。

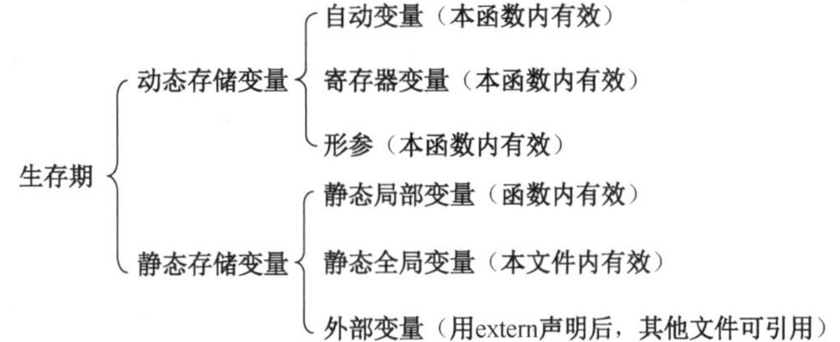

6.3　内部函数和外部函数

根据函数能否被其他源文件调用，可将其分为内部函数和外部函数。

6.3.1　内部函数

若函数的存储类型为 static 型，则称其为内部函数或静态函数，表示在同一个程序（由多个源文件组成）中，该函数只能在一个文件中存在，在其他文件中不可使用。例如：

```
static int fun_name( )                    // 定义一个内部函数首部
```

内部函数只能被其所在的源文件中的函数调用。

6.3.2　外部函数

若函数的存储类型为 extern 型，则称其为外部函数，它表示该函数能被其他源文件调用。C 语言规定，如果在定义函数时省略 extern，则隐含该函数为外部函数。本书前面所用的函数都是外部函数。在需要调用该函数的文件中，用 extern 声明所用的函数是外部函数，其中 extern 可以省略。

【例 6.19】 阅读以下程序，了解外部函数的含义。

1）源程序代码 1（demo6_19_1.c）

```
#include <stdio.h>
int mod(int a,int b);
extern int add(int m,int n); // 外部函数说明
main( )
```

```
{
    int x,y,result;
    scanf("%d,%d",&x,&y);
    result=add(x,y);                    // 调用外部函数
    if(result>0)
    result=result-mod(x,y);
    printf("result=%d\n",result);
}
int mod(int a,int b)
{
    return(a%b);
}
```

2）源程序代码 2（demo6_19_2.c）

```
extern int add(int m,int n) // 定义外部函数
{
    return(m+n);
}
```

3）程序说明

（1）demo6_19_1.c 文件中的外部函数说明“extern int add(int m,int n);”可省略 extern，写为“int add(int m,int n);”；demo6_19_2.c 文件中的外部函数定义“extern int add(int m,int n)”也可省略 extern，写为“int add(int m,int n)”。

（2）由多个源文件组成一个程序时，main( )函数只能出现在一个源文件中。

6.4 函数的递归调用

所谓函数的递归调用，是指在调用一个函数的过程中又直接或间接地调用该函数本身。C 语言的函数定义都是平行的、独立的。在定义函数时，一个函数内不能包含另一个函数，即不能嵌套定义函数，但可以嵌套调用函数。也就是说，在调用一个函数的过程中，又调用另一个函数。

为了能方便地处理递归算法编写的程序，C 语言提供了函数递归调用的功能。直接递归调用和间接递归调用如图 6-2 和图 6-3 所示。

```
int f(int x)
{
    int y,z;
    z=f(y);
    return(2*z);
}
```

图 6-2　直接递归调用

```
f1(int x)            f2(int x)
{                    {
    …                    …
    z =f2(y);            y=f1(y);
    …                    …
}                    }
```

图 6-3　间接递归调用

图 6-2 所示的程序中，函数 f 在其函数体内要调用函数 f 自身，即直接调用自己，这称为直接递归调用。在图 6-3 所示的程序中，函数 f1 在函数体内调用函数 f2，而在函数 f2 中

又调用函数 f1，这导致函数 f1 间接调用自己，这种情形称为间接递归调用。

递归调用的调用次数应该是有限次的，即递归调用要有一个结束调用的条件，称为递归的边界条件。

【例 6.20】编写程序，利用递归调用方式，计算整数的阶乘。

1）算法分析

N!的定义公式如下。

$$N!=N\times(N-1)\times(N-2)\times(N-3)\times\cdots\times2\times1 \tag{6.1}$$

例如计算 5!，可以用下式表示：

$$5!=5\times4!$$
$$4!=4\times3!$$
$$3!=3\times2!$$
$$2!=2\times1!$$
$$1!=1\times0! \qquad (0!=1)$$

由此可得 N!的递归公式为：

$$N!=N\times(N-1)! \tag{6.2}$$

如果用递归公式（6.2）计算 5 的阶乘，则不能直接求出它的阶乘，而需要利用公式（6.2）分两步将其求出。第 1 步，不断将其转换成更小的整数的阶乘，直到能直接求出阶乘的整数为止（即 1 或 0）。第 2 步，从最小的整数的阶乘开始，利用公式（6.2）不断求出比它更大的数的阶乘，直到最后求出结果。

递归不能无限进行，它总有一个结束条件，如 N!的边界条件为 $N\leqslant1$。由此，如果将求阶乘的递归函数命名为 fact，则函数 fact 的递归调用公式可用式（6.3）表示。

$$c=\begin{cases}\text{fact}(n)=1 & (n=0,1)\\ \text{fact}(n)=\text{fact}(n-1)\times n & (n>1)\end{cases} \tag{6.3}$$

2）源程序代码（demo6_20.c）

```
#include<stdio.h>
int fact(int);
main( )
{
    int i,n;
    scanf("%d",&n);
    i=fact(n);
    printf("n!=%d\n",i);
}
int fact(n)
{  int f;
    if(n<=1)   f=1;               /*如果满足边界条件*/
    else   f=fact(n-1)*n;
    return f;
}
```

3）程序运行结果

```
5↙
n!=120
```

4）程序说明

在函数 fact 的定义中，有一个表达式“f=fact(n-1)*n”，即自己调用自己，这种情况就是递归。此处使用的是直接递归。

5）程序调试

由于递归程序要不断地递归调用，被递归调用的函数因不能结束而被压入堆栈中。在遇到边界条件之前，递归程序要不断地将递归函数压入堆栈，以实现问题的逐步简化，此处逐步将较大的整数的阶乘转换成较小的整数的阶乘。

【例 6.21】 编写程序，利用递归调用方式计算两个整数 M、N 的最大公因数（其中，$M>N$，且 $N\neq 0$）。

1）算法分析

采用辗转相除法来计算两个数 M、N 的最大公因数，方法如下。

M 除以 N，如余数 R=0，则 N 就是最大公因数；如 $R\neq 0$，则将 N 赋给 M，将 R 赋给 N（$M\Leftarrow N$，$N\Leftarrow R$），再重复上述过程，直到 R=0 为止，此时的 N 就是要求的最大公因数。例如：

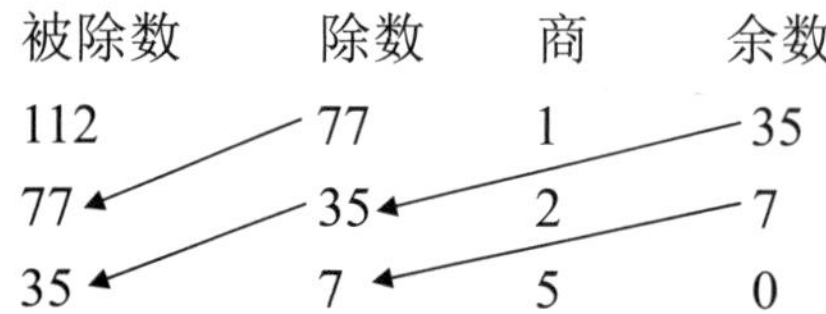

被除数	除数	商	余数
112	77	1	35
77	35	2	7
35	7	5	0

故 112 和 77 的最大公因数为 7。

从算法分析中可看到，辗转相除法计算两个整数的最大公因数的过程是一个不断递归的过程，这种问题用函数递归实现非常方便。

2）源程序代码（demo6_21.c）

```
#include<stdio.h>
int fgcd(int,int);
main( )
{
    int m,n,g;
    printf("输入m,n\n");
    scanf("%d,%d",&m,&n);
    if(n>m)
    {
    printf("input error!");
    return 1;
    }
    g=fgcd(m,n);
    printf("gcd=%d\n",g);
    return 0;
}
fgcd(int m,int n)
{
    int k;
    if(n==0)
    return m;
```

```
    else
    k=fgcd(n,m%n);      //递归调用
    return k;
}
```

3）程序运行结果

```
输入m,n
112,77↙
gcd =7
```

4）程序说明

函数 fgcd 是求最大公因数的关键，整个函数只有一个 if 结构。理解函数 fgcd，关键是要理解函数中两个参数的意义。事实上，辗转相除法是通过不断地将除数赋给被除数，将余数赋给除数来求最大公因数的。所以，第 1 个参数是将要进行运算的被除数，但也可看作前一次运算的除数，第 2 个参数是将要进行运算的除数，也可看作上一次运算结果中的余数。

因此，当函数 fgcd 的第 2 个参数等于零时，第 1 个参数即为最大公因数，函数停止递归，并将第 1 个参数返回。否则，通过函数递归调用的方式将第 2 个参数赋给第 1 个参数，并将两个参数整除后的余数赋给第 2 个参数。

【例 6.22】 编写程序，打印斐波那契数列。

斐波那契数列如下。

1，1，2，3，5，8，13，21，34，55，89，…

1）算法分析

数列的第 1 个数、第 2 个数为 1，从第 3 个数开始，后一个数为前两个数之和。

其递归公式为

$$\text{fibo}(n)=\begin{cases}1 & (n=1)\\ 1 & (n=2)\\ \text{fibo}(n-1)+\text{fibo}(n-2) & (n>2)\end{cases}$$

设计一个函数 long fibonacci(int n)，用于计算数列第 n 项的值。

2）源程序代码（demo6_22.c）

```
#include <stdio.h>
long fibonacci(int n);
main( )
{
int x=0,n,i;
   long result;
   scanf("n=%d",&n);
   for(i=1;i<=n;i++)
    {
    result=fibonacci(i);
    printf("%ld ",result);
    }
}
long fibonacci(int n)          // 定义计算数列中第n项的值的函数
{
```

```
    if(n==1||n==2)
      return 1;
      else
      return fibonacci(n-1)+fibonacci(n-2);
  }
```

3）程序运行结果

```
n=15↙
1  1  2  3  5  8  13  21  34  55 89  144  233  377  610
```

6.5 模块程序设计实例

在用 C 语言编写程序时，经常要将一个多任务或复杂的程序分解成若干较小且较简单的模块进行设计、调试，以降低程序的难度。下面通过几个简单例子说明模块程序设计的过程。

【例 6.23】 编写程序，从键盘上输入一个 3 位数，要求完成下列任务。

① 判断这个 3 位数是否为质数。

② 判断这个 3 位数是否为水仙花数，如果一个数本身恰好等于其各位数的立方和（如 $153=1^3+5^3+3^3$），则其为水仙花数。

③ 判断这个 3 位数是否为完全数，如果一个数本身恰好等于其所有因数之和，则称其为完全数。例如，6=1+2+3，28=1+2+4+7+14，6 和 28 是完全数。

1）算法分析

这是一个多任务的程序设计问题，对模块进行分解，将任务分解为“判断质数”“判断水仙花数”和“判断完全数”3 个子任务。这 3 个子任务分别用 3 个函数实现。

2）源程序代码（demo6_23.c）

```
#include<stdio.h>
void isprime (int n);          //函数说明
void data2(int n);             //函数说明
void data3(int n);             //函数说明
main( )
{
    int n;
    printf("请输入一个3位整数:\n");
    scanf("%d",&n);
    isprime(n);
    data2(n);
    data3(n);
}
int isprime (int n)            //定义判断是否为质数的函数
{   int i;
    for(i=2;i<=n-1;i++)
    if(n%i==0)  break;
    if(i>=n)
    printf("数%d是质数\n",n);
    else
```

```
    printf("数%d不是质数\n",n );
}
int data2(int n)                    //定义判断是否为完全数的函数
{
    int i,m=0;
    for(i=1;i<=n/2;i++)
    if(n%i==0)  m=m+i;
    if(m==n)
    printf("数%d是完全数\n",n);
    else
    printf("数%d不是完全数\n",n);
}
int data3(int n)                    //定义判断是否为水仙花数的函数
{
    int a,b,c;
    a=n/100;  b=n/10%10; c=n%10;
    if(a*a*a+b*b*b+c*c*c==n)
    printf("数%d是水仙花数\n",n);
    else
    printf("数%d不是水仙花数\n",n);
}
```

3）程序运行结果

```
请输入一个3位整数:153
数153不是质数
数153不是完全数
数153是水仙花数
```

【例 6.24】 编写一个可以提供加法、减法、乘法和除法的二元算术运算的练习程序供小学生练习，计算 20 以内的两个整数的和、差、积和商。每次测试 8 道题目，小学生输入答案，计算机判断输入的答案是否正确，最后由计算机给出总体评价。

1）算法分析

这也是一个多任务的程序设计问题，对模块进行分解，将任务分解为“计算机生成答案”和“学生输入答案”两个子任务。这两个子任务分别用两个函数实现。

2）源程序代码（demo6_24.c）

```
#include<stdlib.h>
#include<stdio.h>
#include<time.h>
int  calc(int x,int y,char c);          //函数说明
void input(int n);                      //函数说明
right=0,error=0;                        //定义全局变量
main( )
{
    int n,x,y,c,s;
    srand(time(NULL));                  //产生一个随机种子
    for(n=1;n<=8;n++)
```

```
  {
     printf("第%-2d题： ",n);
     x=rand( )%20;                          //随机函数自动生成一个20以内的整数
     y=rand( )%20;
     c=rand( )%4;                           //随机函数自动生成一个4以内的整数
     s=calc(x,y,c);
     input(s);
  }
printf("练习结果:你做对了%d道题,做错了%d道题。\n",right,error);
}
int calc(int x,int y,char c)          //定义计算函数
{
   int result;
   char lab;
   switch(c)
{
   case 0:lab='+'; result=x+y;  break;
   case 1:lab='-'; if(x>y) result=x-y;
                   else result=y-x;
                   break;
    case 2:lab='*'; result=x*y;  break;
    case 3:lab='/'; x=x+1;y=y+1;     //避免x、y为0
                    if(x>=y)
                  {
                    for(x;x%y;x++);
                    result=x/y;break;
                          }
                  else
                  {
                    for(y;y%x;y++);
                    result=y/x;break;
}
   default:break;
}
   if(x<y&&(lab=='-'||lab=='/'))
   printf("%d %c %d=",y,lab,x);
   else
   printf("%d %c %d=",x,lab,y);
   return result;
}
   void  input(int result)             //定义输入函数
{
   int in;
   scanf("%d",&in);
   if(result==in)
{
  printf("答案正确! \n");
```

```
        right=right+1;
    }
        else
    {
        printf("答案错误! \n");
        error=error+1; }
    }
```

3）程序运行结果

```
第1题：1*7=7
答案正确!
第2题：0+9=9
答案正确!
第3题：18*18=264
答案错误!
第4题：5-4=1
答案正确!
第5题：7-1=6
答案正确!
第6题：11*15=165
答案正确!
第7题：24/8=3
答案正确!
第8题：4-2=2
答案正确!
练习结果：你做对了7道题，做错了1道题。
```

4）程序说明

（1）rand( )是随机函数，调用该函数时，将随机生成一个整数。

（2）为了避免在计算时产生负数，对减法进行了处理。同时，为了使随机产生的数能整除且有意义（即除数不能为 0），对除法进行了处理，x=x+1 和 y=y+1 避免了除数为 0 的情况。此程序比较简单，读者可自行分析程序。

【例 6.25】 编写程序实现 Hanoi 塔问题，这是一个古典数学问题，问题是这样的：古代有一座梵塔，塔内有 3 个座 A、B、C，开始时，A 座上有 64 个盘子，盘子大小不等，大的在下、小的在上；有一个老和尚想把这 64 个盘子从 A 座移到 C 座，但每次只允许移动一个盘子，且在移动过程中，3 个座要始终保持大盘在下、小盘在上；在移动过程中可以利用 B 座。 Hanoi 塔初始状态如图 6-4 所示。

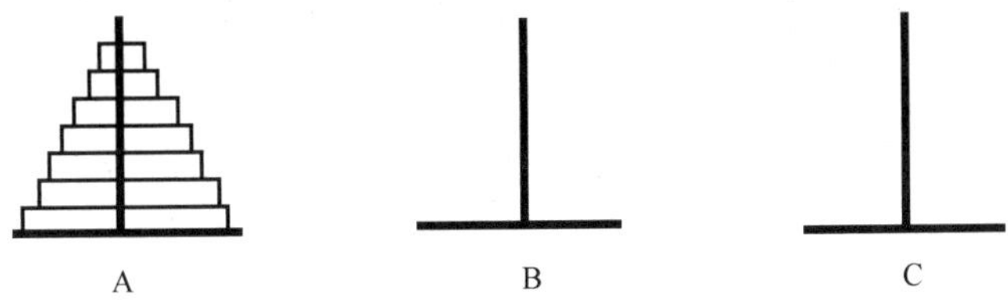

图 6-4　Hanoi 塔初始状态

1）算法分析

通过实践知道这是一个用递归方法解决的问题。将 *n* 个盘子从 A 座移到 C 座上可以分解为以下 3 个步骤。

（1）将 A 座上的 *n*-1 个盘子借助 C 座先移到 B 座上。

（2）把 A 座上剩下的一个盘子移到 C 座上。

（3）将 B 座上的 *n*-1 个盘子借助 A 座移到 C 座上。

通过对任务进行分解，分别用两个函数实现上述操作，函数 hanoi (int n, char A, char B, char C) 表示将 *n* 个盘子从 A 座借助 C 座移到 B 座的过程，函数 move (A, C)表示将一个盘子从 A 座移到 C 座的过程。

2）源程序代码（demo6_25.c）

```
#include <stdio.h>
#include <string.h>
void hanoi (int n, char A, char B, char C)//将n个盘子从A座借助C座移到B座
{
    void move (char, char);
    if (n==1)
    move (A, C);
    else
    {
    hanoi (n-1, A, C, B);
    move (A, C);
    hanoi (n-1, B, A, C);
    }
}
void move (char x, char y)             //将一个盘子从A座移到C座的过程
{
    static int k = 0;
    printf ("%c-->%c\t", x, y);
    k++;
    if (k%5 == 0)                      //一行显示5个过程
    printf ("\n");
}
int main ( )
{
    void hanoi (int, char, char, char);
    int n;
    printf ("请输入移动的盘子数:");
    scanf ("%d", &n);
    hanoi (n, 'A', 'B', 'C');
    return 0;
}
```

3）程序运行结果

```
请输入移动的盘子数：4
A-->B  A-->C B-->C  A-->B  C-->A
C-->B  A-->B A-->C  B-->C  B-->A
```

```
C-->A  B-->C  A-->B  A-->C  B-->C
```

【例 6.26】经典五子棋游戏。

1．前期准备知识

1）程序使用到的函数

（1）SetConsoleTitle("xxxx")：用于设置控制台标题的函数，该函数在 Windows.h 头文件中。

（2）MessageBox(NULL, "黑子赢","五子棋比赛", MB_OK)：弹出对话框函数，该函数在 Windows.h 头文件中。

（3）getch( )：用于从键盘上读取键值，不需要按回车键即可返回键值，该函数在 conio.h 头文件中。注意：左、右、上、下方向键以及空格键的键值分别是 75、77、72、80、32。

（4）system("cls")：清屏函数，该函数在 stdio.h 头文件中。

2）棋盘的绘制

（1）制表符号的获取方法如图 6-5 所示。

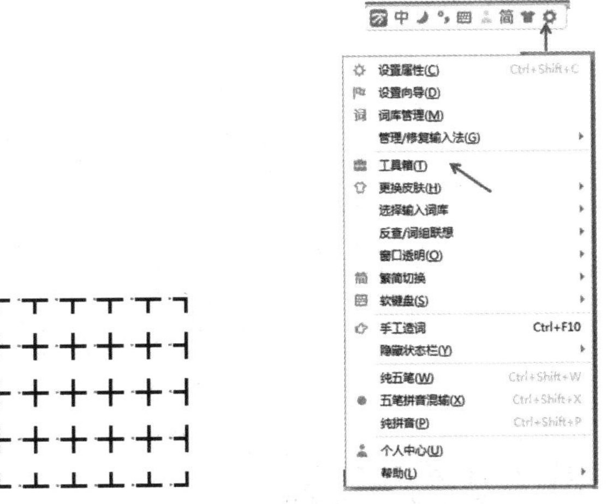

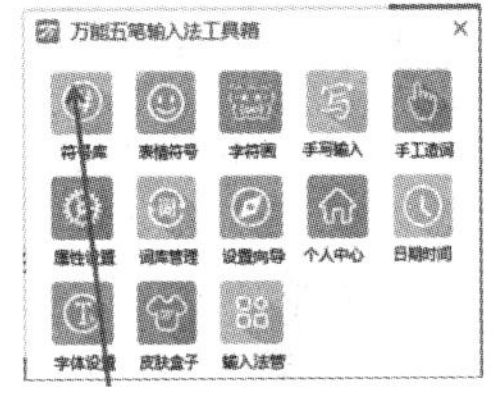

（a）选择中文状态进行输入 （b）单击“设置”按钮并选择“工具箱”选项 （c）单击“符号库”图标

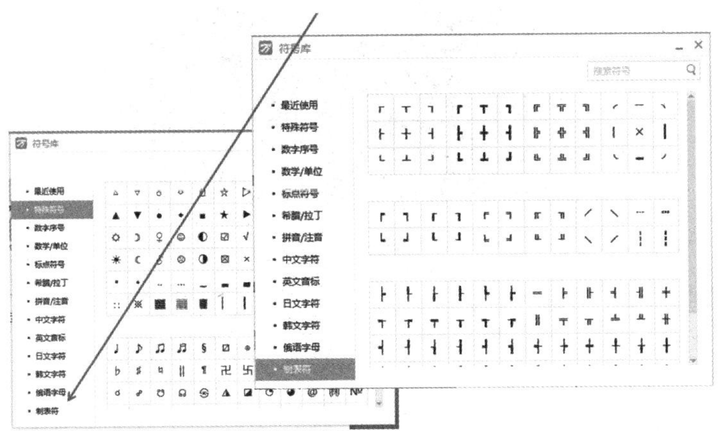

（d）选择“制表符”选项卡并选择相应符号

图 6-5 制表符号的获取方法

（2）光标、黑子、白子在特殊符号中可以找到，如×●○，如图 6-6 所示。

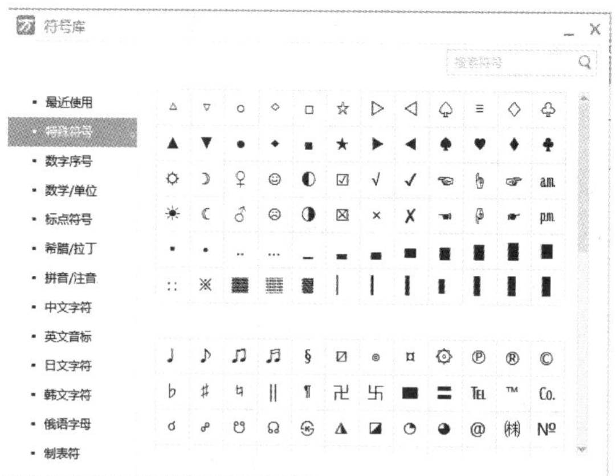

图 6-6　特殊符号

2．开始游戏设计

1）编写一个简单的主函数

使用 SetConsoleTitle("xxxx")函数设置控制台的标题为“五子棋游戏”。

```
#include<stdio.h>
#include<Windows.h>

int main( )
{
    SetConsoleTitle("五子棋游戏");
    return 0;
}
```

其运行结果如图 6-7 所示。

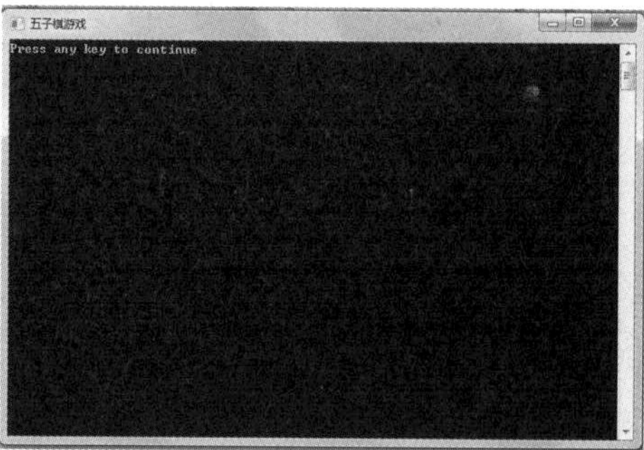

图 6-7　五子棋游戏控制台的标题

2）绘制棋盘函数

为了简化主函数，将绘制棋盘编写为一个函数 DrawCheckBoard( )，调用该函数即可绘制出棋盘。

```
#include<stdio.h>
#include<Windows.h>
#define CHECKBOARDSIZE 15
void DrawCheckBoard( );
int main( )
```

```
{
    SetConsoleTitle("五子棋游戏");
    DrawCheckBoard( );
    return 0;
}
```

绘制棋盘的算法如下。

（1）确定循环次数。

（2）画出棋盘的四个角。

（3）画出棋盘的首行和最后一行。

（4）画出第一列和最后一列。

（5）画出棋盘的中间部分。

（6）绘制光标。

（7）绘制棋子

绘制棋盘的函数 DrawCheckBoard( )如下。

```
void DrawCheckBoard( )
{
int i,j;
for(i=0;i<CHECKBOARDSIZE;i++)                    //行
{
for(j=0;j<CHECKBOARDSIZE;j++)                    //列
    {
        if (g_checkboard[i][j]==1)           //绘制黑子
            printf("●");
        else if (g_checkboard[i][j]==2)   //绘制白子
            printf("○");
        else if (i==g_cursorX && j==g_cursorY)    //绘制光标
            printf("×");
        else if (i==0 && j==0)                //开始绘制棋盘的四个角
            printf("┏");
        else if (i==0 && j==CHECKBOARDSIZE-1)
            printf("┓");
        else if (i==CHECKBOARDSIZE-1 && j==0)
            printf("┗");
        else if (i==CHECKBOARDSIZE-1 && j==CHECKBOARDSIZE-1)
            printf("┛");
        else if (i==0)                        //绘制棋盘的首行和最后一行
            printf("┳");
        else if (i==CHECKBOARDSIZE-1)
            printf("┻");
        else if (j==0)                        //绘制棋盘的第一列和最后一列
        printf("┣");
        else if (j==CHECKBOARDSIZE-1)
            printf("┫");
        else                                  //绘制棋盘的中间部分
            printf("╋");
```

```
    }
    printf("\n");
    }
}
```

3）在主程序中完成下棋动作

完成下棋动作的算法如下。

```
void main( )
{
```

（1）设置控制台标题。

（2）初始化函数，其功能是给变量一个初值，如光标坐标、谁先下棋等。

（3）游戏主循环，每按一次按键，系统会循环一次，直到赢棋才退出循环。

① 清屏，根据当前数据重新绘制棋盘。

② 从键盘上接收按键的键值。

③ 根据不同按键执行不同的操作。

如果是上、下、左、右方向键，则改变光标的坐标值，返回主循环步骤①。

如果是空格键，则表示下棋。下棋时，首先要判断当前光标的位置是否有棋子，如果有棋子，则不能下棋，程序不做任何工作，返回主循环步骤①。否则，立即检测这个棋子下完后，该玩家是否赢，如果赢棋，则结束循环，否则返回主循环步骤①。

```
//初始化游戏参数
void Init( )
{
int i,j;
//将棋盘所有位置上的数据清空
for (i=0;i<CHECKBOARDSIZE;i++)
    for (j=0;j<CHECKBOARDSIZE;j++)
        g_checkboaed[i][j]=0;

g_currentgame=1;                //黑子先走
g_cursorX=CHECKBOARDSIZE/2;  //整数相除为整数
g_cursorY=CHECKBOARDSIZE/2;  //整数相除为整数
g_count=0;                      //回合数
}
//下棋，成功返回1，失败返回0
int Put( )
{
//当光标的位置没有棋子时，才能落子；0表示没有子，1表示有黑子，2表示有白子
//当前玩家执黑子还是白子，由g_currentgame变量决定，1表示执黑子，2表示执白子
if(g_checkboard[g_cursorX][g_cursorY]==0)
    {
        g_checkboard[g_cursorX][g_cursorY]=g_currentgamer;
        return 1;
    }
else
```

```
    return 0;
}
//main( )函数
int main( )
{
int mInput=0;                //该变量用于保存获得的键值，键值不是字符的ASCII码值
Init( );
while(1)
{
    system("cls");           //清屏，如果注释此行，则将会出现多屏
    DrawCheckBoard( );       //绘制棋盘
    mInput=getch( );         //从键盘上接收按键的键值
    switch(mInput)
    {
        case 32:             //空格键的键值
            if (Put( ))     g_currentgamer=3-g_currentgamer;
            //黑子是1，白子是2，此语句每运行一次，就在1和2之间进行变换
            break;
        case 75:                 //左方向键的键值
            g_cursorY--;
            break;
        case 77:                 //右方向键的键值
            g_cursorY++;
            break;
        case 72:                 //上方向键的键值
            g_cursorX--;
            break;
        case 80:                 //下方向键的键值
            g_cursorX++;
            break;
            }
    //以下是移出边界的处理方法，坐标是从0开始的，所以后面要减1
    if(g_cursorX<0)                 g_cursorX=CHECKBOARDSIZE-1;
    if(g_cursorY<0)                 g_cursorY=CHECKBOARDSIZE-1;
    if(g_cursorX>CHECKBOARDSIZE-1) g_cursorX=0;
    if(g_cursorY>CHECKBOARDSIZE-1) g_cursorY=0;
}
}
```

4）判断输赢

判断输赢的算法如下。

（1）从水平、竖直、正斜、反斜4个方向判断是否有连续5个相同的棋子。

（2）水平方向的判断方法：先向右最多查找5个棋子，再向左最多查找5个棋子，如果有连续5个相同的棋子，则执相应颜色棋子的玩家获胜。

（3）其他3个方向的方法相似。

```
int mHorizontal=1;               //水平方向计数
```

```
        //先向右最多查找5个棋子
        for(i=1;i<5;i++)
        {
        if(g_cursorY+i<CHECKBOARDSIZE && g_checkboard[g_cursorX][g_cursorY+i]
== g_currentgamer)
            mHorizontal++;
        else
            break;
        }
        //再向左最多查找5个棋子
        for(i=1;i<5;i++)
        {
        if(g_cursorY-i>0 && g_checkboard[g_cursorX][g_cursorY-i]==
g_currentgamer)
            mHorizontal++;
        else
            break;
        }
        if(mHorizontal>=5)
        return g_currentgamer;
```

3．运行结果

五子棋游戏的运行结果如图 6-8 所示。

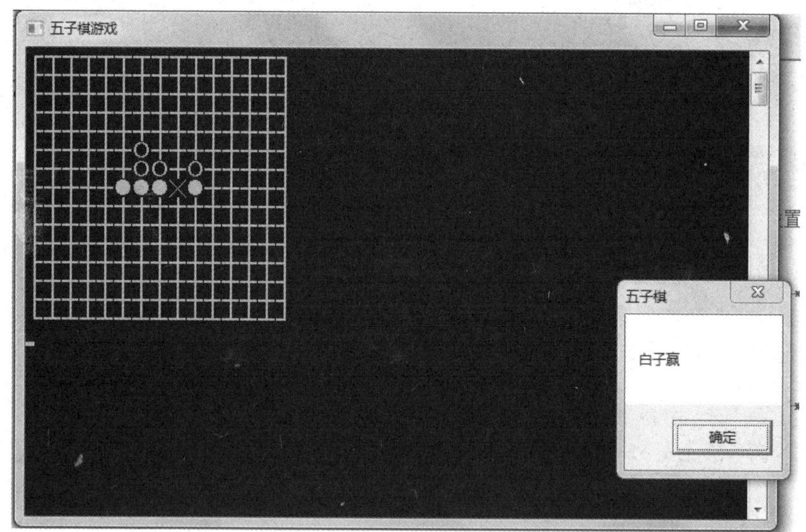

图 6-8　五子棋游戏的运行结果

6.6　小结

函数是 C 语言中最重要的概念之一。使用函数可使程序模块化，提高编程效率。

调用函数的目的是使函数完成计算任务，或者使其完成某种操作。如为前者，则需要返回一个值；如为后者，则无须返回数据。有调用就有返回，应养成在函数末尾写 return 语句的好习惯。

函数中的形参属于局部变量，作用域限定在函数体内。实参数是具有确定值的表达式，在调用函数时，实参赋值给形参。实参的个数与类型应与形参一致，且前后一一对应。

被调用的函数与调用它的函数之间通过参数和全局变量来交换信息，通过返回值可获得需要的结果。函数之间的信息交换通过全局变量进行。

递归函数是可以直接调用自己或通过其他函数间接调用自己的函数。递归函数往往反映了问题的递归性质。递归使程序易于理解和调试，但递归程序要占用大量的时间和空间。

在函数中，有两个概念要特别注意，一个是参数，它是函数之间联系的主要接口，在本章中，只给出了一些简单变量作为参数，在后续章节中会给出更复杂的对象作为参数；另一个是变量的作用域和生存期，即一个变量在多大的范围内有效，在多长时间内有效。局部变量只在其定义的区域内有效。当一个局部变量被说明为静态变量时，其生命期将与程序相同。对于全局变量，如果不加额外说明，则其作用域自定义点开始至文件结尾结束。由于全局变量容易产生副作用，因此一般会被限制使用。

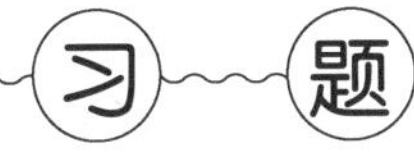

一、选择题

1．以下关于函数的说法中不正确的是（　　）。

A．函数是完成程序中部分功能的程序模块

B．善于利用函数可以减少重复编写程序段的工作量

C．善于利用函数，可大大降低编写程序的难度

D．在C语言中，函数一定要有返回值

2．在一个自定义函数的函数体的复合语句中定义了一个变量，则变量（　　）。

A．为局部变量，只在该函数内有效

B．为全局变量，在整个程序内都有效

C．为局部变量，只在该复合语句内有效

D．为全局变量，在该函数内有效

3．关于以下函数的说法中正确的是（　　）

```
fun (int n)
{
   int i;
   for(i=1;i<=n;i++)
      printf("*");
}
```

A．无返回值　　B．返回一个不确定的整数

C．返回值类型为void　　D．编译错误

4．对于变量，以下不正确的叙述是（　　）。

A．静态局部变量在程序编译时分配空间

B．自动变量在程序运行时分配空间

C．全局变量是一种静态变量

D．如果给函数中的静态局部变量赋初值，则每次函数调用时，可以反复赋初值

5．以下叙述中正确的是（　　）。

A．对于用户自定义的函数，在使用前必须加以说明

B．说明函数时必须明确其参数类型和返回值类型

C．函数可以返回一个值，也可以什么都不返回

D．空函数不完成任何操作，所以在程序设计中没有用处

6．以下程序的运行结果是（　　）。

```
#include <stdio.h>
int fun(int x)
{
printf("%d\n",x++);
}
main()
{
    fun(12+6);
}
```

A．12　　B．13　　C．18　　D．19

7．以下程序的运行结果是（　　）。

```
fun(int a,int b,int c)
{c=a+b;}
main()
{
    int c;
    fun(7,8,c);
    printf("%d\n",c);
}
```

A．7　　B．8　　C．15　　D．不确定值

8．以下程序的运行结果是（　　）。

```
#include<stdio.h>
s=5;
main( )
{
    int i,s=0;
    for(i=1;i<4;i++)
      s=s+f(i);
    printf("%d",s);
}
f(int a)
{
    int b=2; static int c=5;
    a++;
    b++;
    c++;
```

```
    return(a+b+c);
}
```

A. 39　　B. 44　　C. 24　　D. 36

9. 以下程序的运行结果是（　　）。

```
int a=15;
int f(int  n)
{
    int  t=0;
    static int  a=16;
    if(n%2) {int a=6;  t+=a--;}
    else {int  a=17 ;t+=a--;}
    return  t+a--;
}
main( )
{
    int  s=a,i;
    for(i=0;i<2;i++)
        s-=f(i);
    printf ("%d\n",s);
}
```

A. −25　　B. −29　　C. −39　　D. 37

10. 如果输入 6、4，以下程序的运行结果是（　　）。

```
int x,y;
void fun( )
{
    x=x+y;y=x-y;x=x-y;
}

main()
{
    scanf("%d,%d",&x,&y);
    fun();
    printf("%d,%d\n",x,y);  }
```

A. x=6,y=4　　B. x=4,y=6　　C. 6,4　　D. 4,6

二、填空题

1. 以下程序的运行结果是____________。

```
void f(int a,int b)
{
    int t;
    t=a;a=b;b=t;
}

main()
```

```
{
        int a=10,b=13,c=12;
        if(a>b) f(a,b);
        else if(b>c) f(a,c);
             else f(a,c);
        printf("%d,%d,%d\n",a,b,c);
}
```

2．以下程序的运行结果是________。

```
float fun(int x,int y)
{
    return(x*y);
}
main( )
{
    int a=2,b=5,c=8;
    printf("%f\n",fun((int)fun(a+c,b),a-c+b));
}
```

3．以下程序的运行结果是________。

```
fun(int x,int y)
{
    x=x-y;y=x+y;x=x-y;
    printf("%d,%d,",x,y);
}
main( )
{
    int x=20,y=30;
    fun(x,y);
    printf("%d,%d\n",x,y);
}
```

4．以下程序的运行结果是________。

```
int a=0;
int f(int c)
{
    static int a=20;
    c=c+1;
    return (a--)+c;
}
main( )
{
    int i,k=0;
    int a=5;
    for(i=1;i<3;i++)
        k+=f(a);
    k+=a;
```

```
    printf("%d\n",k);
}
```

5．以下程序的功能是选出能被3整除且至少有一位是5的所有两位正整数，并统计符合条件的数据个数，请将程序补充完整。

```
#include <stdio.h>
fun(int m,int n)
{
int a0,a1;
a0=m%10;
a1=m/10;
if(m%3==0 && (a0==5||a1==5))
{printf("%d ",m);n++;}
return n;
}
main()
{
int m=0,k;
for(k=15;k<=95;k++)
   m=fun(____________);
printf("%d\n",m);
}
```

三、编程题

1．编写函数，函数的功能是：根据形参 m，计算以下公式的值。

$$t=1+\frac{1}{2}+\frac{1}{3}+\frac{1}{4}+\cdots+\frac{1}{m}$$

例如，若输入5，则应输出2.283333。

2．编写程序，利用函数计算下式的值。

$$Y=\frac{(1+2+3+\cdots+M)+(1+2+3+\cdots+N)}{(1+2+3+\cdots+P)}$$

3．编写函数计算 $N!$，调用该函数计算下式的值。

$$S=1+1/(1+4!)+1/(1+4!+7!)+\cdots+1/(1+4!+\cdots+19!)$$

4．编写函数，函数的功能是求 $s=aa\cdots aa-\cdots-aaa-aa-a$（此处 $aa\cdots aa$ 表示 n 个 a，a 和 n 的值为1～9）

5．求方程 $ax^2+bx+c=0$ 的根，用2个函数分别求当 b^2-4ac 大于或等于0和小于0时的根并输出结果。从主函数中输入 a、b、c 的值。

第 7 章

数　　组

在介绍数组的概念之前，先来思考两个问题。首先，如果要在程序中定义 10 个整型变量，运用前面章节所学的知识可知，定义语句如下。

```
int a1,a2,a3,a4,a5,a6,a7,a8,a9,a10;
```

如果所要定义的变量增加到 100 个或 1000 个呢？显然，运用上述方法定义 100 个变量不现实。有没有效率更高的方法可以一次定义 100 个或更多变量呢？

其次，对于大批量数据的查找、排序是否有效率更高的方法？下面先来看一个简单的程序。

【例 7.1】 从键盘上输入某班 6 名学生的考试成绩（均为整数），并将最高的考试成绩在屏幕上输出。

1）算法分析

设用 6 个变量 a1、a2、a3、a4、a5、a6 存放从键盘上输入的分数。要找到 6 个数中最大的数，开始不妨认为变量 a1 中存放的数值最大，再分以下 5 步进行比较。

（1）将变量 a1 与变量 a2 进行比较，如果变量 a2 的值大于变量 a1 的值，则将变量 a2 的值赋给 a1。显然，此时变量 a1 中存放的是变量 a1、a2 中的最大值。

（2）比较变量 a1、a3 的值，如果 a3>a1，则变量 a1 中存放的是变量 a1、a3 中的最大值。

（3）比较变量 a1、a4 的值，如果 a4>a1，则变量 a1 中存放的是变量 a1、a4 中的最大值。

（4）比较变量 a1、a5 的值，如果 a5>a1，则变量 a1 中存放的是变量 a1、a5 中的最大值。

（5）比较变量 a1、a6 的值，如果 a6>a1，则变量 a1 中存放的是变量 a1、a6 中的最大值。

完成以上 5 步比较后，变量 a1 中存放的就是 6 个数中最大的数。

2）源程序代码（demo7_1.c）

```
#include<stdio.h>
main( )
{
    int a1,a2,a3,a4,a5,a6;
    printf("请输入6个分数:\n");
    scanf("%d,%d,%d,%d,%d,%d",&a1,&a2,&a3,&a4,&a5,&a6);
    if(a1<a2)
        a1=a2;
```

```
    if(a1<a3)
        a1=a3;
    if(a1<a4)
        a1=a4;
    if(a1<a5)
        a1=a5;
    if(a1<a6)
        a1=a6;
    printf("最高的成绩为: %d\n",a1);
}
```

3）程序运行结果

```
请输入6个分数:56,78,90,100,83,34
最高的成绩为:100
```

此程序能完成例题的要求，但存在以下两个问题。

（1）输入的数据必须保存在一个个变量中。如果输入的数据很多，则会因需要相应的变量保存输入数据而导致程序中的变量数量庞大。

（2）仔细观察程序的源代码会发现，程序中的 5 个 if 结构类似。如果要查找 10000 名学生的考试成绩中最高的成绩，则会有很多类似的 if 结构，程序变得冗长，但完成的功能却不多。为了解决这类问题（当然包含其他问题，如字符串的处理等），引入了一种新的数据类型——数组。

7.1 一维数组

数组是一组数据元素的集合，该集合中的数据具有相同的数据类型和相同的名称。

7.1.1 一维数组的定义

其一般形式如下。

```
数据类型  数组名 [常量表达式]
```

例如，int a[10];语句定义了一个整型数组，数组名为 a，数组共有 10 个整型变量，即 a[0]、a[1]、a[2]、a[3]、a[4]、a[5]、a[6]、a[7]、a[8]、a[9]。

又如，char c[100];语句定义了一个字符型数组，数组名为 c，数组共有 100 个字符型变量，即 c[0]，c[1]，c[2]，…，c[99]。

数组定义说明如下。

（1）数组要先定义后使用，数组元素相当于同类型的变量。

（2）数组名的命名规则要符合标识符的规定，数组名不能与其他变量同名。

（3）在定义数组时，数组下标只能为常量或常量表达式，不能是变量。例如，int a[6]或 int a[2*3]是合法的，而 int n; scanf("%d",&n); int a[n];或 int n=10;a[n];等都是非法的。

（4）元素的下标从 0 开始，最后一个元素的下标是数组长度减 1，没有下标为数组长度的那个元素。

（5）数组的内存大小是在编译时分配的，一维数组必须有确切的大小。

（6）数组名代表数组第一个元素在内存中的存储地址，也称首地址，是一个常量，其值不能改变。例如，有 int a[5]，则 a++，a=23 都是非法的（详见第 8 章）。

数组下标从 0 开始，有时在使用时会感觉不便，尤其在进行科学计算时。C 语言中，数组下标从 0 开始计算是为了方便找出元素地址，从而进行计算。

7.1.2 一维数组的初始化

当系统为所定义的数组在内存中开辟一串连续的存储单元时，这些存储单元中没有确定的值，数组的初始化就是给这些存储单元（即数组元素）赋初值。

1. 对全部数组元素进行初始化

```
int a[6]={ 3, 4, 5, 6, 7, 8};
```

上述语句采用了一边定义一边赋值的方法，各数组元素的值要用花括号括起来，数据间用逗号隔开。赋值后 a[0]=3，a[1]=4，a[2]=5，a[3]=6，a[4]=7，a[5]=8。若对数组元素赋初值，则可省略下标的长度，即 int a[ ]={ 3,4,5,6,7,8}，省略了长度 6，它与 int a[6]={ 3, 4, 5, 6, 7, 8}完全等价。

2. 对部分数组元素进行初始化

```
int a[6]={ 3, 4, 5};
```

上述语句也采用了一边定义一边赋值的方法，把 3 个值依次赋给 a[0]、a[1]、a[2]，其余元素赋值为 0，赋值后 a[0]=3，a[1]=4，a[2]=5，a[3]=0，a[4]=0，a[5]=0。

3. 赋初值个数超出数组元素个数

```
int b[3]={1,2,3,4};
```

上述语句表示初值有 4 个，而数组变量元素只有 3 个，由于系统编译时不会对数组下标进行越界检查，因此编译时不会提示任何错误，但系统链接时会提示错误。

4. 其他赋值方法

另外，可以使用赋值符号“＝”或输入函数为数组元素赋初值，例如：

```
int a[10];
for(n=0;n<10;n++)
    a[n]=n+1;
```

```
int a[10];
for(n=0;n<10;n++)
    scanf("%d",&a[n]);
```

上述两种方法都是先定义数组，再给数组元素赋初值。

赋初值时，初学者易出错的赋值方式如下。

```
int a[10];
a[10]={1,2,3,4,5,6,7,8,9,10}
```

这种赋值方法是错误的，此外，定义的数组也没有 a[10]这个变量。当然，数组定义后，可以进行单个元素的赋值，如 a[1]=1，a[2]=2，a[2]=3 等，其余未赋值的数组变量取随机值。

7.1.3 一维数组的引用

一维数组元素的引用（访问）通过数组名加下标的方式进行。例如，a[3]表示数组 a 中的第

3 个元素，它相当于一个整型变量。在引用数组元素时，要注意数组元素与数组定义的区别。

【例 7.2】阅读以下程序，了解数组元素的引用。

1）源程序代码（demo7_2.c）

```
#include<stdio.h>
main( )
{
   int i,a[ ]={6,1,7,9,4,11,13,17,21};
   for(i =0;i<9;i+=2)
   printf("%d,",a[i]);
}
```

2）程序运行结果

```
6, 7, 4, 13, 21
```

3）程序说明

数组采用了一边定义一边初始化的方式，通过循环语句分别引用了数组元素 a[0]、a[2]、a[4]、a[6]、a[8]的值。

【例 7.3】阅读以下程序，了解数组的初始化与引用。

1）源程序代码（demo7_3.c）

```
#include<stdio.h>
main( )
{
   int a[4],i;
   for(i=0;i<4;i++)
      a[i]=2*i;                          //初始化数组
   printf("输出的数组元素为\n");
   for(i=0;i<4;i++)
      printf("%d  ",a[i]);
   putchar('\n');                        //换行
}
```

2）程序运行结果

```
输出的数组元素为
0 2 4 6
```

3）程序调试说明

数组采用的是先定义后初始化的方式，通过循环语句分别引用了数组元素的值。

【例 7.4】用数组重写例 7.1，阅读程序，了解数组在数据查找中的应用。

1）算法分析

定义数组 int a[6]，6 个变量分别为 a[0]、a[1]、a[2]、a[3]、a[4]、a[5]。算法类似于例 7.1，先用 a[0]与 a[1]进行比较，两者中较大的数由 a[0]存放；其次，a[0]与 a[2]进行比较，两者中较大的数交由 a[0]存放；再次，依次比较 a[0]与 a[3]、a[0]与 a[4]、a[0]与 a[5]，两者中较大的数都分别交由 a[0]存放；最后，输出 a[0]。

2）源程序代码（demo7_4.c）

```
#include<stdio.h>
```

```
main( )
{
    int a[6],i;
    printf("请输入6个分数\n");
    for(i=0;i<6;i++)
      scanf("%d,",&a[i]);
    for(i=1;i<6;i++)
      if(a[0]<a[i])
        a[0]=a[i];
    printf("最高的成绩为 %d\n",a[0]);
}
```

3）程序运行结果

```
请输入6个分数:56,78,90,100,83,34
最高的成绩为:100
```

4）程序说明

与例 7.1 中的源程序代码对照，不难发现，例 7.4 中的数组元素 a[0]、a[1]、a[2]、a[3]、a[4]、a[5]相当于例 7.1 中的变量 a1、a2、a3、a4、a5，a6。使用了数组之后，能够使用循环来实现例 7.1 中的 5 个 if 结构。

【例 7.5】从键盘上输入 *n* 个数，将最大的数在屏幕上输出。

1）算法分析

从键盘上输入 *n* 个数，找出其中最大的数时要比较 *n*−1 次。首先，a[0]与 a[1]比较，把两者中较大的数交由 a[0]存放；其次，a[0]与 a[2]比较，同样把两者中较大的数交由 a[0]存放；再次，以此类推，在比较过程中，始终把大的数赋给 a[0]；最后，输出 a[0]。

2）源程序代码（demo7_5.c）

```
#include<stdio.h>
main( )
{
    int a[50],i,t,n;
    printf("请输入要查找的数据个数:");
    scanf("%d",&n);
    printf("请输入%d个数:\n",n);
    for(i=0;i<n;i++)
        scanf("%d",&a[i]);
    for(i=1;i<n;i++)
        if(a[0]<a[i])
        {
        t=a[0];
        a[0]=a[i];
        a[i]=t;
        }
    printf("最大数为: %d\n",a[0]);
}
```

3）程序运行结果

```
请输入要查找的数据个数:10
请输入10个数:
67 90 45 2 34 89 100 66  55 13
最大数为:100
```

4）程序说明

此程序定义了一个有 50 个元素的数组 a，该数组最多只能存入 50 个整数，故此程序最多只能在 50 个数中查找最大值。

【例 7.6】从键盘上输入某班 4 名学生的考试成绩，将其从大到小排序后在屏幕上输出。

排序是计算机中常用的操作，排序的目的是快速查找数据。排序有多种算法，本例中采用了最简单的排序方法——交换排序。下面分别采用普通方法和数组方法来编写程序。

1．普通方法

1）算法分析

4 个数排序要比较 3 趟。第一趟，从 4 个分数中找出最大值 ua 赋给 a1，算法类似于例 7.1 中的查找最高成绩，共要查找 3 次；第二趟，从剩下的 3 个分数中找出最大值并赋给 a2，共要查找 2 次；第三趟，从剩下的 2 个分数中找出最大值并赋给 a3，共要查找 1 次。至此，整个数组的顺序就排列好了，从大到小依次输出为 a1、a2、a3、a4。

2）源程序代码（demo7_6_1.c）

```
#include<stdio.h>
main( )
{
    int a1,a2,a3,a4,t;
    printf("请输入4个分数:\n");
    scanf("%d,%d,%d,%d",&a1,&a2,&a3,&a4);
    if(a1<a2)
    {
        t=a1,a1=a2;a2=t;    //两个数交换
    }
    if(a1<a3)
    {
        t=a1,a1=a3,a3=t;
    }
    if(a1<a4)
    {
        t=a1,a1=a4,a4=t;
    }
    if(a2<a3)
    {
        t=a2,a2=a3;a3=t;
    }
    if(a2<a4)
    {
        t=a2;a2=a4;a4=t;
    }
```

```
    if(a3<a4)
    {
        t=a3;a3=a4;a4=t;
    }
    printf("排序结果为:%d %d %d %d\n",a1,a2,a3,a4);
}
```

3）程序运行结果

```
请输入4个分数:56,78,100,83
排序结果为:100,83,78,56
```

4 个分数排序共比较了 6 次，上述程序中使用了 6 个 if 语句。如果有 100 个考试成绩需要进行排序，则需要比较 100×99/2=4950 次，要用 4950 个 if 语句，程序非常冗长，效率低下。显然，上述程序不适用于大规模数据查找、排序操作。

2．数组方法

1）算法分析

定义数组 a[4]，采用循环的嵌套来完成。4 个分数排序要比较 3 趟（外部循环）。第一趟（外部循环），查找 4 个分数中的最大数并赋给 a[0]，共比较 3 次（内部循环）；第二趟（外部循环），查找剩下的 3 个分数中的最大数并赋给 a[1]，共比较 2 次（内部循环）；第三趟（外部循环），查找剩下的 2 个数中的最大数并赋给 a[2]，共比较 1 次（内部循环）。最后，依次输出为 a[0]、a[1]、a[2]、a[3]。

2）程序源代码（demo7_6_2.c）

```
#include<stdio.h>
main( )
{
    int a[4], i,j, t;
    printf("请输入4个分数:\n");
    for(i=0;i<4;i++)
        scanf("%d,",&a[i]);
    for(j=0;j<3;j++)
        for (i=j+1;i<4;i++)
             if(a[j]<a[i])
             {
                 t=a[j];
                 a[j]=a[i];
                 a[i]=t;
             }
    printf("排序结果为:\n");
    for(j=0;j<4;j++)
        printf("%d ",a[j]);
    putchar('\n');                    //换行
}
```

3）程序运行结果

```
请输入4个分数:56,78,100,83
排序结果为: 100,83,78,56
```

上述程序中，只使用一个 if 语句完成了 4 个分数的排序，代码少、效率高，特别适用于大规模数据查找、排序操作。

【例 7.7】从键盘上输入 *n* 个整数，将其从大到小排序后在屏幕上输出。阅读程序，了解数组在数据排序中的应用。

1）算法分析

此例与例 7.6 的差别不大，主要是从键盘上输入的数据可变。为了适应数据可变的特点，可以先输入数据的个数，再输入待排序的数据。

2）源程序代码（demo7_7.c）

```
#include<stdio.h>
main( )
{
    int a[50],i,j,n,t;
    printf("请输入整数个数: ");
    scanf("%d",&n);
    printf("请输入%d个整数:\n",n);
    for(i=0;i<n;i++)
        scanf("%d",&a[i]);
    for(j=0;j<n-1;j++)
        for(i=j+1;i<n;i++)
            if(a[j]<a[i])
            {
            t=a[j];
            a[j]=a[i];
            a[i]=t;
            }
    printf("排序结果: \n");
    for(i=0;i<n;i++)
        printf(" %d ",a[i]);
    putchar('\n');
}
```

3）程序运行结果

```
请输入整数个数：5↙
请输入5个整数:
3 5 2 1 8↙
排序结果:
8 5 3 2 1
```

4）程序说明

此程序定义了一个有 50 个元素的数组 a，该数组最多只能存入 50 个整数，故此程序最多只能为 50 个整数排序。如果要给更多的数据排序，则必须修改源程序。这就是前面所解释的数组的大小是在编译时确定的。有没有一种能使数组的大小可变的方法呢？在 C 语言中，解决这一问题的方法是利用指针。

注意：在输入待排序数据时，两个整数用空格隔开，不能用逗号或其他符号隔开。为了提高程序的效率，C 语言不进行数组越界检测。当数组的下标超过最大值时，程序不会给出出错提示。例 7.7 中，数组 a 的最大下标是 49，但如果给出 a[50]，则程序会把数组元素 a[49]后的内存单元作为 a[50]来使用，但此处的内存单元很可能是其他的数据。这样，程序就会破坏其他的数据或使用错误的数据，最后导致程序出现错误或崩溃。针对这一点，初学者尤其要注意。

7.2 二维数组及多维数组

一维数组处理的数据是线性的，即相当于表中的一行数据。如果需要处理一张二维表，则使用一维数组会很不方便。因此，在高级语言中，一般会有二维数组及多维数组。

7.2.1 二维数组的定义

与一维数组的定义相似，二维数组有两个下标。

其一般形式如下。

```
<类型> <数组名> <[常量表达式1][常量表达式2]>;
```

说明：定义二维数组时，常量表达式 1 表示行长度，常量表达式 2 表示列长度，行长度有时可省略。

二维数组的存放格式犹如一张二维表，例如，int a[4][3];语句定义了一个整型二维数组，二维数组名为 a，数组有 4 行 3 列，共 12 个元素。数组元素的表示形式为 a[i][j]，其逻辑结构如图 7-1 所示。

a[0][0]	a[0][1]	a[0][2]
a[1][0]	a[1][1]	a[1][2]
a[2][0]	a[2][1]	a[2][2]
a[3][0]	a[3][1]	a[3][2]

图 7-1 二维数组的逻辑结构

其实，二维数组也可看作一维数组，但其每个数组元素又是一个一维数组。对于图 7-1 所示的二维数组 a[4][3]，如果将每行看作一个数组元素，则二维数组 a 就是具有 4 个元素的一维数组，分别是 a[0]、a[1]、a[2]、a[3]。这样理解二维或多维数组在 C 语言中很重要，这使 C 语言对数组的处理变得更灵活。

7.2.2 二维数组的初始化

二维数组可在定义时进行初始化，C 语言中二维数组的初始化与一维数组类似。二维数组的逻辑结构是一张二维表，在内存中存放时，由于程序所获取的内存结构为线性结构，故二维数组在内存中是按行存放的，即存储时先存放第 0 行，再存放第 1 行，等等。

1. 对全部元素进行初始化

例如：

```
int a[3][4]={{1,2,3,4},{5,6,7,8},{9,10,11,12}};
int a[3][4]={1,2,3,4,5,6,7,8,9,10,11,12};
```

上述两种赋值方式等价，都采用了一边定义一边赋值的方式，初始化结果如下：第 0 行分别是 a[0][0]=1、a[0][1]=2、a[0][2]=3、a[0][3]=4，第 1 行分别是 a[1][0]=5、a[1][1]=6、a[1][2]=7、a[1][3]=8，第 2 行分别是 a[2][0]=9、a[2][1]=10、a[2][2]=11、a[2][3]=12。

若对全部数组元素赋初值，则可省略行长度，即 int a[ ][4]={ 1,2,3,4,5,6,7,8,9,10,11,12 }，省略了行长度 3，行长度由赋初值的数据个数决定，它与 int a[3][4]={ 1,2,3,4,5,6,7,8,9,10,11,12}完全等价。但是，不能省略数组的列长度。

同样，对二维数组元素赋初值时，初值的个数不能超出数组元素的个数。

2. 对部分元素进行初始化

例如，int a[3][4]={{1,2},{3,4},{1}};，初始化时，外层花括号中的第 1 对花括号中的数据分别赋给第 0 行的 a[0][0]和 a[0][1]元素，第 2 对花括号中的数据赋给第 1 行的 a[1][0]和 a[1][1]元素，第 3 对花大括号中的数据只赋给第 2 行的 a[2][0]元素，其余元素均自动赋 0。

例如，int a[3][4]={1,2,3};，初始化时，花括号中的数据赋给第 0 行的 a[0][0]、a[0][1]和 a[0][2]元素，其余元素均自动赋 0。

3. 其他初始化方法

可以使用赋值号（=）的方式逐个赋值，例如有定义：

```
int a[2][5];
```

则可以逐个赋值：

```
a[0][0]=5; a[0][1]=2; a[0][2]=3;
```

注意：其余未赋值的数组变量取随机值。

由于二维数组元素有两个下标，因此，需要使用二重循环语句，例如：

```
int i, j, a[3][4];
for(i=0;i<3;i++)
   for(j=0;i<4;j++)
      a[i][j]=i*j+1;
```

```
int i, j, a[3][4];
for(i=0;i<3;i++)
   for(j=0;j<4;j++)
      scanf("%d",&a[i][j]);
```

上述两种方法都是先定义二维数组，再给数组元素赋初值。

也可以通过输入函数为数组元素赋初值。例如有定义：

```
int a[2][5];
```

则可以通过以下语句给二维数组赋值。

```
for(n=0;n<2;n++)
  for(m=0;m<10;m++)
    scanf("%d",&a[n][m]);
```

7.2.3　二维数组元素的引用

二维数组元素的引用或访问是用二维数组名加行下标和列下标的方式进行的，其中，行下标和列下标值为从 0 到长度-1。例如，a[3][1]表示数组 a 中的第 3 行第 1 列的元素。

【例 7.8】阅读以下程序，了解二维数组元素的引用。

1）源程序代码（demo7_8.c）

```
#include<stdio.h>
main( )
{
    int num[3][4]={0,2,4,6,8,10,12,14,16,18,20,22};
    int i,j;
    for(j=0;j<3;j++)
    {
        for(i=0;i<4;i++)
          printf("%d, ", num[j][i]);
        putchar(10);    //换行
    }
}
```

2）程序运行结果

```
0,2,4,6,
8,10,12,14,
16,18,20,22,
```

【例 7.9】阅读以下程序，了解二维数组元素的引用。

1）源程序代码 （demo7_9.c）

```
#include<stdio.h>
main( )
{
    int i,j,a[2][4]={6,7,9,4,5,8};
    for(i=0;i<2;i++)
      for(j=0;j<4;j+=2)
        printf("%d,",a[i][j]);
}
```

2）程序运行结果

```
6, 9, 5, 0,
```

对于二维数组的输出，关键是要掌握用双重循环处理二维数组时下标的使用，由于第 1 维下标表示行，故外部循环对行进行变换，内部循环对列进行变换。如果没有其他要求，则数组遍历时内部循环一般对列下标进行循环。这样，遍历数组就能顺序访问连续内存。

7.2.4 三维数组及讨论

在一般的程序设计中，大多只用到一维和二维数组，三维及以上数组因过于复杂而很少使用。如果需要，一般会利用指针来进行处理。

在科学计算程序中，有时为了使程序设计方便，会用到多维数组，但多维数组的效率不高。在掌握了指针以后，大家自会明白其中的道理。

三维数组的定义及使用和二维数组相似，只是三维数组有 3 个下标而已。

7.2.5 二维数组的应用

【例 7.10】有一矩阵 ***a***，如图 7-2 所示，将其转置成矩阵 ***b***，即行列互换，如图 7-3 所示。

$$a=\begin{bmatrix}1 & 2 & 3 & 4\\5 & 6 & 7 & 8\\9 & 10 & 11 & 12\end{bmatrix}$$

图 7-2 原始矩阵（1）

$$b=\begin{bmatrix}1 & 5 & 9\\2 & 6 & 10\\3 & 7 & 11\\4 & 8 & 12\end{bmatrix}$$

图 7-3 转置后的矩阵（1）

1）算法分析

从矩阵 ***a*** 和 ***b*** 的元素值可知，a[0][0]=b[0][0]=1，a[0][1]=b[1][0]=2，a[0][2]=b[2][0]，…以此类推，得到其一般规律：b[j][i]=a[i][j]。因此，可采用二重循环，即行下标为外部循环，列下标为内部循环，将矩阵 ***a*** 的元素逐个取出并存储到矩阵 ***b*** 中。

2）源程序代码（demo7_10.c）

```
#include<stdio.h>
main( )
{
    int a[3][4]={{1,2,3,4},{5,6,7,8},{9,10,11,12}}; int b[4][3],i,j;
    for(i=0;i<3;i++)
      for(j=0;j<4;j++)
        b[j][i]=a[i][j];                    //行列互换
    printf("The news  is :\n");
    for(i=0;i<4;i++)                        //输出转置后的结果
    {
    for(j=0;j<3;j++)
      printf("%5d",b[i][j]);
      printf("\n");
    }
}
```

3）程序运行结果

```
The news  is :
1  5  9
2  6  10
3  7  11
4  8  12
```

【例 7.11】有一矩阵 ***a***，如图 7-4 所示，将其在同一矩阵内转置，即行列互换，如图 7-5 所示。

$$a=\begin{bmatrix}1 & 2 & 3\\4 & 5 & 6\\7 & 8 & 9\end{bmatrix}$$

图 7-4 原始矩阵（2）

$$a=\begin{bmatrix}1 & 4 & 7\\2 & 5 & 8\\3 & 6 & 9\end{bmatrix}$$

图 7-5 转置后的矩阵（2）

1）算法分析

所谓矩阵的转置，就是将第 i 行第 j 列的元素与第 j 行第 i 列的元素互换，互换后，行变成列，列换成行。

此程序设计的目的就是将元素的行、列下标互换。需要注意的是，程序只要对矩阵的对角线的上半部分进行操作即可。

2）源程序代码（demo7_11.c）

```
#include<stdio.h>
main( )
{
int a[3][3]={{1,2,3},{4,5,6},{7,8,9}};
    int i,j,t;
    for(i=0;i<3;i++)
    {
        for(j=0;j<3;j++)
            printf("%d ",a[i][j]);
        putchar(10);
    }
    putchar(10);
    for(i=0;i<3;i++)                  //行列互换
        for(j=i+1;j<3;j++)
        {
        t=num[i][j];
        num[i][j]=num[j][i];
        num[j][i]=t;
        }
    for(i=0;i<3;i++)                  //输出转置后的结果
    {
        for(j=0;j<3;j++)
          printf("%d ",num[i][j]);
        putchar(10);
    }
}
```

3）程序运行结果

```
1  2  3
4  5  6
7  8  9

1  4  7
2  5  8
3  6  9
```

7.3 字符数组与字符串

7.3.1 字符数组和字符串的初始化

C 语言中，没有专门的字符串变量，要想处理字符串，可以使用字符数组。字符数组是指数组的类型说明使用“char”类型，其中存放字符数据。

字符串在第 2 章中已解释过，就是用一对双引号括起来的一串字符。

字符串存放在字符数组中，为了知道何时该字符串结束，用空字符（即字符的 ASCII 码值为 0，程序中用转义字符“\0”表示）作为字符串的结束标志，它通常是不显示的。对于常量字符串，如"hello world! "，系统实际上是按"hello world!\0"进行处理的，C 编译程序会自动在字符后面加上'\0'。

一般而言，初学者对字符串结束符不会给予充分的注意，这导致在字符程序设计中经常出现与字符串结束符有关的错误，并觉得直接利用字符串结束符的程序阅读起来比较困难。

1. 一维字符数组的初始化

一维字符数组的初始化与其他一维数组的初始化类似。例如：

```
char str1[7]={'T','h','a','n','k','s','\0'};
char str2[7]={'T','h','a','n','k','s'};
```

这两种方法都定义了包含 7 个元素的一维字符数组 str1、str2，前 6 个元素分别为'T', 'h', 'a', 'n', 'k', 's'，最后一个元素都初始化为'\0'，第二种初始化方式系统会自动补'\0'。因此，字符数组 str1、str2 是字符串。但是，如果把第二种初始化方式中的下标 7 改为 6，即 char str2[6]={'T', 'h', 'a', 'n', 'k', 's'};，即初值个数与数组元素个数相等，没有多余的空间让系统在最后补'\0'，那么字符数组 str2 不是字符串，处理起来不方便，因为其没有结束字符。

当用赋初值的方式来定义字符数组大小时，应写为

```
char str1[ ]= {'T','h','a','n','k','s','\0'};
char str2[ ]= {'T','h','a','n','k','s'};
```

第一种方式定义的是一个包含 7 个元素的字符串 str1，第二种方式定义的是一个包含 6 个元素的字符数组 str2，它不是字符串。

还可以对上述初始化字符数组的方式进行简化，即用字符串常量初始化字符数组。例如：

```
char str1[7]={"Thanks"};
char str2[7]="Thanks";
char str3[ ]="Thanks";
```

上述 3 种初始化方式等价，C 编译程序会自动在字符后面加上'\0'。str1、str2、str3 都是字符串。

一维字符数组既可以通过输入函数来逐个进行初始化，又可以进行整体赋值。例如：

```
char str[10];
for(n=0;n<10;n++)
    scanf("%c",&str[n]);  //逐个赋值
    char str[10];
    scan("%s",str);  //整体赋值
```

采用整体赋值时，输入字符的个数不能超过 9，要留一位空间使系统自动补'\0'，在整体赋值时，语句 scan("%s",str)中的 str 不需要加地址符“&”，因为数组名 str 代表数组元素的首地址。

【例 7.12】阅读以下程序，了解一维字符数组的初始化和字符串结束符的使用。

1）源程序代码（demo7_12.c）

```
#include<stdio.h>
main( )
{
    char a[10];
    int i;
    printf("请输入字符串，不能超过9个字符：");
    scanf("%s",a);                          //整体赋值
    printf("/n逐个输出的字符串为：");
    for(i=0;a[i];i++)                       //a[i]为'\0'时循环结束
        putchar(a[i]);                      //逐个输出字符
    putchar(10);                            //换行
    printf("/n整体输出的字符串为：");
    printf("%s\n",a);                       //整体输出
}
```

2）程序运行结果

```
请输入字符串，不能超过9个字符:hellow↙
逐个输出的字符串为：hellow
整体输出的字符串为：hellow
```

3）程序说明

（1）对于字符数组 a，可以用 scanf("%s",a);语句对其进行整体赋值，输入字符的个数不能超过 9 个。如果超过 9 个，则显然字符数组 a 不能作为字符串处理，没有多余空间让系统自动补'\0'。

（2）用 for 循环语句逐个输出字符串中的字符，当最后 a[i]的值取到的是字符串的结束标记'\0'时，循环结束。

（3）for 语句中的表达式 2 除了写为 a[i]，还可以写为“a[i]!='\0'”或“(c=a[i])!= '\0'”，其结果都是当 a[i]取到'\0'时循环结束，在实际应用中，常常会使用这 3 种方式来控制字符串的输出。比较这 3 种写法，第一种写法既简练又高效，后两种写法比较烦琐。

（4）程序中的 printf("%s\n",a);语句是对字符串内容的整体输出。

如果没有字符串结束符，因为 C 语言程序不进行数组越界检查，for 循环会一直执行下去。此时，如果是输出，则会输出许多不相关的字符；如果是写其他会将数据写到其他数据区而改变其他有用的数据，导致程序出错或崩溃。所以，字符串没有结束符是非常危险的。

2. 二维字符数组的初始化

二维字符数组可以认为是由若干个一维字符数组组成的，因此，一个 $m \times n$ 的二维字符数组可以存放 m 个字符串，每个字符串最大长度为 $n-1$，还需要预留一位空间存放'\0'。

例如：

```
char str[3][5]={{'g','o','o','d'},{'h','a','p','y'},{'b','o','o','k'}};
char str[3][5]={{"good"},{"hapy"},{"book"}};
char str[3][5]={"good","hapy","book"};
char str[ ][5]={"good","hapy","book"};
```

以上 4 种方式都定义了同一个二维字符数组 str，并对二维字符数组进行了初始化，它

是由 3 个一维字符数组组成的，每个一维字符数组包含了 5 个元素，其中最后一个都是'\0'。

二维字符数组既可以通过输入函数来逐个进行初始化，又可以进行整体赋值。例如：

```
char str[3][10];
int  n, m;
for(n=0;n<3;n++)
    for(m=0;m<10;m++)
        scanf("%c",&str[n][m]);    //逐个赋值
char str[3][10];
int  n;
for(n=0;n<3;n++)
    scanf("%s",str[n]);            //整行赋值
```

在整体赋值语句 scanf("%s",str[n]);中，str[n]不需要加地址符“&”，str[n]代表二维数组 str 每一行首的地址。

如果要输出"good"字符串，则既可以用循环语句逐个输出，又可以用一维数组整体输出。例如：

```
printf("%s",str[0]);
printf("%s",&str[0][1]);
```

其中，str[0]对二维数组 str[3][5]来说是一维数组名，它表示的是字符串"good"的起始地址（详见第 8 章），输出函数 printf 的作用是从指定的地址开始逐个输出字符，直到遇到结束标记"\0'时结束输出，如果没有遇到结束标记'\0'，则会输出下一行字符。

【例 7.13】阅读以下程序，了解二维字符数组的初始化、输出，以及与一维字符数组的关系。

1）源程序代码(demo7_13.c)

```
#include<stdio.h>
main( )
{
    char str[4][4]={"how","old","are","you"};
    int i;
    printf("二维字符数组str[4][4]的内容为：\n");
    for(i=0;i<4;i++)
        printf("str[%d]=%s ",i,str[i]);
    putchar(10);                  //输出换行符
    str[0][3]='*';                //把原来的'\0'替换为'*'
    str[2][3]='*';                //把原来的'\0'替换为'*'
    printf("修改后二维字符数组str[4][4]的内容为：\n");
    for(i=0;i<4;i++)
        printf("str[%d]=%s ",i,str[i]);
    putchar(10);                        //输出换行符
}
```

2）程序运行结果

```
二维字符数组str[4][4]的内容为：
str[0]= how   str[1]= old   str[2]= are   str[3]=you
修改后二维字符数组str[4][4]的内容为：
```

```
str[0]= how*old  str[1]= old  str[2]= are*you  str[3]=you
```

3）程序说明

（1）程序运行结果表明，二维字符数组 str[4][4]是由 str[0]、str[1]、str[2]和 str[3]这 4 个一维字符数组组成的，且 str[0]、str[1]、str[2]和 str[3]分别代表对应行的起始地址。

（2）把 str[0][3]和 str[2][3]元素的字符由原来'\0'替换为'*'后，在输出时由于第 0 行中没有结束标记'\0'，因此，输出函数会寻找到下一行的结束标记'\0'，并将下一行输出。

7.3.2 常用字符串库函数

1. puts 函数

格式：puts(字符数组);。

作用：复制以空字符"\0"终结的字符串到标准输出流 stdout（一般是显示器）中，并用换行符替换空字符。

返回值：正确时返回非负值，出错时返回 EOF。

头文件：stdio.h。

说明：它的作用与函数 printf("%s",字符数组)相同。如果单独输出一串字符，则使用 puts 函数既方便，又不易出错。

2. gets 函数

格式：gets(字符数组);。

作用：从标准输入流中读入一个字符串到字符数组中，并用"\0"替换换行符。

返回值：成功时，返回字符串参数，即指向字符串的指针；失败时返回 NULL。

头文件：stdio.h。

说明：gets 可接收空格等字符，遇到\n 就结束输入，并不把\n 作为字符接收，最后补'\0'。它的作用与函数 scanf("%s",字符数组)类似，但是 scanf 函数遇到空格字符时就结束输入。

若有语句段：

```
char str[20];
gets(str);
```

从键盘上输入字符串"how are you? "，则 str[20]= "how are you?\0"。

若把语句段中的 gets(str) 换成 scanf("%s",str);并输入同样的字符串，则 str[20]="how\0"。

3. strcat 函数

格式：strcat(字符数组 1,字符数组 2);。

作用：字符串拼接，将两个字符串拼接成一个字符串，拼接后的字符串存放在字符数组 1 中。

返回值：返回指向目的串（字符数组 1）的地址。

头文件：string.h。

例如，若有：

```
char str1[13]= "Nan"; char str2[6]= "chang";
```

执行 strcat(str1,str2);语句后，将得到 str1[13]="Nanchang"，即把字符数组 2 连接到字

符数组 1 后面，形成新的字符数组 1。

说明：

（1）连接位置是从字符数组 str1 的'\0'处开始的。

（2）数组 str1 要有足够的宽度来存放新的串。

4. strcpy 函数

格式：strcpy(字符数组 1,字符数组 2);。

作用：将字符数组 2 中的字符复制到字符数组 1 中。

返回值：返回指向目的串（字符数组 1）的地址。

头文件：string.h。

例如，若有：

```
char str1[13]= "Nan";char str2[6]="chang";
```

执行 strcpy(str1,str2);语句后，将得到 str1[13]="chang";，即把 str2 中的字符串复制到 str1 中。

说明：

（1）字符数组 1 要有足够的长度来存放字符数组 2 的内容。

（2）两个字符串之间赋值时不能用“=”，即 st1=str2 是非法的，只能用字符串复制函数 strcpy( )。因为 str1 和 str2 是字符数组名，代表了字符串元素的首地址，是常量。

5. strncpy 函数

格式：strncpy(字符数组 1,字符数组 2,n);。

作用：指定字符串的复制，将字符数组 2 中的前 *n* 个字符复制到字符数组 1 中。

返回值：返回指向目的串（字符数组 1）的地址。

头文件：string.h。

说明：如果字符数组 1 的长度不够，则结果不可知。

6. strcmp 函数

格式：strcmp(字符数组 1,字符数组 2);。

作用：比较两个字符数组中字符串的大小。

返回值：两个字符数组中字符串的比较结果。根据比较结果，函数有不同的返回值：若字符串 1>字符串 2，则返回正数；若字符串 1 等于字符串 2，则返回 0；若字符串 1<字符串 2，则返回负数。

头文件：string.h。

说明：

（1）字符串的比较是从头开始逐个比较对应字符的 ASCII 码值。当遇到第 1 个字符不同时，ASCII 码值大的字符串大。所以，一般情况下，字符串的大小与字符串的长度无关。

（2）字符串之间不能用关系运算符来比较大小，只能通过 strcmp( )函数来比较大小。

例如：

```
char str1[]="How" , char str2[]=" Areyour";
```

则 strcmp(str1,str2)的值为正数，即 str1>str2。

7. strlen 函数

格式：strlen(字符串);。
作用：测试字符的串长度。
返回值：返回字符串的长度。strlen( )函数会返回字节数。
头文件：string.h。
说明：
（1）遇到'\0'就结束，不计'\0'的个数。
（2）只能对字符串进行操作，对于不是字符串的字符数组，由于没有结束符'\0'，因此无法获取字符串的长度。
这里需要注意此函数与运算符 sizeof 的区别，sizeof 运算符是用来求变量的字节数的。
例如：

```
char st[ ]= "hello\0\t\\\";
    strlen(st)=5       //遇到'\0'就结束，不计'\0'的个数
    sizeof(st)=10      //求变量的字节数，st[10]有 10 个变量
```

8. strlwr 和 strupr 函数

作用：将字符串中大（小）写字母转换为小（大）写字母。
返回值：指向转换后的字符串的地址。
头文件：string.h。

9. isalpha( )函数

作用：判断是否为字母字符。
返回值：1 或 0。

10. isdigit( )函数

作用：判断是否为数字字符。
返回值：1 或 0。
本节介绍了几个常用的 C 语言字符串操作库函数。事实上，C 语言中有很多字符串操作函数，这些函数不必死记，用到的时候查看手册或帮助文件即可。

7.3.3 字符数组与字符串的应用

【例 7.14】在联合国大会上，各个国家代表发言的次序是按国家名称在字典中的顺序来排列的，编程实现 6 个国家的代表发言的出场顺序。
1）算法分析
这是一个简单的排序程序，与原来不同的是此例是字符串与字符串的排序。字符串之间比较大小时，通过 strcmp( )函数来实现，字符串之间的交换通过 strcpy( )函数来实现。
2）源程序代码（demo7_14.c）

```
#include<ctype.h>
 main( )
{
char t[20];
```

```
    char str[6][20];
    int n,m;
    printf("请输入6个国家的名称:\");
    for(n=0;n<6;n++)
       gets(str[n]);                   //输入国家名称数组
    for(n=0;n<5;n++)                   //使用交换法排序
      for(m=n+1;m<6;m++)
       if(strcmp(str[n],str[m]>0)      //字符串与字符串的比较
        {
            strcpy(t,str[n]);          //字符串与字符串的交换
            strcpy(str[n],str[m]);
            strcpy(str[m],t);
        }
    printf("排序后的6个国家的代表发言的出场顺序为:\");
    for(n=0;n<6;n++)
        puts(str[n]);                  //输出排序后的国家名称
}
```

3）程序运行结果

```
请输入6个国家的名称:
China
America
England
Japan
Korean
German
排序后的6个国家的代表发言的出场顺序为:
America
China
England
German
Japan
Korean
```

【例 7.15】从键盘上输入一行字符，统计字符串中单词的个数。

1）算法分析

首先要确定单词的定义。这里规定单词是两个分隔符中间的一个连续的英文字母序列。分隔符包含除英文字母外的所有字符，如空格符、标点符号、数字等。

例如，"There is a long word at the str ing"中有 9 个单词。

2）程序设计思路

为了统计单词的数量，当遇到分隔符时，可认为取到了一个单词。但是，如果有连续两个或多个分隔符，如两个单词中有两个空格，则程序会误认为取到了两个或更多个单词。

为了防止这种情况出现，需在程序中设置一个字符数组 temp，用来存放每次取到的单词，遇到分隔符时，都要将此字符数组中的字符串清空，为下一次读单词做准备。因此，每当读到分隔符，且 temp 的长度大于零时，就说明取到了单词，计数器加 1。如果遇到了两

个连续的分隔符，则读第二个分隔符时，temp 的长度为零，说明未取到单词，计数器不计数。这样即可防止由于多个连续分隔符导致的结果出错。

3）源程序代码（demo7_15.c）

```
#include<stdio.h>
#include<string.h>
main( )
{
    int i=0,j=0,n=0;
    char s[100],temp[20]={'\0'};
    printf("请输入一行字符：\n");
    gets(s);
    do
    {
        if(isalpha(s[i]))              //判断是否为字母
            temp[j++]=s[i];
        else
        {
            temp[j]='\0';              //为取到的单词加上字符串结束符
            if(strlen(temp)>0)
                n=n+1;
            j=0;
            }                          //使在取下一个单词时temp从头开始
    }while(s[i++]);
    printf("单词数=%d\n",n);
}
```

4）程序运行结果

```
请输入一行字符：There is a long word at the str ing
单词数=9
```

【例 7.16】编写一个密码程序，事先将密码存放在一个数组中，密码为字符串"aaaaaa"，从键盘上输入密码，并在屏幕上输出输入的密码正确与否。

1）算法分析

先将从键盘上输入的密码存放到一个一维字符数组中，再逐个取出与事先设定好的密码进行比较，如果每个字符都相等，则表示密码正确，否则表示密码错误。

2）源程序代码（demo7_16.c）

```
#include<stdio.h>
#include<string.h>
main( )
{
    int i=0;
    char c, ch[10]={"aaaaaa"}, ch1[ ]={0,0,0,0,0,0,0,0,0,0};
    printf("输入密码：\n");
    while((c=getch( ))&&c!=13)     //输入密码，输入回车符表示结束输入
    {
        putchar( '*' );
```

```
        ch1[i++]=c;                    //输入的密码放到数组ch1中
    }
    if (!strcmp(ch,ch1))               //比较两个字符数组中的字符串是否相等
        printf("\n密码正确\n");
    else
        printf("\n密码不正确\n");
    }
```

3）程序说明

原始密码为"aaaaaa"，语句 while((c=getch( ))&&c!=13)是先从键盘上输入一个字符，并将其赋给变量 c，再判断 c 是否为回车符，如果为回车符，则结束输入。

7.4 数组作为函数的参数

数组是一组元素类型相同的变量，与其他变量一样，其也可以作为函数的参数。数组做函数的参数有两种情况：一种是用数组元素作为函数的参数，另一种是用数组名作为函数的参数。

1. 数组元素作为函数的参数

数组元素作为函数的参数与普通变量一样，采用的是值传递方式，且是单向的，实参的值传给形参，形参的值不能回传给实参，实参的类型和个数必须与形参一致。

【例 7.17】以下程序用于求下标为奇数的数组元素之和，阅读程序，了解数组元素作为函数的参数的传递过程。

1）源程序代码（demo7_17.c）

```
#include<stdio.h>
main( )
{
  int  s1=0,s2=0,a[6]={1,2,3,5,7,8};
  s1=add(a[1],a[3],a[5]);   //调用函数add，数组元素a[1]、a[3]和a[5]作为实参
   printf("s1=%d\n",s1);
   s2=a[1]+a[3]+a[5];
   printf("a[1]=%d,a[3]=%d,a[5]=%d\ns2=%d\n",a[1],a[3],a[5],s2);
}
int add(int a,int b,int c)     //定义一个累加函数
{
    int s;
    s=a+b+c;
    a=a+1;
    b=b+2;
    c=c+3;
    printf("a=%d,b=%d,c=%d\n",a,b,c);
    return s;
}
```

2）程序运行结果

```
a=3,b=7,c=11
s1=15
a[1]=2,a[3]=5,a[5]=8
s2=15
```

程序运行结果表明，用数组元素作为参数是单向值传递方式，形参 a、b、c 的值由原来的 1、5、8 转换为 3、7、11，它不能回传给实参 a[1]、a[3]、a[5]，因此，实参的值在调用前后都没有改变。

2. 数组名作为函数的参数

C 语言中，数组名代表数组第一个元素在内存中的存储地址。所以，以数组名作为函数实参时，传递的是地址值。

数组名代表的是数组在内存中的首地址，当实参传给形参时，实参与形参在内存中共享一串存储地址，相当于同一个数组采用了两个不同的数组名，此时，可分别用形参数组和实参数组来修改同一数组元素的值。当然，形参也可以采用与实参相同的数组名。因此，如果在被调用函数中对数组元素的值做了修改，被调用函数执行完毕返回到函数调处时，原来作为实参的数组元素值也做了相应修改（注意：不是因为形参的值回传给了实参）。

【例 7.18】阅读以下程序，了解数组名作为函数参数的调用方法。

1）源程序代码（demo7_18.c）

```
#include<stdio.h>
void hdd(int b[6]);                //函数说明
main( )
{
   int i,a[6]={1,2,3,5,7,8};
   printf("调用函数前数组元素的值为：\n");
   for(i=0;i<6;i++)
      printf("%d,",a[i]);
   putchar(10);
   hdd(a);                         //调用函数hdd，数组名a作为实参
   printf("调用函数后数组元素的值为：\n");
   for(i=0;i<6;i++)
      printf("%d,",a[i]);
   putchar(10);                    //换行
}
void hdd(int b[6])                 //定义一个无返回值的函数
{
   int j;
   for(j=0;j<6;j++)
      b[j]=3*b[j];
}
```

2）程序运行结果

```
调用函数前数组元素的值为：
1 2 3 5 7 8
```

```
调用函数后数组元素的值为:
3 6 9 15 21 24
```

程序运行结果表明，用数组名作为实参时，是把数组 a 的地址传递给形参 b，此时，实参数组 a 与形参数组 b 共享了同一数组的存储地址，b[6]实际上就是 a[6]，它们的存储地址和存储地址中的值完全一致。程序中用数组 b 对其存储地址中的值进行了修改，即 b[j]=3*b[j]，相当于 a[j]=3*a[j]，显然，数组 a 中的值也做了相应的修改。

【例 7.19】 以下程序用于以冒泡排序法对数据进行升序排序，阅读程序，了解数组名作为函数参数的调用方法。

1）源程序代码（demo7_19.c）

```
#include <stdio.h>
void sort(int a[],int n);           //函数说明
main( )
{
    int  i, a[10];
    printf("输入10个数:\n");
    for(i=0;i<10;i++)               //数组初始化
        scanf("%d,",&a[i]);
    sort(a,10);                     //调用函数sort，数组名a和整数10作为实参
    printf("排序后的数据为: \n");
    for(i=0;i<10;i++)
        printf("%d, ",a[i]);
    printf("\n");                   //换行
}
void sort( int a[],int n)           //定义冒泡排序函数
{
    int i,j,t;
    for(j=0;j<n-1;j++)
      for(i=0; i<=n-2-j;i++)
        if(a[i]>a[i+1])
        {
            t=a[i];
            a[i]=a[i+1];
            a[i+1]=t;
        }
}
```

2）程序运行结果

```
输入10个数:
9,1,12,2,6,11,3,5,7,8,
排序后的数据为:
1, 2, 3,5,6, 7,8,9,11,12,
```

数组 a 的地址传递给形参数组 a，实参数组 a 与形参数组 a 共享了同一数组的存储地址，它们的存储地址和存储地址中的值完全一致。用形参数组 a 对其存储地址中的值进行了排序，显然，实参数组 a 中的值就是这些排好序后的值。

7.5 数组综合应用举例

【例 7.20】编写程序，实现字符串连接，即把字符串 s2 的内容接到字符串 s1 的后面，形成新的字符串。

1）算法分析

所谓字符串连接，就是将字符串 s2 的内容追加到前一个字符串 s1 中，使得前一个字符串变成新字符串，如图 7-6 和图 7-7 所示。

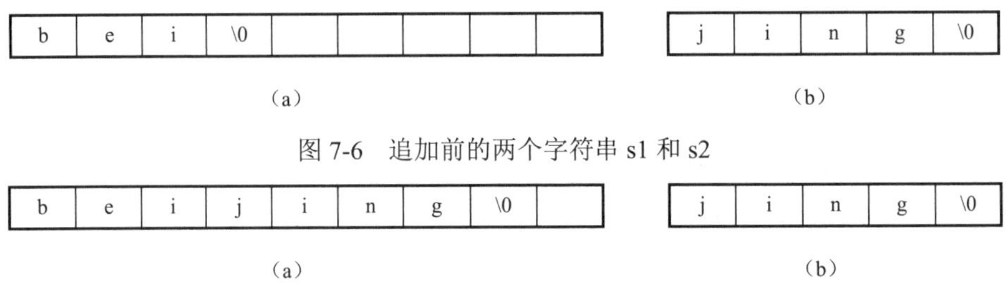

图 7-6 追加前的两个字符串 s1 和 s2

图 7-7 追加后的两个字符串 s1 和 s2

在设计程序时，首先要找到前一个字符串 s1 的结束符，如图 7-6（a）所示的字符串 s1，也就是找到字符串 s1 中第一个结束符所在位置的下标，程序段如下。

```
i=0
while(s1[i++]);
i--;
```

当然，使用 strlen(s1)函数得到的字符串长度就是字符串 s1 结束符的位置。

再从前一字符串 s1 的结束位置开始依次将后一个字符串 s2 的内容复制到字符串 s1 中，当复制结束时，在新字符串 s1 的结束位置加上字符串结束符。

2）源程序代码（demo7_20.c）

```
#include<stdio.h>
#include<stdio.h>
int strcat1(char[] ,char[]);
main( )
{
    char c1[11],c2[11];
    printf("输入字符串1,不能超过10个字符: ");
    gets(c1);
    printf("输入字符串2,两个字符串之和不能超过10个字符: ");
    gets(c2);
    printf("拼接后的字符串\n");
    strcat1(c1,c2);                //调用strcat1函数，数组名c1、c2作为参数
    puts(c1);
}
strcat1(char s1[],char s2[])      //定义字符串拼接函数
{
    int j=0,i=0;
    while(s1[i++]);               //找到字符串结束符的位置
```

```
    i--;
    while(s2[j])                    //将字符串s2追加到字符串s1中
        s1[i++]=s2[j++];
    s1[i]=0;
}
```

3）程序说明

（1）语句 strcat1(c1,c2);中的 c1 和 c2 使用数组名作为实参，当传递给形参 s1 和 s2 后，c1 和 s1、c2 和 s2 分别为同一数组。

（2）注意循环 while(s2[j])，它从数组 s2 最初的元素开始将 s2 中的字符逐个赋给数组 s1，当遇到 s2 的字符串结束符时，它的 ASCII 码值为零，循环控制条件为假，循环结束。因此，s2 中的字符串结束符不能赋给字符串 s1，所以，要单独用一条语句给字符串 s1 赋字符串结束符。

【例 7.21】 编程实现用选择排序法对数组中的数据进行升序排列。

1）算法分析

选择排序的主要思路如下次：先在数组中找到最小数并记录其下标位置，再与数组中的第一个数交换，在剩下的数中找到最小数并记录其下标位置，并与数组中的第二个数交换，以此类推。现有 6 个数要进行选择排序，其比较过程如图 7-8 所示，共进行 5 趟，第一趟需要比较 5 次，找到最小数 7，并与第一个数 13 交换；第二趟需要比较 4 次，找到剩余 5 个数中的最小数 8，并与第二个数 15 交换，以此类推。

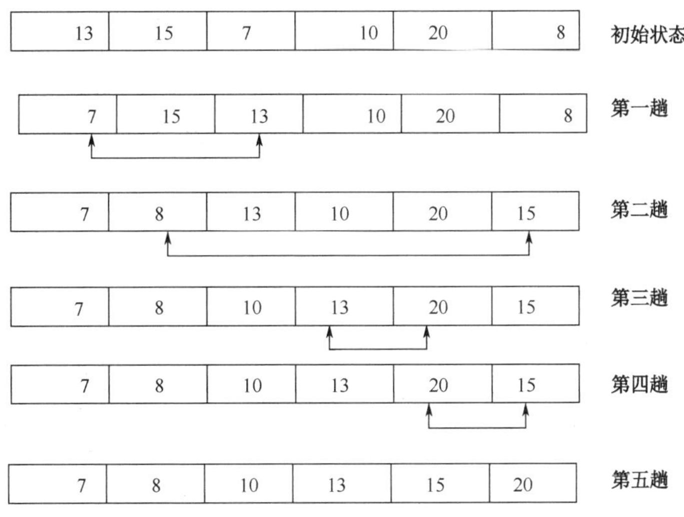

图 7-8 选择排序比较过程

要实现上述算法，排序程序需要双重循环来完成，设 i 为外部循环，表示循环的趟数，j 为内部循环，表示每一趟比较的次数。

2）源程序代码（demo7_21.c）

```
#include <stdio.h>
void sort(int a[],int n);          //函数说明
main( )
{
    int  i, a[10];
```

```
    printf("输入10个数:\n");
    for(i=0;i<10;i++)                       //数组初始化
        scanf("%d,",&a[i]);
    sort(a,10);                             //调用函数sort，数组名a和整数10作为实参
    printf("排序后的数据为：\n");
    for(i=0;i<10;i++)
        printf("%d, ",a[i]);
    printf("\n");
}
void sort( int a[],int n)                   //定义选择排序函数
{
    int i,j,k,t;
    for(i=0;i<n-1;i++)
    {
        k=i;
        for(j=i+1;j<n;j++)
          if(a[k]>a[j])
            k=j;
        if(k!=i)
        {
            t=a[i];
            a[i]=a[k];
            a[k]=t;
        }
    }
}
```

【例 7.22】编程实现简单的插入排序。

1）算法分析

简单插入排序法为在原数组中进行的排序方法。此方法由第 2 个元素开始，顺序从原始数据中取出数据，将其插入到数组左端已排序的数据中的合适位置。假设有图 7-9 所示的一组数据，现要使其从小到大排列，简单的插入排序示意图如图 7-10 所示。

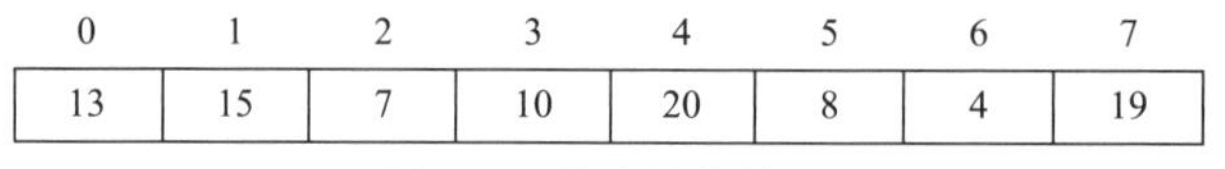

0	1	2	3	4	5	6	7
13	15	7	10	20	8	4	19

图 7-9 排序前的数据

从图 7-10 中可看出，排序时，从第 1 个元素开始，逐个将其插入到其前面已排好序的数据中的有序位置处。

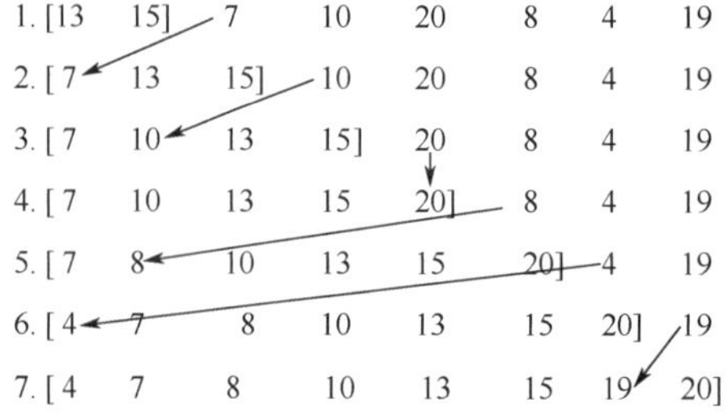

图 7-10 简单的插入排序示意图

数据插入时，待排序的数据必须和它前面已排序的数据逐个进行比较，比较过程如下。

（1）待排序数据与它前一位数据进行比较。

（2）若为逆序，则前一位的数据后挪一位，将待排序数据放入前一位，重复以上步骤直到排好顺序为止。

每次进行插入排序时，待排序数据都要先保存到一个临时变量中，以便将自己的位置空出，为其前一位数据后挪时使用。当待排序数据找到自己的位置时，又要将保存在变量中的数据放回到数组相应的位置上。

2）源程序代码（demo7_22.c）

```
#include<stdio.h>
main( )
{
    int i,n=8,a[]={13,15,7,10,20,8,4,19};
    sort(a,8);
    for(i=0;i<n;i++)
        printf("%d,",a[i]);
    putchar(10);
}
sort(int a[],int n)                     //定义插入排序函数
{
    int i,j,x;
    for(i=1;i<n;i++)
    {
        x=a[i];                         //将待排序数据保存在变量x中
        j=i-1;                          //j为待排序数据将要与之比较的数据的下标
        while(j>=0 && a[j]>x)
        {
            a[j+1]=a[j];                //将排序不正确的数据后挪一位
            j--;
        }                               //生成下一位待比较数据的下标
            a[j+1]=x;
    }                                   //将待排序的数据放到正确的位置上
}
```

3）程序说明

在 while 语句中，条件 a[j]>x 表示待排序数据的逆序，a[j]需要后移一位（因为要从小到大排序，x 是数组下标 j 后面的元素，只有比 a[j]大顺序才正确）。

当 j 不断减小时，有可能会发生 j 为负值的情况，为防止下标越界错误的出现，设置了对 j 的最小值的控制语句，“j>=0”即表示控制 j 大于数组最小下标的值。

一般来说，插入排序比交换排序的速度快。当数据大体有序时，插入排序速度很快。当数据有序时，插入排序中的内部循环不执行，而最耗时间的就是内部循环。

【例 7.23】某班级有 20 名学生，期末要进行综合测评排序，并以此作为获得奖学金的依据。综合测评的计算方法是总评分＝学习成绩×75%+文体成绩×10%+德育成绩×15%。程序的功能是从键盘上输入学习成绩、文体成绩和德育成绩，并输出综合测评总分的降序排行结果。

1）算法分析

这是一个综合运用二维数组和排序的实际应用程序。为了降低程序的复杂度，采用了模块化编写方法，编写了 3 个函数，即输入函数 input、计算函数 calc 和排序函数 sort。

2）源程序代码（demo7_23.c）

```
#include<stdio.h>
float input(float data[][20]);
float calc(float data[][3],float sum[]);
float sort(float sum[]);
main( )
{
    int n;
    float  data[3][20],sum[20];
    input(data);
    calc(data,sum);
    sort(sum);
    printf("测评总分排序结果为:\n");
    for(n=0;n<20;n++)
        printf("%6.2f\n",sum[n]);
}
float input(float data[][20])                   //定义输入函数
{
    int i,j;
    char temp[3][6]={"学习","文体","德育"};
    for(i=0;i<3;i++)
    {
        printf("请输入%s成绩:",temp[i]);
        for(j=0;j<20;j++)
            scanf("%f",&data[i][j]);        //输入的成绩存放在二维数组中
        printf("\n");
    }
}
float calc(float data[][20],float sum[])//定义计算函数
{
    int j,n=0;
    for(j=0;j<20;j++)
        sum[n++]=data[0][j]*0.75+data[1][j]*0.1+data[2][j]*0.15;
}
float sort(float  sum[])                    //定义排序函数
    {
        int i,j;
        float temp;
        for(i=0;i<19;i++)
          for(j=i+1;j<20;j++)
            if(sum[i]<sum[j])
             {
                temp=sum[i];
```

```
            sum[i]=sum[j];
            sum[j]=temp;
        }
    }
```

3）程序说明

在上述程序中，把输入的每名学生的学习成绩、文体成绩和德育成绩保存在二维数data[3][20]中，计算得到的综合测评总分保存在一维数组sum[20]中，并对sum[20]进行排序。

【例7.24】编写程序，从键盘上输入不超过100行、每行不超过80个字符的文本，并统计文本中英文单词的数量，要求输入空行时结束。

1）算法分析

为了降低程序的复杂度，采用模块化编写方法，编写了3个函数，其中，txt函数用于获取输入文本的行数，sum函数用于统计一行中的单词数量，num函数用于统计整个文本的单词数。

2）源程序代码（demo7_24.c）

```
#include<stdio.h>
int txt(char[][81],int);
int mum(char text[][81],int),sum(char []);
main( )
{
    char text[100][81];
    int n,m;
    n=txt(text,100);
    m=num(text,n);
    printf("单词数=%d\n",m);
}
int num(char text[][81],int row)     //定义统计文本中的英文单词数量的函数
{
    int i,m=0;
    for(i=0;i<row;i++)
    {
        m=m+sum(text[i]);
    }
    return m;
}
int sum(char s[])                    //定义统计一行中的英文单词数量的函数
{
    int i=0,j=0,n=0;
    char temp[20]={'\0'};
    do
{
    if(isalpha(s[i]))
        temp[j++]=s[i];
    else
    {
```

```
        temp[j]='\0';
        if(strlen(temp)>0)
            n=n+1;
        j=0;
        }
    }while(s[i++]);
    return n;
}
int txt(char text[][81], int row)    //定义一个获取输入的行数的函数
{
    int t,i,j;
    printf("请输入数据，空行结束输入 \n");
    for (t=0; t<row; t++)
    {
        printf("%d: ",t);
        gets(text[t]);
        if(!text[t][0])
            break;
    }
    printf("输入数据如下 \n");
    for(i=0;i<t;i++)
    {
        for(j=0;text[i][j];j++)
            putchar(text[i][j]);
        putchar('\n');
    }
    return t;
}
```

注意：初学者往往会直接对函数 sum 进行改写，使其能统计二维文本中的单词。但在 C 语言中，更好的做法是编写一个新的函数，利用原来的 sum 函数完成任务。C 语言是小函数、大程序，即函数不能太大，也不能太复杂。

7.6 小结

数组是 C 语言的重要组成部分，也是常用部分，尤其是字符数组。在学习数组时，要注意以下几点。

（1）数组是描述同一种类型的数据的集合，属于构造类型的数据结构，其特点是利用下标来区分同一类型的不同数据。

（2）数组类型的所有元素按顺序（由下标决定）存放在一个连续的存储空间中。

（3）数组名是存放数组的地址空间的首地址，首地址就是数组中第 0 个元素的存放地址。

（4）由于数组的构造方法采用了顺序存储方式，改变下标即可按顺序访问每一个元素，

因此操作简便快捷，在程序设计中得到了大量使用。

（5）由于数组需要确定的空间，因此在定义时要用常量表达式来定义数组元素的个数。数组元素的个数一旦确定，就不得再修改，使用时只能少而不能多，否则会出错。

（6）排序在程序设计中占很重要的地位。排序的算法有很多，但要掌握其实质。

（7）普通数组中的元素是单一类型的数据，如果要包含不同类型的数据，则要引入结构，再定义结构数组。

（8）以一维数组作为元素的数组称为二维数组。

（9）二维数组可视作行列式，第 1 个下标为行号，第 2 个下标为列号。二维数组在内存中按行存储。如果用双重循环顺序处理二维数组，则外部循环为行号，内部循环为列号。

数组在科学计算程序中使用得非常广泛。对于一般的科学计算程序而言，使用 C 语言也是可行的，效率很高，但和 FORTRAN 90 或 95 相比，其在程序设计的方便性、数据的强壮性、浮点数据计算的效率、数学函数库等方面并无优势。因此，对于大规模科学计算，更多时候选用 FORTRAN 语言。正因为如此，本章用了较大的篇幅介绍字符处理程序（这也是数组程序设计中的一个难点），对于科学计算程序介绍得很少。如果读者需要用 C 语言编写科学计算程序，则可参考相关书籍。

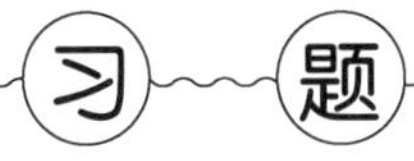

一、选择题

1．错误的定义语句是（　　）。

A．int x[][3]={{0},{1},{1,2,3}};

B．int x[4][3]={{1,2,3},{1,2,3},{1,2,3},{1,2,3}};

C．int x[4][]={{1,2,3},{1,2,3},{1,2,3},{1,2,3}};

D．int x[][3]={1,2,3,4};

2．能对二维数组 a 正确初始化的语句是（　　）。

A．int a[2][]={{1,0,1},{5,2,3}};　　B．int a[][3]={{1,2,1},{5,2,3}};

C．int a[2][4]={{1,0,1},{4,3},{8}};　　D．int a[][3]={{1,2,2},{},{3,4}};

3．有语句 static int a[3][4];，数组 a 中的各元素（　　）。

A．可在程序运行阶段得到初值 0　　B．可在程序编译阶段得到初值 0

C．不能得到确定的初值　　D．可在程序的编译或运行阶段得到初值 0

4．若用数组名作为函数调用时的实参，则实际上传递给形参的是（　　）。

A．数组的首地址　　B．数组的第一个元素

C．数组中全部元素的值　　D．数组元素的个数

5．下列程序运行时，如果输入数据为 ABC，则程序输出（　　）。

```
#include<stdio.h>
main( )
{
   char ss[10]="12345";
   gets(ss);
   strcat(ss,"6789");
```

```
    printf("%s\n",ss);
}
```

A. ABC6789　　B. ABC67

C. 12345ABC　　D. ABC45678

6. 下列说法中错误的是（　　）。

A. 一个数组只允许存储同种类型的变量

B. 数组的名称其实是数组在内存中的首地址

C. 如果对数组元素进行初始化，当给定的数据元素个数比数组元素个数少时，多余的数组元素会被自动初始化为最后一个给定元素的值

D. 当数组名作为参数被传递给某个函数时，原数组中的元素的值可能被修改

7. 以下程序段的运行结果是（　　）。

```
main( )
{
int a[10]={6,7,9,11,13,14,15,16,17,18},j=0,sum=0;
while(j<10&&a[j]%2==0)
{
    sum=sum+a[j];
    j=j+2;
}
    printf("%d\n",sum);
}
```

A. 54　　B. 20

C. 48　　D. 6

8. 若有定义语句 char s[10]= "abcdefg\0\0";，则 strlen(s)的值是（　　）。

A. 7　　B. 8

C. 9　　D. 10

9. 对两个数组 x、y 进行初始化后，描述正确的是（　　）。

```
char x[ ]= "abcdf?";  char y[ ]={'a', 'b', 'c', 'd','f', '? '};
```

A. x 与 y 数组的长度完全不同　　B. x 与 y 的长度相同

C. x 数组比 y 数组的长度长　　D. x 与 y 的定义均出现语法错误

10. 以下程序段的运行结果是（　　）。

```
int add(int a[ ])
{
    int s;
    a[1]=a[1]+1;
    a[3]=a[3]+2;
    s=a[1]+a[3];
    return s;
}
main( )
{
    int s=0, a[6]={1,2,3,5,7,8};
```

```
    add(a);
    s=a[1]+a[3];
    printf("%d,%d,%d",a[1],a[3],s);
}
```

A．2,5,10　　　　B．3,7,10

C．2,5,7　　　　D．3,7,7

二、填空题

1．以下程序段的运行结果是________。

```
main( )
{
    char  p[20]={'a','b','c','d'},q[ ]="abc", r[ ]="abcde";
    strcat(q,r);
    strcpy(p,q);
    printf("%d ,%d\n",strlen(q), sizeof(p));
}
```

2．以下程序段的运行结果是________。

```
void swap1(int c[ ])
{
    int t;
    t=c[0];
    c[0]=c[1];
    c[1]=t;
}
void swap2(int c0,int c1)
{
    int t;
    t=c0;
    c0=c1;
    c1=t;
}
main( )
{
    int a[2]={3,5},b[2]={3,5};
    swap1(a) ;
    swap2(b[0],b[1]);
    printf("%d %d %d %d\n",a[0],a[1],b[0],b[1]);
}
```

3．以下程序段的运行结果是________。

```
main (     )
{
    char s[ ]="howareyou?";
    s[1]+=2;
```

```
    printf("%c\n",s[1]);
}
```

4．以下程序段的运行结果是________。

```
main( )
{
    char b[10];
    strcpy(&b[0], "HOW");
    strcpy(&b[2], "ARE");
    printf("%s \n",b);
}
```

5．以下程序段的运行结果是________。

```
main( )
{
    int s=0,n,m,a[3][3]={1,2,3,5,7,9,11,13,15};
    for(n=0;n<3;n++)
      for(m=0;m<3;m++)
        if(n= =m)
          s=s+a[n][m];
    printf("%d",s);
}
```

三、编程题

1．编写程序，求矩阵 $\boldsymbol{a}=\begin{bmatrix}1 & 2 & 2 & 4\\5 & 6 & 7 & 8\\9 & 10 & 11 & 12\\13 & 14 & 15 & 16\end{bmatrix}$ 两条主对角线元素的和。

2．编写程序，从键盘上输入 10 个英文字母，应用冒泡排序法从小到大排序并输出。

3．编写程序，函数 fun 的功能如下：将 s 所指字符串中下标为偶数同时 ASCII 码值为奇数的字符删除，将 s 所指字符串中剩余的字符形成的新字符串放在 t 所指的数组中。

例如，若 s 所指字符串中的内容为“ABCDEFG 12345”，其中，字符 C 的 ASCII 码值为奇数，在数组中的下标为偶数，因此必须删除；而字符 1 的 ASCII 码值为奇数，在数组中的下标也为奇数，因此不应当删除，其他以此类推。最后 t 所指的数组中的内容应是“BDF12345”。注意：部分源程序如下，在函数 fun 的花括号中填入若干语句。

```
#include  <stdio.h>
#include  <string.h>
void fun(char s[ ],char t[ ])
{



}
main( )
```

```
{
    char s[100],t[100];
    printf("\nPlease enter string S:");
    scanf("%s",s);
    fun(s,t);
    printf("\nThe result is: %s\n",t);
}
```

4．编写程序，将输入的一串字符中的英文字母、数字、空格及其他符号的 ASCII 码值输出。

5．定义 $N \times N$ 的二维数组，并在主函数中自动赋值。请编写函数 fun(int a[ ][N])，函数的功能如下：使数组右上半三角元素的值全部置 0。注意：部分源程序如下，请勿改动 main( )和其他函数中的任何内容，仅在函数 fun 的花括号中填入若干语句。

例如，a 数组中的值为

1 9 7

2 3 8

6 5 6

则返回主程序后 a 数组中的值应为

0 0 0

2 0 0

6 5 0

```
#include  <stdio.h>
#include  <stdlib.h>
#define   N   5
int fun(int a[][N])
{


}
main( )
{
    int a[N][N],i,j;
    printf("***The array***\n");
    for(i=0;i<N;i++)
    {
        for(j=0;j<N;j++)
        {
            a[i][j]=rand( )%20;   //随机函数产生的数值赋给数组
            printf("%4d",a[i][j]);}
            printf("\n");
        }
        fun(a);
        printf("THE  RESULT\n");
        for(i=0; i<N; i++)
        {
```

```
        for(j=0;j<N;j++)
        printf("%4d",a[i][j]);
        printf("\n");
    }
}
```

第 8 章 指针

在前面的章节中，已多次提到指针。没有指针的C语言不能称为C语言。指针是C语言中最具特色、最为灵活的部分，也是最有争议的部分。

8.1 变量的地址和指针

我们知道，计算机的内存是以字节为单位的一片连续的存储空间，每个字节都有一个编号，这个编号称为地址。就像寝室的每个房间都有一个房号，如果没有房号，管理人员就无法进行管理。同样，如果没有内存地址编号，系统就无法对内存进行管理。因为内存的存储空间是连续的，所以内存中的地址编号也是连续的。地址是用十六进制的无符号整数表示的，为方便理解，本节的地址均采用十进制数进行描述。

通过前面的章节可知，在程序中定义或说明变量时，编译系统会为已定义的变量分配相应的内存单元（如整型占 2 或 4 字节，实型占 4 字节等），也就是说，每个变量在内存会有固定的位置及具体的地址。例如，若定义 int a=3,b=5,c;，则系统会为 a、b 和 c 各分配 2 字节的存储单元，如表 8-1 所示。

表 8-1 变量和变量地址

变　量	a	b	c
变量地址	2000	2002	2004
变量内容	3	5	

若在程序中执行 printf("%d",a);语句，则系统会先到内存中找到 a 的地址 2000，再从中取出 3 并输出，若执行 c=a+b;语句，则系统会先到内存中找到 a 的地址 2000 并取出 3，再找到 b 的地址 2002 并取出 5，把两个数相加的结果存入 c 的地址 2004 中。人们将这种按地址存取值的方式称为“直接访问”。前面的章节中所编写的程序均采用的是直接访问方式。

【例 8.1】输出变量的值与地址。

1）源程序代码（demo8_1.c）

```
#include<stdio.h>
main( )
{
    char c='*';
    int a=5,b=6;
    printf("a=%d, a的地址为%p\n",a, &a);
    printf("b=%d, b的地址为%p\n",b,&b);
    printf("c=%c, c的地址为%p\n",c,&c);
}
```

2）程序运行结果

```
a=5, a的地址为0012FF78
b=6, b的地址为0012FF74
c='*',c的地址为0012FFC
```

3）程序说明

程序运行结果表明，程序中定义的变量在内存中都分配了相应的存储地址，计算机中的地址采用十六进制数进行显示，输出函数中的%p 用于输出地址值。

C 语言中，除了按地址直接访问变量值外，还可以定义一种特殊的变量，用这种变量来存放或指向变量的地址。例如，定义一个特殊的变量 p 来存放地址 2000，当要存取变量 a 的值 3 时，不需要直接寻找地址 2000，而是先访问变量 p，通过 p 来存取 a 的值 3，这种访问方式称为“间接访问”。这种用来存放变量地址的变量称为指针变量。

一个地址对应一个内存变量，这个地址为变量的指针，也就是说，指针就是地址。用来存放这些地址的变量就是指针变量。所以，本章将用指针变量方式来访问数据。

8.1.1 指针变量的定义

定义指针变量与定义普通变量类似，其一般形式如下。

```
数据类型 *指针变量名
```

说明：数据类型为合法的 C 语言数据类型，可以是整型、浮点型、字符型，也可以是数组或结构等。指针变量名为合法的标识符，其命名规则与简单变量相同。

例如：

```
int  *p1, *p2;
```

上述语句定义了 p1、p2 两个指向整型变量的指针，p1、p2 中只能存放整型变量的地址。

```
char  *a;
```

上述语句定义 a 是一个指向字符型变量的指针，a 中只能存放字符型变量的地址。

> **注意**：“*”是指针变量的标记，它告诉编译系统这是一个指针变量。该指针只能指向规定类型的数据，不能指向其他类型的数据，否则会出错。

8.1.2 指针运算符

指针有两个运算符：取地址运算符“&”和间址运算符“*”。

1. 取地址运算符

一个指针变量如何获得变量的地址呢？可以通过取地址运算符来把变量的地址赋给指针变量。

例如，有以下语句。

```
int *p1,*p2,*q;
int a=5,b=6;
float c[4]={5,6,1,2};
p1=&a;     ——→把变量a的地址赋给p1，即p1指向了a的地址
p2=&b;     ——→把变量b的地址赋给p2，即p2指向了b的地址
q=&c[0];   ——→把c[0]的地址赋给q，即q指向了c[0]的地址
```

说明：

（1）指针变量只能存放地址，不能将非地址数据赋给指针变量，如 p=10、p=100 等不正确。

（2）除了给指针变量赋地址，还可以赋空地址，如 p=NULL 或'\0'或 0。

（3）指针变量之间可以相互赋值，如把一个指针变量中的地址赋给另一个指针变量，如上例中可以使用 p2=p1，但指针变量赋值必须发生在同类型之间。

（4）&只能用于变量和数组元素，不能用于表达式、常量或被说明为 register 的变量。

2. 间址运算符

间址运算符也称为间接访问运算符，用于取指针变量所指地址中的内容。一旦指针变量获得或指向了某个变量的地址，就可以用这个指针变量来访问变量的值。

例如，有以下语句。

```
int *p1,*p2,*q;
int a=5, b=6;
float c[4]={5,6,1,2};
p1=&a; p2=&b; q=&c[0];
```

则有*p1=5，*p2=6，*q=5。

因此，指针变量指向了变量的地址后，*p1 和 a、*p2 和 b、q 和 c[0]分别是完全等价的，即*p1＝a=5，*p2＝b＝6，q＝c[0]＝6。

【例 8.2】阅读以下程序，分析指针变量的运用。

1）源程序代码（demo8_2.c）

```
#include<stdio.h>
main( )
{
    int a, b, k=4, m=6, *p1, *p2, *p3;
    p1=&k, p2=&m;
    a=*p1;
    b=(-*p1)/(*p2)+9;
    p3=p2;
    k=*p3+*p2;
    printf("a=%d", a);
```

```
    printf( "b=%d" , b);
    printf( "k=%d\n" , k);
}
```

2）程序运行结果

```
a=4,b=9,k=12
```

3）程序说明

指针变量 p1、p2、p3 分别指向了整型变量 k、m、m 的地址，则有*p1=4，*p2=6，*p3=6。语句 “a=*p1;” 用于将 4 赋给变量 a，语句 “b=(−*p1)/(*p2)+9;” 用于将(−4)/6+9=0+9 的值赋给变量 b，语句 “k=*p3+*p2;” 用于将 6+6=12 的值赋给 k。

【例 8.3】运用指针变量求两个数中的最大值。

1）源程序代码（demo8_3.c）

```
#include<stdio.h>
main( )
{
    int a,b,*p,*q,*max;
    a=3;
    b=5
    p=&a;
    q=&b;
    if(*p<*q)
        max=q;
    else
        max=p;
    printf("max=%d\n",*max);
}
```

2）程序运行结果

```
max=5
```

3）程序说明

对指针变量 p 和 q 所指地址的值进行比较，把值更大的地址赋给指针变量 max，程序运行过程如图 8-1 所示。

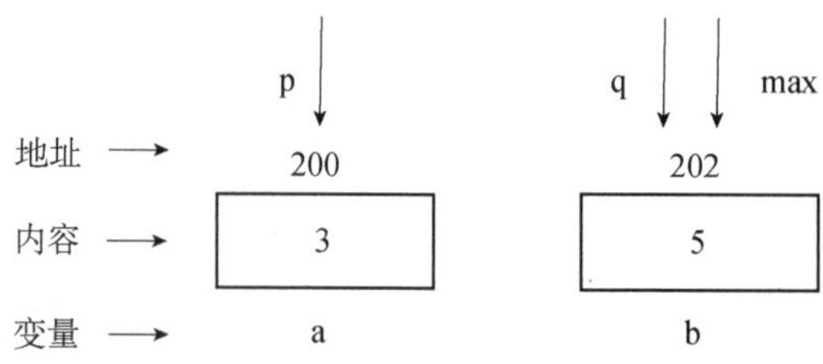

图 8-1　程序运行过程

【例 8.4】阅读以下程序，观察不同类型的指针赋值的结果。

（1）源程序代码（demo8_4.c）

```
#include<stdio.h>
main( )
```

```
{
    float x,y;
    int *p;
    x=3.0;
    y=4.5;
    p=&x;
    printf("x=%f,y=%f\n",*p,y);
}
```

2）程序运行结果

```
x=0.000000,y=0.000000
```

3）程序说明

显然，程序的运行结果不正确，原因何在？仔细观察程序，不难发现，语句“p=&x;”有问题。p 是整型指针，x 是单精度浮点型变量，&x 是单精度浮点数的地址，将它赋给整型变量的指针，显然类型不正确，所以结果出现了错误。如果注意到编译时的警告信息，则可看到，对于语句“p=&x;”，有警告信息“incompatible types-from 'float *'to'int *'”，其意思为“类型不相容，从浮点型指针到整型指针”。

8.1.3 指针的运算

指针变量之间可以进行算术和比较运算。

1．指针的算术运算

指针有 4 个算术运算符，即++、--、+、-。利用算术运算符可以对指针进行移动。所谓指针移动就是对指针变量进行加或减一个整数的操作，或通过赋值运算，使指针变量指向相邻的存储单元。因此，只有当指针指向一串连续的存储单元时，指针的移动才有意义。

当指针指向一串连续的存储单元时，可以对指针变量进行加或减一个整数的运算，也可以对指向同一串连续存储单元的两个指针进行相减运算，除此之外，不可以对指针进行其他算术运算。下面介绍指针变量算术运算符的用法。

设有 int a[10]={1,2,3,4,5,6,7,8,9,10},n;

　　int *p=&a[2];*q;

则数组 a 和指针变量 p 的存储地址如表 8-2 所示。

表 8-2　数组 a 和指针变量 p 的存储地址

数组变量	a[0]	a[1]	a[2]	a[3]	a[4]	a[5]	a[6]	a[7]	a[8]	a[9]
变量内容	1	2	3	4	5	6	7	8	9	10
变量地址	200	204	208	212	216	220	224	228	232	236
			↑ p			↑ q				

指针变量 p 指向了数组元素 a[2]的地址，即 208，在此前提下，执行如下操作。

p++：表示指针变量 p 向高位（向后）移动一个存储单位，指向了 a[3]的地址，即 212。

p--：表示指针变量 p 向低位（向前）移动一个存储单位，指向了 a[1]的地址，即 204。

q=p+3：表示指针变量 q 指向了从当前指针 p 开始向高位数的第 3 个存储单位，即指向了 a[5]的地址，即 220。这里需要注意，指针 p 没有移动，仍指向 a[2]的地址。

q=p−2：表示指针变量 q 指向了从当前指针 p 开始向低位数的第 2 个存储单位，即指向了 a[1]的地址，即 200，同样，指针 p 仍指向 a[2]的地址。

2. 指针的比较运算

在关系表达式中，可以对两个指针进行比较，例如，对于表 8-2 中的 p 和 q 两个指针变量，以下语句是完全正确的。

```
if(p < q )  printf("p points to lower memory than q \n");
if(p= =q)  printf("p points equal q \n");
if(p= =NULL)  printf("p points to NULL \n");
```

通常，当两个或多个指针指向一串连续的存储单元时，比较运算才会有意义。

在实际应用中，常常组合使用指针的算术运算符和关系运算符，以访问数组变量。若要使数组初始化，除了前面章节中介绍的方法，还可以采用以下形式。

假如有以下语句：

```
int a[10],*p;
for(p=a,k=0; k<10;k++)
{
    scanf("%d",p);
    p++;
}
```

可进一步简化为：

```
for(p=a,k=0; k<10;k++)
    scanf("%d",p++);
```

可再进一步简化为：

```
for(p=a,p-a<10; p++)
    scanf("%d",p);
```

以上 3 种写法是完全等价的，读者可以通过调试来加深理解。

8.1.4 指针运算符与单目运算符的优先级

在指针的使用中，常常要同时使用指针运算符与单目运算符。使用时需要注意的是，尽管“*”与“++”“--”的优先级相同，但结合性为从右到左，即*(p++)与*p++等价、*(p--)与*p--等价。下面介绍指针运算符与单目运算符的运算规则。

*p++：先取当前指针变量所指地址的值，指针再向高位移动一个存储单元。

*++p：指针变量先向高位移动一个存储单元，再取指针变量所指地址的值。

*p--：先取当前指针变量所指地址的值，指针再向低位移动一个存储单元。

*--p：表示指针变量先向低位移动一个存储单元，再取指针变量所指地址的值。

*(p+n)：取从当前指针开始的第 n 个存储单元的值，但是当前指针不会移动。

注意：(*p)++、++(*p)和++*p 中的“++”，(*p)--、--(*p)和--*p 中的“--”都表示指针变量所指地址的值加一或减一，指针不会移动。读者可以多上机调试程序以理解其中的含义。

【例 8.5】阅读以下程序，观察指针运算符与单目运算符的结合方法。

1）源程序代码（demo8_5.c）

```
#include<stdio.h>
main( )
{
    int a[10]={9,7,6,5,4,3,2,1,0}, *p ;
    p=a;
    p++;
    printf("%d ,",*p++);
    printf("%d ,",*--p);
    printf("%d ,", *(p+5));
    printf("%d ,",(*p++,*++p));
    printf("%d ,",(*p)++);
    printf("%d ,",*p);
}
```

2）程序运行结果

```
7,7,2,5,5,6
```

（3）程序说明

程序开始时，用语句“p=a;”使整型数据指针指向数组 a 的首地址。再执行“p++;”语句，指针向后移一位指向 7。在第 1 条输出语句中，因为单目运算符在后，故先输出指针所指数据 7，指针再向后移一个存储单元，指向 6。在第 2 条输出语句中，单目运算符在前，指针先向前移动一个存储单元，输出指针变量所指地址的数据 7。在第 3 条输出语句中，输出指针当前所指数据后面的第 5 个数据，故输出值为 2。需要注意的是，执行第 3 条输出语句后，指针并未移动。第 4 条输出语句是逗号运算符，执行表达式*p++时，指针向后移一位指向 6；执行表达式*++p 时，指针再向后移一位指向 5，根据逗号运算符的规则，输出 5。在第 5 条输出语句中，(*p)++中的单目运算符将指针所指内容加 1 而非将指针本身加 1；因为单目加运算符在后，故先输出 5，再将其值加 1，变为 6（元素 a[3]的值变为 6，指针未动）。因此，最后一条输出语句输出 6。

【例 8.6】利用指针访问字符数组元素，注意指针运算符与单目运算符的联合使用。

1）源程序代码（demo8_6.c）

```
#include<stdio.h>
main( )
{
    char a[10],*p;
    printf("请输入字符串，不能超过9个字符：");
    scanf("%s",a);
    printf("\n输入字符串为\n");
```

```
    p=a;                    //将指针指向数组的首地址
    while(*p)
        putchar(*p++);
    putchar(10);
}
```

2）程序说明

此程序与直接使用数组进行访问相比，存在两处不同，一处是在程序的说明中省去了循环中使用的变量 i，增加了字符指针 p；另一处是将循环中的数组变量改为了指针。

使用指针处理数组时，要先使指针指向数组的首地址，才能用指针来处理数组。此程序中的语句“p=a;”使指针 p 指向数组 a 的首地址，这样就建立了指针与数组之间的关系。while(*p)循环先判断指针 p 所指的字符是否为字符串结束符，如果不为字符串结束符，则执行循环体“putchar(*p++);”。循环体的执行过程如下：先输出 p 所指的字符，指针 p 再向右移一位，指向下一个字符。

【例 8.7】 利用指针访问数组元素。

1）源程序代码（demo8_7.c）

```
#include<stdio.h>
main( )
{
    int i,a[10],*p;
    p=a;
    printf("输入10个整型数据，用逗号分开\n");
    for(i=0;i<10;i++)
        scanf("%d,",p++);
    for(i=0;i<10;i++)
        printf("%d,",*p++);
    putchar(10);
}
```

2）程序运行结果

```
输入10个整型数据，用逗号分开
1,2,3,4,5,6,7,8,9,0↙
10,1245120,4199145…
```

程序运行时，如果输入上述数据，则输出的数据是随机数据。原因何在？仔细观察程序不难发现，开始进行输出时，指针已指向数组元素 a[9]后面的数据，也就是说，指针已指向数组界外。此时输出的数据已不是数组中的数据。

要使程序正确运行，在输出循环前，需要将指针 p 重新指向数组 a 的首地址。

正确的程序代码如下。

```
#include<stdio.h>
main( )
{
    int i,a[10],*p;
    p=a;
    for(i=0;i<10;i++)
```

```
    scanf("%d,",p++);
    p=a;
    for(i=0;i<10;i++)
        printf("%d,",*p++);
}
```

程序运行结果如下。

```
1,2,3,4,5,6,7,8,9,0,↙
1,2,3,4,5,6,7,8,9,0,
```

一般来说，对于数组元素的顺序访问，用指针比较方便，程序既简洁又高效。但对数组元素的随机访问很少使用指针。因为使用指针访问数组时，程序的编写既不方便，运行效率又不高，还很容易出错。

对于更多的细节问题，最好的办法是编写一些小程序，上机运行，并通过程序的运行结果或出现的错误来对指针的细节进行解释，这样会事半功倍。开始时，程序不能太大，每次针对一个问题，只编写几行语句即可。若程序太大，对运行结果的解释就会变得困难，出现错误时不知问题出现在何处，这样就影响了学生的学习兴趣，也会增加学习的难度。

8.2 指针变量作为函数参数

根据函数调用的知识可知，形参的类型要与实参的类型一致。因此，若函数的形参为指针类型，则调用该函数时，对应的实参必须是类型相同的地址或者是已指向某个存储单元的指针变量。

使用指针作函数的参数时，传递的是地址值，是单向传递，实参的值可以传给形参，形参的值不能回传给实参。

【例 8.8】阅读以下程序，了解使用指针作为函数参数传递的是地址值，且是单向传递。

1）源程序代码（demo8_8.c）

```
#include<stdio.h>
swap(int *p1,int *p2)
{
    int *t;
    t=p1;p1=p2;p2=t;
}
main( )
{
    int a=5,b=7,*b1,*b2;
    b1=&a; b2=&b;
    printf("%d,%d\n",a,b);
    swap(b1,b2);
    printf("%d,*%d\n",*b1,*b2);
}
```

2）程序运行结果

```
5,7
5,7
```

3）程序说明

在主函数中，b1 和 b2 分别指向了 a 和 b 的地址，通过实参 b1 和 b2 把 a 和 b 的地址传给了形参 p1 和 p2，即 p1 指向了 a 的地址，p2 指向了 b 的地址，在自定义函数 swap 中，p1 和 p2 的地址值进行了交换，p1 指向了 b 的地址，p2 指向了 a 的地址。函数参数是单向传递，因此，形参 p1、p2 的值不能回传给实参 b1、b2，即 b1 还是指向 a 的地址，b2 还是指向 b 的地址。

使用指针作为函数的参数时，可以在被调用函数中对函数中的变量进行引用。

【例 8.9】阅读以下程序，了解如何通过传递地址值，在被调用函数中对函数中的变量进行引用。

1）源程序代码（demo8_9.c）

```
add(int *p1,int *p2)
{
    int s;
    s=*p1+*p2;
    returm s;
}
    main( )
{
    int a=5,b=7,c,*b1,*b2;
    b1=&a; b2=&b;
    c=add(b1,b2);
    printf("%d+%d=%d\n",a,b,c);
}
```

2）程序运行结果

```
5+7=12
```

3）程序说明

在主函数中，b1 和 b2 分别指向了 a 和 b 的地址，通过实参 b1 和 b2 把 a 和 b 的地址传给了形参 p1 和 p2，在函数 add 中，将 p1、p2 所指地址中的内容相加并赋给 s，通过“return s;”返回主函数。

由此程序可知，通过传递地址值，可以在被调用函数中对函数中的变量进行引用。

使用指针作为函数的参数时，可以在被调用函数中直接改变调用函数中的变量的值，并将修改的值带回到调用函数中。

【例 8.10】阅读以下程序，了解如何通过传递地址值，在被调用函数中直接改变调用函数中的变量的值，并将修改后的值带回到调用函数中。

1）源程序代码（demo8_10.c）

```
#include<stdio.h>
void swap(int *p1,int *p2);
main( )
{
    int i=40,j=60,*b1,*b2;
    b1=&i; b2=&j;
    printf("交换前的结果：i=%d,j=%d \n",i,j);
    swap(b1,b2);
    printf("交换后的结果：*b1=%d,*b2=%d \n",*b1,*b2);
```

```
    printf("交换后的结果: i=%d,j=%d \n",i,j);
}
void swap(int *p1,int *p2)
{
    int temp;
    temp=*p1;
    *p1=*p2;
    *p2=temp;
}
```

2）程序运行结果

```
交换前的结果: i=40,j=60
交换后的结果: *b1=60,*b2=40
交换后的结果: i=60,j=40
```

3）程序说明

在主函数中，b1 和 b2 分别指向了 i 和 j 的地址，通过实参 b1、b2 把 i、j 的地址传给了形参 p1、p2，p1 指向了 i 的地址，p2 指向了 j 的地址，在函数 swap 中，用指针 p1、p2 对所指地址中的内容进行了修改，即 i 的内容变为 60，j 的内容变为 40，但 p1、p2 所指的地址没有变化，p1 仍指向 i 的地址，p2 仍指向 j 的地址。

注意：i 和 j 的值进行了交换，并不是因为形参的值回传给了实参，而是因为形参 p1、p2 通过实参 b1、b2 的传递指向了存储单元 i、j 的地址，并用指针 p1、p2 对所指地址 i、j 中的内容进行了修改，最后将修改后的值带回到调用的函数中。

利用上述指针作为函数参数，可以把两个或两个以上的数据从被调用函数返回到调用函数中。

4）使用指针作为函数的参数时，函数的返回值可以是指针类型。

【例 8.11】 阅读以下程序，了解函数的返回值可以是指针类型。

1）源程序代码（demo8_11.c）

```
int *comp(int *x, int *y)
{
    if(*x<*y)
        return x;
    else
        return y;
}
main( )
{
    int a=7,b=8,*p,*q, *r;
    p=&a; q=&b;
    r=comp(p,q);
    printf("%d,%d,%d\n",*p,*q,*r);
}
```

2）程序运行结果

```
7,8,7
```

3）程序说明

自定义函数 comp 前面的*表示函数的返回值是指针类型。在主函数中，通过实参 p、q 把 a、b 的地址传给了形参 x、y。在函数 comp 中，无论是返回 x 还是返回 y，其类型都是整型指针。因此，在函数 comp 前面需要定义*，即返回指针类型，且主函数中的 r 必须定义为指针变量。

8.3 多级指针

前面曾指出，指针是特殊的变量，它存放的不是一般的数据，而是程序中某个数据或对象的内存地址。如果对此概念进行扩充，定义一种变量，其存放的不是普通变量而是指针变量的地址，则这种变量称为指针的指针。存放普通变量的地址的变量一般称为一级指针，而存放一级指针变量的内存地址称为二级指针。

图 8-2 所示为一级指针，利用指针 p，可以访问变量 i 的值。图 8-3 所示为二级指针，利用指针 p1 无法访问变量 i。要想访问变量 i，先要通过指针 p1 获取 p2，再通过 p2 访问变量 i。所以 p1 是指针的指针。

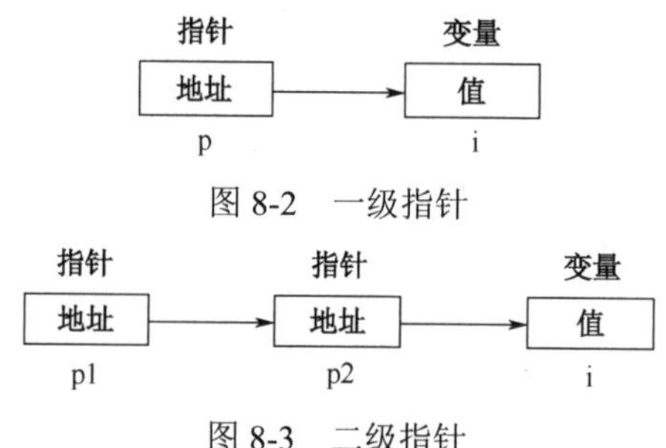

图 8-2 一级指针

图 8-3 二级指针

有二级指针，自然会想到三级指针。事实上，在 C 语言中，同样可以定义三级指针或更高级别的指针。但是，一般情况下，很少有超过二级指针的情况。因为利用多级指针访问数据时，会使程序跟踪发生困难，且容易发生概念错误。

多级指针的定义：

```
数据类型 **指针变量;
```

多级指针的引用：

```
**指针变量;
```

说明：数据类型为合法的 C 语言数据类型，“**”表示指针变量为指针的指针，引用时同样使用“**”。

例如，若有：

```
int a=5, *p, **q;
p=&a; q=&p;
```

则各变量存储的内容如表 8-3 所示。

表 8-3　各变量存储的内容

变量地址	100	200	300
变量内容	5	100	200
变量名称	a	p	q

从表 8-3 中可以看出，普通变量 a 存放的是 5，一级指针变量 p 存放的是普通变量 a 的地址 100，二级指针变量 q 存放的是一级指针变量 p 的地址 200。若要存放二级指针变量 q 的地址 300，则需要定义三级指针。

【例 8.12】 阅读以下程序，分析多级指针的使用。

1）源程序代码（demo8_12.c）

```
#include<stdio.h>
main( )
{
    int **p1,*p2,x;
    p2=&x;
    p1=&p2;
    **p1=5;
    printf("x=%d\n",x);
}
```

2）程序运行结果

```
x=5
```

3）程序说明

为了使问题看起来更简单，程序代码只有几行。此程序说明了 3 个变量：一个指向整型数据的指针的指针、一个整型数据指针和一个整型变量。在这里，数据类型不能弄错。运行时，先让指针 p2 指向整型变量 x，再让指针的指针 p1 指向指针 p2，并通过指针运算符将整型数据 5 赋给变量 x，最后输出变量 x 的值。

此程序完成的功能非常有限，但程序读起来有些复杂，初学者可能会弄错。为什么引进指针的指针呢？因为在 C 语言中，为了使指针能更好、更方便地处理数据，要引进其他类型的指针，如指针数组、数组指针等，这些指针需要指针的指针来支持。

8.4　指针与数组

在 C 语言中，指针与数组关系十分密切。实际上，数组名就是指向数组首地址的指针，指针也可作为数组使用。但在使用过程中，指针与数组的关系不仅密切，还十分复杂，这也是指针的复杂之处，使用时要特别注意。

8.4.1　指针与一维数组

在 C 语言中，数组名是一个地址常量，存放的地址值是数组中第一个元素的地址，它的值是不可改变的，也就是说，不可以对数组名重新赋值，对于数组名 a，a++、a=5 等运算都是非法的。

1. 数组元素地址的表达

数组名 a 的内容不能改变，在 C 语言中，可以使用数组名加一个整数的办法来依次表示数组不同元素的地址。

假设有以下语句。

```
int  a[10], *p ;
p=a;
```

现在，p 与 a 都是指向数组 a 首地址的指针。可以通过以下方法来表达数组元素的地址：用数组名加一个整数来表示数组元素的地址，即用 a+0 来表示元素 a[0]的地址，用 a+1 来表示元素 a[1]的地址，用 a+2 来表示元素 a[2]的地址。因此，a+0 与&a[0]等价，a+1 与&a[1]等价，a+2 与&a[2]等价……根据指针的算术运算符可知，p=p+0 表示 a[0]的地址，p+1 表示 a[1]的地址……因此，p+0 与 a+0 等价，p+1 与 a+1 等价……所以，表示数组元素 a[n](0≤n<10)的地址有 3 种方式：&a[n]、a+n、p+n。

如有定义 int a[10],*p=a;，则以下 3 种向数组中输入数据的语句完全等价。

```
for(k=0; k<10;k++)    scanf("%d",&a[k]);
for(k=0; k<10;k++)    scanf("%d",a+k);
for(k=0; k<10;k++)    scanf("%d"p+k);
```

这里需要注意，p 与 a 有明显区别：p 是指针变量，用 p++可以移动指针，可以使 p 的值不断改变，而 a 是指针常量，它的值不变。a++、a=p、p=&a 都是非法的运算，而 p++、p=a、p=&a[i]是合法的运算。

对于字符指针，以下写法是正确的。

```
char  *p;
p="I love china!";
```

但对于字符数组，以下写法是错误的。

```
char  a[14];
a="I love china!";
```

原因何在？对于常量字符串，系统在编译时会为其分配存放的地址空间。将字符串赋给字符指针，即表示让指针指向字符串的首地址，自然是正确的。对于数组，数组名是一个固定值的指针，表示指向数组的首地址，对于常量字符串，因其有自己的地址空间，将它赋给数组名，其实就是让数组名指向常量字符串，但数组名不是指针变量，所以会出错。

2. 数组元素的表达

假设有以下语句。

```
int  a[10], *p ;
p=a;
```

p 与 a 都是指向数组 a 首地址的指针。我们已经知道，表示一个数组元素 a[n](0≤n＜10)的地址有&a[n]、a+n、p+n 三种方式。显然，可以用 a[n]、*(a+n)、*(p+n)三种方式来表示数组元素 a[n]。故 a[n]可以用表达式*(s+n)来表示，同理，*(p+n)也应该可以用 p[i]的形式来表示。事实上，在 C 语言中，一对方括号不止用作表示数组元素的记号或一种运算符。因此，当 p 指向了 a 数组的首地址时，表示数组元素 a[n]的表达式有 a[i]、*(a+i)、*(p+i)、p[i]四种。

【例 8.13】阅读以下程序，分析程序的运行结果。

1）源程序代码（demo8_13.c）

```
#include<stdio.h>
main( )
{
   int k, a[10],*p=a;
   for(k=0; k<10;k++)
      scanf("%d",a+k);
   printf("%d ,%d\n",a[3], *(a+3));
   printf("%d ,%d\n",a[2], *(p+2));
   printf("%d ,%d\n",a[5], p[5]);
   printf("%d , %d ,%d, %d\n",a[1],*(a+1),*(p+1),p[1]);
}
```

2）程序运行结果

```
输入 1 2 3 4 5 6 7 8 9 10
输出 4,4
     3,3
     6,6
     2,2,2,2
```

3）程序说明

语句“scanf("%d",a+k);”用于为数组 a 赋初值，第一个输出结果表明 a[3]与*(a+3)等价，第二个输出结果表明 a[2]与*(p+2)等价，第三个输出结果表明 a[5]与 p[5]等价，第四个输出结果表明 a[1]、*(a+1)、*(p+1)、p[1]等价。

8.4.2 指针与二维数组

在 C 语言中，二维数组名 a 也是指针，表示二维数组元素的首地址，即二维数组名 a 表示的是&a[0][0]，它也是地址常量，其值不能改变，不能重新给二维数组名赋值，因此 a++、a=5 非法。

若有定义：

```
int a[3][4], *p;
```

a 是二维数组名，它包含 3 个（行）元素：a[0]、a[1]、a[2]。而每个元素又是一维数组，包含 4 个元素，如图 8-4 所示。

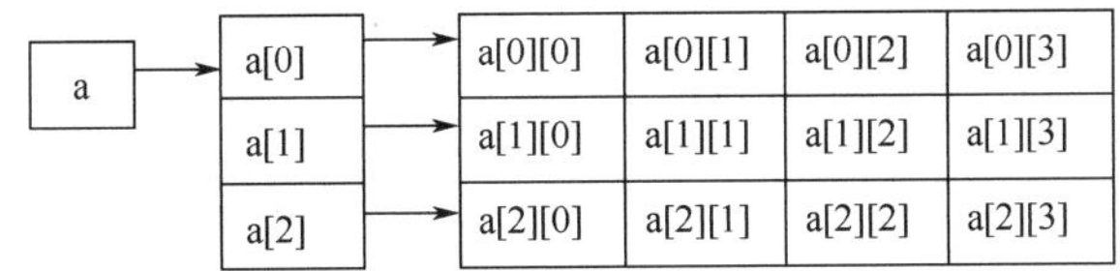

图 8-4　二维数组元素的表示 1

对于上述二维数组 a 来说，a[0]、a[1]、a[2]为一维数组名，分别代表二维数组 a[3][4]每行的首地址&a[0][0]、&a[1][0]、&a[2][0]，是常量，其值不能改变，a[0]++、a[1]++、a[0]=7是非法的。

在 C 语言中，可以用二维数组名加一个整数来表示每行的首地址，即 a+0 表示第 0 行第 0 个元素的地址&a[0][0]，a+1 表示第 1 行第 0 个元素的地址&a[1][0]，等等。因此， a+0 所表示的地址与 a[0]相同，都为&a[0][0]；a+1 所表示的地址与 a[1]相同，都为&a[1][0]；a+2 所表示的地址与 a[2]相同，都为&a[2][0]。

在一维数组中，a[0]等价于*(a+0)，a[1]等价于*(a+1)。因此，在二维数组 a[3][4]中，它的 3 个一维数组 a[0]、a[1]和 a[2]分别可以写为*(a+2)、*(a+1)和*(a+2)，它们表示的也是一个地址。所以，在二维数组中 a[3][4]中，*(a+i)(0≤i<3)表示元素的地址，如图 8-5 所示。

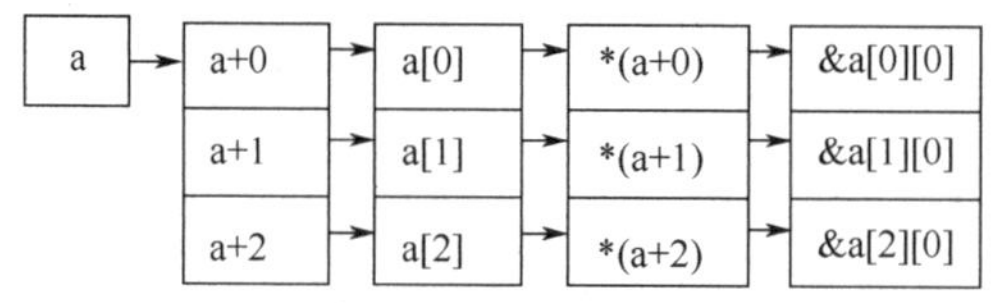

图 8-5　二维数组元素地址

因此，若有定义 int a[3][4], *p，则二维数组元素 a[i][j]（其中 0≤i<3, 0≤j<4）的地址可以通过以下方式表示(0≤i<3, 0≤j<4)。

&a[i][j]，a[i]+j，*(a+i)+j，&a[0][0]+4*i+j，a[0]+4*i+j

二维数组元素 a[i][j]的内容可以通过以下方式表示。

a[i][j]，*(a[i]+j)，*(*(a+i)+j)，*(&a[0][0]+4*i+j)，*(a[0]+4*i+j)，*(a+i)[j]

需要注意的是，二维数组名加 1 表示移动一行元素，如 a+1 表示移动一行元素（移动了 4 个元素），即 4 个存储单元；一维数组名加 1 表示移动一个元素，如 a[0]+1、a[1]+1、a[2]+1 表示移动一个存储单元。因此，对于上述定义，p=a 是非法的，因为 p 与 a 的基类型不一样。表达式 a+1 中的数值 1 的单位应是 4×2 字节，表示跨越一行有 4 个元素，而不是 2 字节。指针 p 只能存放 2 字节的地址，p+1 中的 1 是 1×2 字节，表示下一个元素。假设&a[0][0]为 2000，则 a+1 的地址为 2008，p+1 的地址为 2002。但是，p=a[1]、p=&a[0][0]是合法的，因为 a[1]+1、&a[0][0]+1 表示移动一个元素，其基类型与 p 一样。

【例 8.14】阅读以下程序，分析程序的运行结果。

1）源程序代码（demo8_14.c）

```
#include<stdio.h>
main( )
{
   int i,j, a[3][4]={{1,2,3,4},{5,6,7,8},{9,10,11,12}};
   printf("%d ,%d\n",a[2][1], *(a[2]+1));
   printf("%d ,%d\n",a[2][1], *(*(a+2)+1));
   printf("%d ,%d\n",a[2][1], *(&a[0][0]+4*2+1);
   printf("%d ,%d\n",a[2][1], *(&a[0]+4*2+1);
   printf("%d ,%d\n",a[2][1], *(a+2)[1]);
}
```

2）程序运行结果

```
10,10
10,10
```

```
10,10
10,10
10,10
```

3）程序说明

程序运行结果表明，a[2][1]、*(a[2]+1)、*(*(a+2)+1)、*(&a[0][0]+4*2+1)、*(a[0]+4*2+1)、*(a+2)[1]完全等价。

8.4.3 数组指针

前面介绍的指针都指向某个数据类型，因而可以指向数组的元素。在C语言中，有一种指针指向整个数组，这种指针称为数组指针，也称为行指针。

其一般形式如下。

```
数据类型(*标识符)[常量表达式1][常量表达式2]…;
```

说明：数据类型为数组元素的类型，标识符为指向数组的指针变量，方括号中的内容与数组的定义相同。如果只有一个常量表达式，则指针指向一维数组；如果有两个常量表达式，则指针指向二维数组，以此类推。

注意：语法中的圆括号不能少，也不能写错位置。如果将变量名省去，则用来说明指针的类型（指向数组的指针），它在指针强制转换时经常用到。

例如，char (*p) [10],a[3][10];语句定义了一个数组指针p和一个二维数组a，数组指针p指向含有10个元素的一维字符数组；二维数组a有3个一维数组，即a[0]、a[1]和a[2]，每个一维数组又包含10个元素。此时，p=a是合法的，因为它们的基类型一致，即p指向了二维数组a的首地址，p+0等价于a+0，也等价于a[0]；p+1等价于a+1，也等价于a[1]。当p指向了二维数组a的首地址时，可以通过以下形式来引用二维数组元素a[i][j]。

```
*(p[i]+j)      //与*(a[i]+j)对应
*(*(p+i)+j)    //与*(*(a+i)+j)对应
*(p+i)[j]      //与(*(a+i)[j]对应
p[i][j]        //与a[i][j]对应
```

【例8.15】阅读以下程序，了解数组指针的使用。

1）源程序代码（demo8_15.c）

```
#include<stdio.h>
main( )
{
    int bx[10]={1,2,3,4},i;
    char name[4][9]={{"吴一"},{"张三"},{"李四"},{"王五"}};
    char (*p)[9];               //定义数组指针，指向有9个元素的一维字符数组
    p=name;                     //将二维数组的首地址赋给p，建立p与name的联系
    for(i=0;i<4;i++)
    printf("bx=%d,name=%s\n",bx[i],(p+i));
}
```

2）程序运行结果

```
bx=1,name=吴一
bx=2,name=张三
bx=3,name=李四
bx=4,name=王五
```

3）程序说明

二维字符数组 name 每行有 9 个字符（正好存放一个汉字姓名），指针 p 指向有 9 个元素的一维字符数组。语句“p=name;”将指针 p 指向数组 name 的首地址，即第 0 行的首地址。对于指针 p，它将数组 name 的一行作为一个整体看待。因此，用指针 p 是不能存取数组中的某个具体元素的。这类似于整型数据指针，它将整型数据的 4 字节作为一个整体来看待，不能存取一个整数中的某个字节。指针 p 每加/减 1，都将移动一行。

关于数组指针，由于理解比较困难，建议读者开始时参照例题程序使用。随着学习的深入，再慢慢深入研究。如果读者对汇编程序有兴趣，则可在调试时打开汇编窗口及内存窗口，观察指针 p 的变化情况，以加深对数组指针的理解。

8.4.4 指针数组

前面介绍的数组指针用来指向二维数组的一行，也可以定义一个指针数组来指向二维数组的某个元素，从而引用二维数组元素。

其一般形式如下。

```
数据类型 *数组名[常量表达式][常量表达式]…;
```

若定义 int *p[3],a[3][2],，p 为指针数组，在*p[3]中，根据运算符的优先级，p 先与[ ]结合，构成 p[3]，说明了 p 是一个数组名，相当于有 3 个一维数组 p[0]、p[1]、p[2]。其前面的*则说明了数组 p 是指针类型元素，它的每个元素都是基类型为 int 的指针。因此，指针数组 p+1 表示移动一个元素，而不是移动一行元素，即 p=a 是非法的。

此时，p[i]与 a[i]的基类型相同，a[i]+1 和 p[i]+1 都表示移动一个元素，即 p[i]=a[i]是合法的，其含义是把二维数组第 i 行的首地址赋给 p[i]。如果指针数组 p 的每个元素 p[i]都指向了二维数组 a 的每行开头，即 p[i]=a[i]，则二维数组 a 的元素 a[i][j]与 p[i][j] 完全等价。因此，可以通过指针数组 p 来引用二维数组的元素，它们的等价形式如下。

```
*(p[i]+j)         //等价于*(a[i]+j)
*(*(p+i)+j)       //等价于*(*(a+i)+j)
(*(p+i))[j]       //等价于(*(a+i))[j]
p[i][j]           //等价于[i][j]
```

使用指针数组的最大好处是不必指定列的宽度，如有以下定义：

```
char cc[ 4][6]={"fow","basic","great","comp"}
char *p[4]= {"folr me","basic", "great wall", "comp"}
```

在上述定义中，二维数组 cc 的每列不能超过 6 个字符，而指针数组 p 的每个列的元素个数可以无限制。

【例 8.16】阅读以下程序，分析程序的运行结果。

1）源程序代码（demo8_16.c）

```
#include<stdio.h>
```

```
main( )
{
    int i,*p[3],a[3][4]={{1,2,3,4},{5,6,7,8},{9,10,11,12}};
    for(i=0;i<3;i++)
        p[i]=a[i];
    printf("%d ,%d\n",a[1][1],*(p[1]+1));
    printf("%d ,%d\n",a[1][1],*(*(p+1)+1));
    printf("%d ,%d\n",a[1][1],(*(p+1))[1]);
    printf("%d ,%d\n",a[1][1],p[1][1]);
}
```

2）程序运行结果

```
6,6
6,6
6,6
6,6
```

3）程序说明

程序运行结果表明，a[1][1]、*(p[1]+1)、*(*(p+1)+1)、(*(p+1))[1]、p[1][1]完全等价。

8.5　指向函数的指针

在 C 语言中，函数名代表函数的入口地址，即函数执行的起始地址。函数调用时，程序跳转到函数的入口地址处开始执行，函数执行完成后，程序再跳转到调用处执行。因此，可以定义一个指针来指向函数，可以定义指向函数入口地址的指针。利用函数指针，可方便地调用函数。

8.5.1　指向函数指针的定义

其一般形式如下。

```
数据类型(*标识符)( );
```

说明：数据类型指该函数返回值的数据类型，标识符为函数指针变量名，后面的一对圆括号表示该指针指向函数。

例如，在语句 int (*fp)( );中，fp 是函数指针，它指向返回值为 int 型的函数。(*fp)中的括号不能省略，若省略括号，即*fp，则 fp 不是指针变量，而是一个函数，该函数的返回值是基类型为 int 的指针类型。

8.5.2　指向函数指针的引用

【例 8.17】 阅读以下程序，了解指向函数的指针的引用方法。

1）源程序代码（demo8_17.c）

```
#include<stdio.h>
void swap(int *,int *);
main( )
{
```

```
    int i=40,j=60;
    void (*f)( );
    f=swap;
    if(i<j) f(&i,&j);
    printf("交换后的结果：i=%d,j=%d \n",i,j);
}
void swap(int *p1,int *p2)
{
    int temp;
    temp=*p1;
    *p1=*p2;
    *p2=temp;
}
```

2）程序说明

在主函数中，使用语句“void (*f) ( );”定义了一个指向无返回值函数的指针，并用语句“f=swap;”将函数指针指向函数 swap，改用函数指针调用，语句为“f(&i,&j);”，它与 swap(&i,&j)完全等价。

从此例看，如果函数指针仅用来替代函数名去调用函数，则没有太大的实际意义，但当将函数作为参数使用，或者要在循环中使用一组不同的函数时，它的优越性就显示出来了。

【例 8.18】阅读以下程序，了解指向函数的指针在循环中调用不同函数的方法。

1）源程序代码（demo8_18.c）

```
#include<stdio.h>
#include<math.h>
double quad_poly(double);
main( )
{
   double x;
   const double delta=1.0;
   const double first=0.0;
   const double last=3.0;
   double (*fx[3])( );        //定义一个指向函数的指针数组
   int i;
    char *name[]={"quad_loly","sqrt","log"};
   fx[0]=quad_poly;       //指向函数quad_poly
   fx[1]=sqrt;            //指向函数sqrt
   fx[2]=log;             //指向函数log
   for(i=0;i<3;i++)
   {
     printf("函数%s的计算结果：\n",name[i]);
    x=first;
    while(x<=last)
     {
printf("f(%lf)=%lf\n",x,fx[i](x));
         x+=delta;
```

```
    }
       printf("press any key to continue\n");
        getch( );
    }
    }
    double quad_poly(double x)
    {
    double a=1.0,b=-3.0,c=5.0;
     return((x*a)*x+b)*x+c;
    }
```

2）程序运行结果

```
函数quad_loly的计算结果:
f(0.000000)=5.000000
f(1.000000)=3.000000
f(2.000000)=7.000000
f(3.000000)=23.000000
press any key to continue
函数sqrt的计算结果:
f(0.000000)=0.000000
f(1.000000)=1.000000
f(2.000000)=1.414214
f(3.000000)=1.732051
press any key to continue
函数log的计算结果:
f(0.000000)=-1.#INF00
f(1.000000)=0.000000
f(2.000000)=0.693147
f(3.000000)=1.098612
press any key to continue
```

3）程序说明

此程序用语句“double (*fx[3])( );”定义了一个指向返回值为双精度实数的函数指针数组，并将 3 个不同的函数 quad_poly、sqrt 及 log 赋给函数指针数组。在这 3 个函数中，sqrt、log 是库函数，分别用来求实型数的开平方数和对数，quad_poly 是用户定义的用于计算一个 3 次多项式的函数。name 是一个字符指针数组，指向各函数名称的字符串，用来在结果中输出函数名，以区分不同函数的输出。

此程序中的语句“getch( );”使循环每执行一次（即每调用一个函数）就暂停一会儿，以便用户观察运行结果。

需要注意函数指针与参数指针的联系及区别。两者都使用指针作为参数，参数指针指向的是变量，但函数指针指向的不是一般的变量，而是函数。也就是说，前者指向的是数据，后者指向的是指令。

8.6 命令行参数的使用

到目前为止，涉及的所有程序都是通过输入语句获得数据的。有时，与命令同时输入参数更方便。例如，常用的格式化磁盘命令使用的格式是 format a:或 format c:等，其中，format 是命令，a:或 c:是表示 A 驱动器或 C 驱动器的参数。以这种方式输入参数时，在程序设计时会碰到所谓的存取命令行参数的问题。

命令行参数的一般形式如下。

```
命令 参数1 参数2 … 参数n
```

在 C 语言中，处理命令行参数的方式是通过 C 语言的主函数将参数传入程序。其一般形式如下。

```
main(int argc,char *argv[])
{
   …
}
```

说明：第 1 个参数 argc 表示返回命令行参数的数量，包括命令名；第 2 个参数*argv[]是一个指针数组，用于返回指向各参数的字符串指针，其内容如下。

```
i                       argv[i]
0                       程序名
1                       参数1
2                       参数2
…                       …
argc-1                  参数argc-1
```

在程序设计中，通过这两个参数即可得到命令行参数。

【例 8.19】编写程序，通过命令行输入由 3 个参数组成的算术表达式，如“5 + 8”，并计算算术表达式的值。注意，各数字之间用空格隔开。

1）源程序代码（demo8_19.c）

```
#include<stdio.h>
#include<stdlib.h>
#include<math.h>
main(int argc,char *argv[])
{
    char opr;
    int error1,error2,error3;
    char strng[81];
    double result,first,second;
    if(argc<4)
        serror(1);
    first=atof(argv[1]);
    second=atof(argv[3]);
    strcpy(strng,argv[2]);
    opr=strng[0];
    if(opr!='+' && opr!='-'&& opr!='*' && opr!='/')
```

```
        serror(2);
    if(opr=='/' && second==0.0) serror(3);
    switch(opr)
{
    case '+':
        result=first+second;
        break;
    case '-':
        result=first-second;
        break;
    case '*':
        result=first*second;
        break;
    case '/':
        result=first/second;
        break;
    }
    printf("result=%lf\n\n",result);
}

serror(int n)
{
    char *error[]={{"参数错!"},{"运算符错！ "},{"数据错！ "}};
    printf("%s\n",error[n-1]);
    exit(1);
}
```

2）程序说明

此程序利用主函数的参数获取命令行的内容。在函数 serror 中，将程序可能出现的错误信息存放在指针数组中，并根据不同的参数显示不同的错误信息。switch 语句用于根据运算符的不同对输入的数据进行运算。

3）带参数的调试

命令行参数的输入有两种方式：一种是在命令行窗口中进行，即将程序编译后，在命令行窗口中运行可执行程序，将参数放在命令后即可；另一种是在集成开发环境中使用命令行参数。其过程如下。

① 按【Alt+F7】组合键，弹出“Project Settings”对话框。

② 在“Debug”选项卡的“Program arguments”文本框中输入相应的参数，并单击“确定”按钮。

4）程序的运行

① 按【Alt+F7】组合键，弹出“Project Settings”对话框，如图 8-6 所示，并在“Debug”选项卡的“Program arguments”文本框中输入“5 + 8”。

② 程序运行结果如下。

```
result=13.000000
```

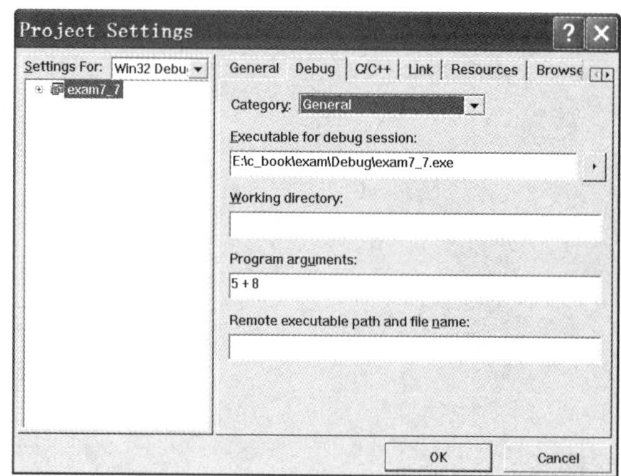

图 8-6 “Project Settings”对话框

8.7 指针应用程序举例

【例 8.20】 使用指针编写程序，程序的功能是互换给定数组中的最大数和最小数。程序中，最大数与最小数的互换操作通过函数调用来实现。例如，有如下 8 个数。

5，3，1，4，2，8，9，6

将其变为

5，3，9，4，2，8，1，6

1）算法分析

定义一个交换函数，将给定数组中的最大数和最小数交换，在交换函数中定义指针 max 和 min 分别指向最大数和最小数。主函数以给定数组名作为函数实参调用交换函数。

2）源程序代码（demo8_20.c）

```
#include <stdio.h>
main( )
{
    int i;
    static int a[8]={5,3,1,4,2,8,9,6};
    void maxmin( );
    printf(" Original array: \n");    //输出交换前的数组
    for(i=0; i<8; i++)
        printf("%5d",a[i]);
    printf("\n");
    maxmin(a,8);
    printf(" Array after swaping max and min: \n");
    for(i=0; i<8; i++)
        printf("%5d",a[i]);
    printf("\n"); }
void maxmin(int *p,int n)
{
    int t, *max, *min, *end, *q;
    end=p+n;
```

```
    max=min=p;
    for(q=p+1; q<end; q++)
    {
        if(*q>*max)
        max=q;
        if(*q<*min)
        min=q;
        }
    t=*max;
    *max=*min;
    *min=t;
}
```

【例 8.21】使用指针编写程序，程序的功能是删除字符串中的所有“*”。在编写程序时，不得调用 C 语言提供的字符串函数。例如，输入“***A*BC*DEF**”，输出“ABCDEF”。

1）算法分析

此程序比较简单，采用函数形式编写，在自定义函数中定义一个指针指向字符串，通过指针的移动来完成删除操作即可。

2）源程序代码（demo8_21.c）

```
void fun(char *a);    // 函数说明
#include<stdio.h>
main( )
{
    char  s[81];
    printf("Enter a string:\n");
    gets(s);
    fun(s);
    printf("The string after deleted:\n");
    puts(s);
}
void fun(char *a)
{
    int i=0;
    char *p=a;
    while( *p )
    {
        f(*p!='*')
        a[i++]=*p;
        p++;
    }
    a[i]='\0';
}
```

【例 8.22】将例 7.15 的统计字符串中单词的个数的程序用指针改写。

1）算法分析

原程序本身的内容并不改变，只是将使用字符数组的描述尽量改为字符指针。原程序主函数中用到的数组是用于保存输入字符串的，不能改成指针，除非使用动态存储结构。剩下的只是改写函数 sum。对于参数的传递，现在可改为字符指针。原程序中数组下标的单目运算符可改为指针的单目运算符。其他细节问题请读者自己分析。

2）源程序代码（demo8_22.c）

```
#include<stdio.h>
#include<string.h>
#include<ctype.h>
int sum(char *);
main( )
{
    char s[100];
    printf("请输入一行字符:\n");
    gets(s);
    printf("单词数=%d\n",sum(s));
}
//统计单词数量
int sum(char *s)
{
    int n=0;
    char temp[20]={'\0'},*p;
    p=temp;
    do
    {
        if(isalpha(*s))
            *p++=*s;
        else
        {
            *p=0;                       //为取到的单词加上字符串结束符
            if(strlen(temp)>0)
                n=n+1;
            p=temp;                     //使指针重新指向temp的首地址
        }
    }
    while(*s++);
    return n;
}
```

3）程序说明

函数 sum 中有几点需要特别注意，首先，用来存放单词的临时数组 temp 仍需要，这是用指针来处理数组时必需的；其次，原来让 temp 下标为零使之从头开始的语句现用语句“p=temp;”取代，作用相同；最后判断字符串长度时仍要使用数组而不能使用指针，因为指针的值总指向数组的当前元素。

8.8 小结

指针是 C 语言中最具特色的部分，也是最难掌握的部分。从本章可以看出，简单指针的概念看起来并不复杂，但 C 语言中指针的类型众多，如数据指针、数组指针、指针数组、函数指针等，且各种指针之间常常相互重叠及相互转换，导致指针的使用既灵活又复杂。在学习指针时，要注意以下几点。

（1）指针是特殊的变量，其值是内存的地址。给指针赋值就是将一个内存地址载入指针变量。如果该内存地址是某个变量的地址，则指针指向了该变量。

（2）指针变量的类型是指针所指向的变量的类型。

（3）定义一个指针变量时，将其初始化为空是一个好习惯。

（4）对指针赋值是将它所指向的对象的地址赋给指针变量。

（5）数组名可视为常量指针，它指向数组中的第 1 个元素。将数组名赋给指针时，该指针就指向了数组的首地址（即数组中的第 1 个元素所在的地址）。

（6）数组指针指向数组的整体而非其中的某个元素。同样的，指向变量的指针指向该变量的整体而非该变量的某个字节。

（7）字符数组就是字符串。字符数组只有在定义时才允许整体赋值。字符数组应用广泛，在 C 语言中有许多与字符相关的函数可供使用。初学者常犯的一个错误是漏掉字符串的结束符。

（8）可以返回指针的函数称为指针函数。

（9）指向函数的指针将该函数的入口地址赋给指针变量。函数名本身就是该函数的入口地址。

（10）将指针作为参数，可将函数中修改了的变量值传回调用它的函数。但是，这并不意味着指针作为参数时其本身的值能改变。之所以能传回改变了的变量的值，是因为指针所指向的地址的内容改变了，而非指针指向的地址改变了。

指针使用时的细节很多，本章仅介绍了其中一些细节。因此，学习指针时还需要通过反复实践来掌握。

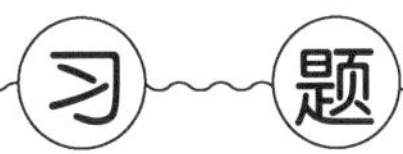

一、选择题

1．关于语句 char *p="GOOD! ";，正确的叙述是（　　）。

A．将字符串"GOOD! "赋给指针变量 p

B．将字符串"GOOD! "存放在指针变量 p 中

C．使字符指针 p 指向字符串常量"GOOD! "

D．上述说法均不对

2．若有以下定义：

```
int  x[10],  *pt=x;
```

则对 x 数组元素的正确引用是（　　）。

A．*&x[10]　　B．*(x+3)　　C．*(pt+10)　　D．pt+3

3．以下程序段的运行结果是（　　）。

```
main( )
{
    char  p1[10]="abc", *p2="ABC", str[50]="xyz";
    strcpy(str+2,strcat(p1,p2));
    printf("%s\n",str);
}
```

A．xyzabcABC　　B．zabcABC

C．yzabcABC　　D．xyabcABC

4．若有两个基本数据类型相同的指针 p1 和 p2，则下列运算不合理的是（　　）。

A．p1+p2　　B．p1-p2

C．p1=p2　　D．p1==p2

5．有定义 float *p[4];，以下叙述中正确的是（　　）。

A．此定义不正确，形如 char *[4];的定义才是正确的

B．此定义正确，是指向一维实型数组的指针变量，而不是指向单个实型变量的指针变量

C．此定义不正确，C 语言中不允许类似的定义

D．此定义正确，定义了一个指针数组

6．有下列语句，则以下说法正确的是（　　）。

① char str[4][5];

② scanf("%s",str[2]);

③ scanf("%s",str);

④ scanf("%s",str[0]);

⑤ scanf("%s",str[1][1]);

A．4 个 scanf 语句全部正确，但含义不同

B．4 个 scanf 语句中部分正确，其中正确的语句含义不同

C．4 个 scanf 语句全部正确，且③④两句含义相同

D．4 个 scanf 语句中部分正确，③④两句正确且含义相同

7．若有如下说明语句：

```
float f[3][4],*p1,*p2;
```

若 k≥0 且 k<3，则以下赋值语句中错误的是（　　）。

A．p2=f　　B．p1=f[k]

C．p2[k]=f[k]　　D．p1=&f[0][0]

8．若有定义 int b[3][4]={0,1,2,3,4,5,6,7,9,11};，则以下叙述中不正确的是（　　）。

A．*(b+2)为元素 b[2][0]的地址　　B．b[2]为元素 b[2][0]的地址

C．*(b+2)+1 为元素 b[2][2]的地址　　D．*b[2]+4 的值是 13

9．已知语句：

```
int max2(int a,int b),(*pf)( );
```

要使函数指针变量 pf 指向函数 max2()，正确的赋值方法是（　　）。

A．p=max;　　　　B．p=max(a,b);

C．*p=max;　　　　D．*p=max(a,b);

10．以下程序段的运行结果是（　　）。

```
main( )
{
    int x[] = {10, 20, 30};
    int *px = x;
    printf("%d,", ++*px);
    printf("%d,", *px);
    px = x;
    printf("%d,", (*px)++);
    printf("%d,", *px);
    px = x;
    printf("%d,", *px++);
    printf("%d,", *px);
    px = x;
    printf("%d,", *++px);
    printf("%d\n", *px);
}
```

A．11,11,11,12,12,20,20,20　　　　B．20,10,11,10,11,10,11,10

C．11,11,11,12,12,13,20,20　　　　D．20,10,11,20,11,12,20,20

二、填空题

1．以下程序段的运行结果是________。

```
main( )
{
    int a[10]={1,2,3,4,5,6,7,8,9,10}, *p=a+1;
    printf("%d\n",*(p+3));
}
```

2．设有以下定义语句：

```
int a[3][2]={10,20,30,40,50,60},  (*p)[2];
p=a;
```

则值*(*(p+2)+1)为________。

3．以下程序段的运行结果是________。

```
int *f(int *x,int *y)
{
    if(*x<*y)
        return x;
    else
        return y;
}
main( )
```

```
{
    int a=7,b=8,*p,*q,*r;
    p=&a; q=&b;
    r=f(p,q);
    printf("%d,%d,%d\n",*p,*q,*r);
}
```

4．下列程序的功能是输出数组中的最大值，由 s 指针指向该元素，请将程序补充完整。

```
main( )
{
    int a[10]={6,7,2,9,1,10,5,8,4,3},*p,*s;
    for(p=a,s=a;p-a<10;p++)
        if( ________)  s=p;
}
```

5．以下程序段的运行结果是________。

```
void  prtv(int  *x)
{
    printf("%d\n", ++*x);
}
main( )
{
    int  a=25;
    prtv(&a);
}
```

三、编程题

1．使用指针编写函数 fun，其功能如下：将一个数字字符串转换为一个整数（不得调用 C 语言提供的将字符串转换为整数的函数）。例如，若输入字符串“-1234”，则函数将其转换为整数-1234。部分源程序如下，请勿改动 main( )和其他函数中的任何内容，仅在函数 fun 的花括号中填入若干语句。

```
#include <stdio.h>
#include <string.h>
  long fun(char *p)
{



}
main( )
{
    char s[6];
    long n;
    printf("Enter a string:\n") ;
    gets(s);
    n=fun(s);
    printf("%ld\n",n);
}
```

2．设计一个使用指针的函数，交换数组 a 和数组 b 的对应元素。

3．编写程序，使用指针将字符串 str 中的所有字符“k”删除。

4．设计函数 insert(s1,s2,n)，使用指针在字符串 s1 的指定位置插入字符串 s2。

5．设计函数 fun，其功能如下：统计子字符串 substr 在字符串 str 中的出现次数。例如，若字符串为“aaaslkaaas”，子字符串为 as，则应输出 2。

第 9 章

用户自定义数据类型

C 语言内置了一些基本数据类型，如整型（short、int、long）、浮点型（float、double）、字符型（char）。通过这些基本的数据类型，用户可以定义变量以存放相应类型的数据。C 语言还允许程序员根据需要，通过对已有的数据类型进行限定、组合来定义新的数据类型，这种新的数据类型称为用户自定义数据类型。在 C 语言中可以使用 struct、union、enum 关键字来定义新的数据类型。使用 struct 关键字定义的数据类型通常称为结构类型，简称为结构，也称为结构体。使用 union 关键字定义的数据类型通常称为联合类型，简称联合，也称为联合体、共同体或共用体。使用 enum 关键字定义的数据类型通常称为枚举类型。在实际应用中，C 语言还可以使用 typedef 关键字为已知的数据类型（包括用户自定义数据类型）取一个“别名”。

9.1 结构类型

在 C 语言中，若一组数据的类型相同，则可用数组来简化对该组数据的表示。但在实际应用中，经常会遇到这样的情况：一组数据之间有着密切的联系，它们用来描述一个事物的几个属性，这些属性往往具有不同的数据类型。例如，表示一个学生的基本信息的数据有学号（整型或字符型）、姓名（字符型）、性别（字符型）、年龄（整型）、籍贯（字符型）等。显然，不能用一个数组统一处理学生的各项信息。如果将学生的各项信息独立存放在不同的变量或数组中，则很难看出它们之间的联系，也不便于处理。为了解决这类问题，C 语言给出了一种用户自定义类型——“结构类型”，或称为“结构体”。

结构类型是一种构造数据类型，它可以将描述同一事物不同特征的数据构造成一个数据类型，相当于其他高级语言中的“记录”。具体地说，结构类型是若干个数据项的集合，这些数据项的类型可以相同也可以不同，每一个数据项又称为结构类型的一个“成员”。

9.1.1 结构类型的定义

在程序中使用结构类型时，首先要对结构的组成进行描述，即先要进行结构类型的定义。结构类型定义的一般形式如下。

```
struct  结构体名
{
     数据类型说明符  成员名1;
     数据类型说明符  成员名2;
        ……
     数据类型说明符  成员名n;
};
```

说明：

（1）struct 是 C 语言中定义结构体的关键字。

（2）成员的数据类型可以是基本数据类型，也可以是数组类型，还可以是一个已定义的用户自定义类型。

（3）成员名可以与结构体外定义的变量名相同，两者不代表同一对象，但同一结构体内的各成员名不能相同。

（4）结构体定义中的右花括号后一定要有分号。

例如，定义一个表示学生基本信息的结构体如下。

```
struct student
{
    long id;
    char name[16];
    char sex;
    int age;
    char addr[30];
};
```

注意：student 不是变量，不能直接使用，可以使用 sturct student 来说明变量。

9.1.2　结构类型变量的定义

结构类型的定义只列出了该结构体的组成情况，标志着这种类型的结构体“模式”已存在，编译程序并不会因此而为其分配任何存储空间。为了能在程序中使用结构类型的数据，必须使用已定义的结构类型来定义结构体变量，系统才会为该结构体变量开辟相应的内存空间，用户才能使用该变量所包含的成员项的数据。

在 C 语言中，可以采用以下几种方法定义结构类型变量。

（1）先定义结构类型，再定义结构类型变量。

前面定义了表示学生基本信息的结构类型 struct student，可以用它来定义变量。例如：

```
struct student stu1,stu2;
```

此语句定义了两个结构类型变量 stu1 和 stu2，它们是 struct student 类型的结构类型变量。也就是说，stu1 和 stu2 都具有 struct student 结构类型中的各个成员项。

定义了结构类型变量后，系统就会为每个结构类型变量分配内存单元。图 9-1 表示了 stu1 和 stu2 的各成员项内存占用情况。

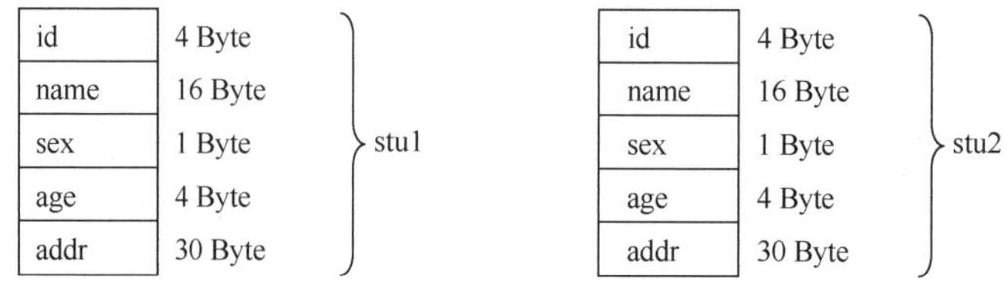

图 9-1 stu1 和 stu2 的各成员项内存占用情况

注意：结构类型变量实际占用的空间并不一定等于各成员变量所占空间之和。不同数据类型的成员排列顺序不一样，结构类型变量实际占用的空间也可能不同。

（2）在定义结构类型的同时定义结构类型变量。

例如：

```
struct student
{
    long id;
    char name[16];
    char sex;
    int age;
    char addr[30];
}stu1,stu2;
```

它的作用与第一种方法相同，即定义了两个 struct student 类型的变量 stu1 和 stu2。struct student 在后面的程序中还可以用于定义变量。

（3）采用匿名的结构类型来定义结构类型变量。

例如：

```
struct
{
    成员变量列表;
      …
} 结构类型变量列表;
```

这种方法定义的结构类型没有实际的名称，即只能在定义结构类型的位置使用一次。

例如：

```
struct
{
    long id;
    char name[16];
    char sex;
    int age;
    char addr[30];
} stu1, stu2 ;
```

在后面的程序中只能使用 stu1 和 stu2 这两个变量，而定义的结构类型没有名称（所以称为匿名），因此在后面的程序中无法用来定义变量。

注意：结构类型变量的内存空间组织如下。

定义结构体变量后，计算机系统会自动为变量预留存储空间，成员变量的空间按照定义时的先后顺序进行安排。但在成员变量安排空间时，为了提高系统对内存空间的访问速度，系统通常会采用“内存对齐”（或称“字节对齐”）原则。

所谓“字节对齐”，是指若一个变量占用 *n* 字节，则该变量的起始地址必须能被 *n* 整除，即变量起始地址% *n*=0（即变量的地址值是 *n* 的整数倍）。对于整个结构体而言，*n* 是各成员的数据类型占用空间的最大值。

默认情况下，结构类型变量的各个成员在内存中的存放顺序遵循以下规则。

（1）每个成员的起始地址%自身对齐值=0。若表达式不成立，则在前一个成员后补空字节直至这个表达式成立。

（2）结构体的长度必须为结构体的自身对齐值的整数倍。如果不是，则在最后一个成员后补空字节。

其中，每个成员自身对齐值按不同的数据类型取不同的值，对于 char 型的数据，其自身对齐值为 1；对于 short 型的数据，其自身对齐值为 2；对于 int、long、float 型的数据，其自身对齐值为 4；对于 double 型的数据，其自身对齐值为 8；而结构体自身对齐值为其所有成员中包括结构体成员的成员自身对齐值最大的那个。

因此，一个结构类型变量所占的内存空间通常比所有成员各自占有的空间之和更大。例如，前面定义的 struct student 结构，各成员各自占用的空间之和为 55 字节，而实际上 struct student 类型的变量 stu1 所占空间为 60 字节。其中，sex 成员后会补 3 个空字节，addr 成员后会补 2 个空字节。

因此，若在编程时考虑节约空间，则应该将变量按照数据类型从小到大说明的原则进行排列，这样可以尽量减少填补空间。例如：

```
struct  Data
{
    char flag ;
    short int id;
    double score ;
};
```

比使用如下方式节约空间。

```
struct  Data
{
    short int id;
    double score ;
    char flag ;
};
```

其中，第一种方式占 16 字节，而第二种方式占 24 字节。

9.1.3　结构类型变量的初始化和引用

结构类型变量和其他类型变量一样，可以在变量定义的时候赋初值，即为结构类型变量的各个成员项赋初值。例如：

```
struct student
{
    long id;
    char name[16];
    char sex;
    int age;
    char addr[30];
} wang={202010101, "Wangjun", 'M',25, " Street Peace No.253"};
```

以上代码表示定义一个 struct student 类型的结构体变量 wang，并对该变量进行初始化。

对结构类型变量赋初值时，程序按每个成员在结构体中的顺序一一对应赋初值，不允许跳过前面的成员给后面的成员赋初值。可以只对前面的部分成员进行初始化，而对于后面未赋初值的成员，系统会将这些成员所占的字节全部置为 0。例如：

```
struct student Zhang = {202010102,"Zhangwei"};
```

此语句将只初始化 Zhang 变量的 id 和 name 这 2 个成员，其他成员所占的字节全部置为 0。

在定义了结构类型变量后，即可引用这个变量。结构类型变量的引用方式如下。

```
结构类型变量.成员项名
```

例如，wang.age 表示引用 wang 变量中的 age 成员。

说明：

（1）结构类型变量引用方式中的“.”称为成员（分量）运算符，它的作用是访问结构类型变量的成员项，具有最高的运算级别。

（2）若结构类型变量的某个成员项为基本数据类型，则该成员具有相同类型变量的一切特征，可以像相同类型变量一样进行各种运算（如赋值、算术运算、输入输出等）。例如：

```
wang.id=201110102;
wang.id++;
printf("%ld",wang.id);
```

（3）可以引用结构类型变量的地址，也可以引用结构类型变量成员的地址。例如：

```
scanf("%ld",&wang.id);        /*输入wang.id的值*/
printf("%x",&wang);           /*输出结构类型变量wang的地址*/
```

（4）可以将一个结构类型变量作为一个整体赋给另一个同类型的结构类型变量。结构体变量的赋值，实际上就是将一个结构体变量所占空间的所有字节数据，整体复制给另一个相同类型的结构体变量所占的空间。例如：

```
struct student  stu1, stu2;
…
stu2=stu1;
```

但不能使用 scanf、printf 等函数将结构类型变量作为整体进行输入或输出操作。例如，下面的输出操作不能将结构类型变量的所有成员值输出。

```
struct student stu;
printf("%ld,%s,%c,%d,%s\n",stu);
```

（5）如果结构体的成员项本身又属于一个结构类型，则称为结构体的嵌套。访问存在嵌套的结构体变量成员时，需要采用如下形式引用内层成员。

```
结构类型变量名.外层成员名.内层成员名
```

例如，有以下结构类型定义。

```
struct stu_age
{
    int year;
    int month;
    int day;
};
struct student
{
    long id;
    char name[16];
    char sex;
    struct stu_age birthday;
    char addr[30];
} zhang;
```

以上代码表示 struct student 结构类型中的 birthday 成员属于 struct stu_age 结构类型。可以通过以下语句为变量 zhang 的内层成员 year 赋值。

```
zhang. birthday.year=1993;
```

【例 9.1】结构类型变量的初始化和引用。

1）源程序代码（demo9_1.c）

```
#include <stdio.h>
#include <string.h>
main( )
{
    struct student
    {
        long id;
        char name[16];
        char sex;
        int age;
        char addr[30];
    } wang={201110101, "Wangjun", 'M',25, "Street Peace No.253"};
    struct student li ={201110102,"Lihong",'F',23,"Green House 5-503"},
zhang={201110103,"Zhanghua",'M'};
    struct student zhao=li;
    zhao.id=201110104;
    strcpy(zhao.name,"Zhaolin");
    printf("id       name       sex age addr\n");
    printf("------------------------------------------------\n");
    printf("%-10ld%-12s%-4c%-4d%s\n", wang.id, wang.name, wang.sex,
wang.age, wang.addr );
```

```
        printf("%-10ld%-12s%-4c%-4d%s\n", li.id, li.name, li.sex, li.age,
li.addr);
        printf("%-10ld%-12s%-4c%-4d%s\n", zhang.id, zhang.name, zhang.sex,
zhang.age, zhang.addr );
        printf("%-10ld%-12s%-4c%-4d%s\n", zhao.id, zhao.name, zhao.sex,
zhao.age, zhao.addr );
        getchar( );
    }
```

2）程序运行结果

程序运行后将输出 wang、li、zhang、zhao 四个结构类型变量各成员的值，结果如下。

```
    id        name        sex age address
    --------------------------------------------------
    201110101 Wangjun     M   25  Street Peace No.253
    201110102 Lihong      F   23  Green House 5-503
    201110103 Zhanghua    M   0
    201110104 Zhaolin     F   23  Green House 5-503
```

3）程序说明

在此程序中，定义结构体 student 的同时定义了结构类型变量 wang，并同时为该变量的各成员赋了初值。此后，使用 struct student 结构定义了 li 和 zhang 两个变量，li 变量进行了完全初始化，而 zhang 变量进行了部分成员初始化。随后又使用 struct student 结构定义了 zhao 变量，并将 li 变量作为一个整体对 zhao 变量进行了赋值。

【例 9.2】 结构类型的嵌套。

1）源程序代码（demo9_2.c）

```
    #include <stdio.h>
    #include <string.h>
    struct stu_age
    {
        int year;
        int month;
        int day;
    };
    struct student
    {
        long id;
        char name[16];
        char sex;
        struct stu_age birthday;
        char addr[30];
    };
    main( )
    {
        struct student zhao;
        printf("Please input:\n");
        scanf("%ld %s %c %d %d %d %s", &zhao.id, zhao.name, &zhao.sex,
```

```
&zhao.birthday.year, &zhao.birthday.month, &zhao.birthday.day, zhao.addr);
        printf("%d, %s, %c, %d-%d-%d, %s\n",zhao.id, zhao.name, zhao.sex,
zhao.birthday.year, zhao.birthday.month, zhao.birthday.day, zhao.addr);
    }
```

2）程序运行结果

```
Please input:
202010102 Zhaolin F 2002 1 3 BeiJing
202010102, Zhaolin, F, 2002-1-3, BeiJing
```

3）程序说明

此程序先定义了一个存储日期的结构类型 stu_age，接着定义了学生信息结构类型 student，student 结构体中的 birthday 成员的类型为 struct stu_age。在主函数中，使用结构类型 student 说明结构类型变量 zhao，并用 scanf 和 printf 函数输入、输出 zhao 的各成员的值。

访问 zhao 的各成员值时使用了“.”操作符，但访问 zhao 的 birthday 成员的各元素时，必须使用两个“.”操作符。例如，访问学生的出生月份时，必须写成“zhao.birthday.month”。

9.1.4　结构类型数组

一名学生的基本信息可以存放在一个结构类型变量中，若需要处理多名学生的基本信息，则可以使用结构类型数组。结构类型数组与前面介绍的普通数组的不同之处在于，结构类型数组中的每个元素都是一个结构类型的数据，它们都包括多个成员项。

1. 结构类型数组的说明

与结构类型变量的说明类似，结构类型数组也可以通过 3 种方法来说明。其基本说明形式如下。

```
struct 结构类型名  结构类型数组名[整型常量];
```

例如：

```
struct student
{
    long id;
    char name[16];
    char sex;
    int age;
    char addr[30];
};
struct student stu[3] ;
```

说明：

（1）此例中说明了一个含有 3 个元素的结构类型数组，这 3 个元素是 stu[0]、stu[1]、stu[2]，每个元素都具有 struct student 结构类型中的各个成员项。

（2）与普通数组一样，结构类型数组中的各元素在内存中也是按元素下标的顺序依次存放的，如图 9-2 所示。

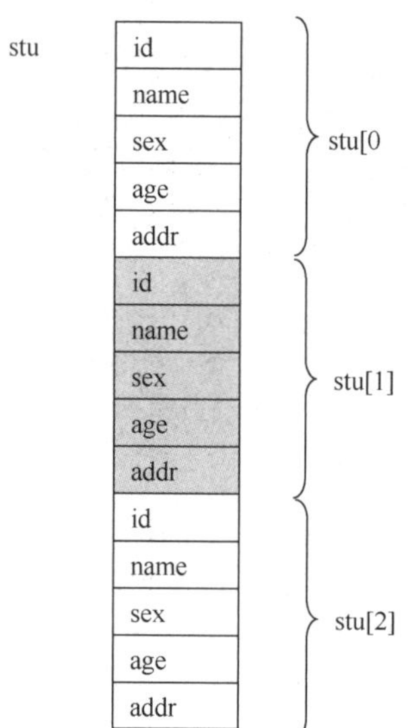

图 9-2 结构类型数组中各元素的内存组织

（3）数组名 stu 代表该结构类型数组在内存中的首地址。

2. 结构类型数组的初始化

与其他类型的数组一样，可以在结构类型数组说明时，对数组中的部分或全部元素赋初值。例如：

```
struct student
{
    long id;
    char name[16];
    char sex;
    int age;
    char addr[30];
    } cs_stu[3]= { {202010101, "Wangjun", 'M',25, "Street Peace No.253"},
                  {202010102,"Lihong",'F',23,"Green House 5-503"},
                  {202010103,"Zhanghua",'M', 24,"Road Beijing No.137"}
                };
struct student stu[ ]={ {202010201, "Zhaolei", 'M',22, "Street Peace
                        No.153"},
                        {202010202,"Zhouming",'M',21,"Red House
                        3-402"},{202010203,"Minrui",'M'}
                      };
```

说明：

（1）结构类型数组的初始化方法与二维数组的初始化方法有些类似，一般形式是在定义数组的后面加上：

```
= { 初值列表 };
```

在初值列表中可以用一对花括号将每个元素的初值括起来，如 cs_stu 数组的初始化。也可以不将每个元素的初值括起来，即 cs_stu 数组也可以采用如下形式进行初始化。

```
struct student cs_stu[3] = { 202010101, "Wangjun", 'M',25, "Street
                             Peace No.253",
                             202010102,"Lihong",'F',23,"Green House
                             5-503",
                             202010103,"Zhanghua",'M', 24,"Road Beijing
                             No.137" };
```

采用这种形式初始化时，要确保初值列表中的常量与结构类型数组的各成员项一一对应，除最后一个元素对应的初值外，结构类型数组其他元素对应的初值项不能缺少。

（2）定义结构类型数组时，可以不指定元素的个数。编译时，系统会根据给出初值的结构体常量的个数来确定数组的个数。

（3）允许进行部分初始化，即只初始化数组的部分元素，也可以只初始化某个元素的部分成员。例如：

```
struct student ms_stu[3]= { {202010101, "Wangjun", 'M',25,
                            "Street Peace No.253"},
                            {202010102,"Lihong",'F'}
                          };
```

部分初始化时，未被初始化的结构体元素的各成员所占空间的所有字节全部置为 0。

9.1.5　结构类型指针

结构类型指针即指向结构类型的指针。它是一个指针变量，用于指向结构类型数据所分配的存储区域的首地址，也可用于指向结构类型数组中的元素。结构类型指针的一般形式如下。

```
struct 结构类型名  *结构类型指针名;
```

例如：

```
struct student stu, *p;  //student是前面定义的结构类型
p=&stu;        //把结构类型变量stu的地址赋值给指针p，使指针p指向变量stu
struct student cs_stu[3],*q;
q=cs_stu;      //将指针q指向结构类型数组cs_stu，实际上指针q指向的是cs_stu[0]
```

使用结构类型指针访问结构体中的成员有以下两种方式。

（1）结构类型指针名->成员名。

（2）(*结构类型指针名).成员名。

例如，p->name 或(*p).name。

【例 9.3】使用结构类型指针访问结构体中的成员。

1）源程序代码（demo9_3.c）

```
#include<stdio.h>
struct student
{
    long id;
    char name[16];
    char sex;
    int age;
```

```
        char addr[30];
    } wang={202010101, "Wangjun", 'M',25, "Street Peace No.253"};

    main( )
    {
        struct student *p;          //定义了一个结构类型指针
        p=&wang;                    //将结构类型变量wang的地址赋给指针变量p
        printf("%ld,%s,%c,%d,%s\n",wang.id,wang.name,wang.sex,wang.age,
wang.addr);
        printf("%ld,%s,%c,%d,%s\n",p->id, p->name, p->sex, p->age,
p->addr);

    }
```

2）程序运行结果

```
202010101,Wangjun,M,25,Street Peace No.253
202010101,Wangjun,M,25,Street Peace No.253
```

3）程序说明

此程序定义了结构类型指针 p，并将结构类型变量 wang 的地址赋给指针变量 p，也就是使 p 指向 wang。第一个 printf 函数用“.”运算符输出 wang 的各个成员的值，第二个 printf 函数使用结构类型指针的方式输出 wang 的各个成员的值。

注意：（1）(*p).name 中的(*p)代表 p 指向的结构类型变量，(*p).name 是 p 指向的结构类型变量中的成员 name。(*p)两侧的圆括号不可省略，因为成员运算符“.”优先于“*”运算符，*p.name 等价于*(p.name)。

（2）指向运算符“->”的优先级最高。p->age+1 等价于（p->age）+1，p->age++等价于（p->age）++，++p->age 等价于++(p->age)，*p->name 等价于*(p->name)。

9.1.6　结构体在函数中的使用

结构体在函数中的使用可分为以下几种情况。

（1）将结构类型变量的成员当作函数参数。

（2）将一个完整的结构类型变量当作函数参数。

（3）将结构类型指针当作函数参数。

（4）结构体型函数的返回值为结构类型。

（5）结构体指针型函数的返回值为结构体指针类型。

【例 9.4】将结构类型变量的成员当作函数参数。

1）源程序代码（demo9_4.c）

```
#include <stdio.h>
struct student
{
    long id;
    char name[16];
```

```
    char sex;
    int age;
    char addr[30];
};
void printLn(long id, char * name, char sex, int age, char * addr )
{
    printf("     id: %ld\n",id);
    printf("   name: %s\n",name);
    printf("    sex: %c\n",sex);
    printf("    age: %d\n",age);
    printf("address: %s\n",addr);
}
main( )
{
    struct student wang={202010101, "Wangjun", 'M',25, "Street Peace 
No.253"};
    printLn(wang.id, wang.name, wang.sex, wang.age, wang.addr );
}
```

2）程序运行结果

```
     id: 202010101
   name: Wangjun
    sex: M
    age: 25
address: Street Peace No.253
```

3）程序说明

此程序分别将结构类型变量 wang 的各个成员作为实参传给 printLn 函数的形参，用法和将普通变量作为实参相同，属于“值传递”方式。

【例 9.5】将一个完整的结构类型变量当作函数参数。

1）源程序代码（demo9_5.c）

```
#include <stdio.h>
struct student
{
    long id;
    char name[16];
    char sex;
    int age;
    char addr[30];
};
void printLn( struct student stu )
{
    printf("     id: %ld\n", stu.id);
    printf("   name: %s\n", stu.name);
    printf("    sex: %c\n", stu.sex);
    printf("    age: %d\n", stu.age);
    printf("address: %s\n", stu.addr);
```

```
    }
    main( )
    {
        struct student wang={202010101, "Wangjun", 'M',25, "Street Peace 
No.253"};
        printLn( wang );
    }
```

2）程序运行结果

```
      id: 202010101
    name: Wangjun
     sex: M
     age: 25
 address: Street Peace No.253
```

（3）程序说明

此例中，函数 printLn 的形参是一个结构类型。函数调用时直接将结构类型变量 wang 作为函数实参传给形参，其用法和使用普通变量作为实参传递给形参类似，属于“值传递”方式。

注意：将一个完整的结构类型变量作为函数参数进行传递时，必须保证实参与形参的类型相同。另外，当结构类型中成员很多或有成员为数组时，将一个完整的结构类型变量作为函数参数进行数据传递会使程序运行的效率大大降低。当结构体过大时，还会因栈溢出而导致程序崩溃。此时，可使用结构类型指针进行参数传递。

【例 9.6】改写例 9.5 的代码，使用结构类型指针作为函数参数。

1）源程序代码（demo9_6.c）

```
#include <stdio.h>
struct student
{
    long id;
    char name[16];
    char sex;
    int age;
    char addr[30];
};
void printLn( struct student * stu )
{
    printf("     id: %ld\n", stu->id);
    printf("   name: %s\n", stu->name);
    printf("    sex: %c\n", stu->sex);
    printf("    age: %d\n", stu->age);
    printf("address: %s\n", stu->addr);
}
main( )
```

```
    {
       struct student wang={202010101, "Wangjun", 'M',25, "Street Peace
No.253"};
       printLn( &wang );
    }
```

2）程序运行结果

```
      id: 202010101
    name: Wangjun
     sex: M
     age: 25
 address: Street Peace No.253
```

3）程序说明

此例中，函数 printLn 的形参已修改为一个结构体指针类型。函数调用时，将结构类型变量 wang 的地址作为函数实参传给形参 stu，这样 stu 就指向 wang 变量。在 printLn 函数中，输出 stu 所指向的结构类型变量的各个成员值，实际上就是输出 main 函数中 wang 的各成员值。

【例 9.7】结构体型函数，即函数的返回值为结构类型。

1）源程序代码（dem09-7.c）

```
    #include <stdio.h>
    struct student
    {
       long id;
       char name[16];
       char sex;
       int age;
       char addr[30];
    };
    struct student fun( )
    {
       struct student samp={202010101, "Wangjun", 'M',25, "Street Peace
No.253"};
       return samp ;
    }
    main( )
    {
       struct student wang;
       wang = fun( );
       printf("     id: %ld\n", wang.id);
       printf("   name: %s\n", wang.name);
       printf("    sex: %c\n", wang.sex);
       printf("    age: %d\n", wang.age);
       printf("address: %s\n", wang.addr);
    }
```

2）程序运行结果

```
     id: 202010101
   name: Wangjun
    sex: M
    age: 25
address: Street Peace No.253
```

3）程序说明

此程序在 main( )函数中定义了一个 struct student 类型的变量 wang，该变量未被初始化。main( )函数调用 fun 函数，并将 fun 函数的返回值赋给 wang 变量，最后输出 wang 变量中各成员项的值。而 fun 函数定义了一个 struct student 类型的变量 samp，对 samp 变量进行了初始化，并将 samp 作为函数的返回值返回。当函数 fun 被调用并返回时，可以理解为将 fun 函数中的 samp 的值赋给了 main( )函数的 wang。因此，main( )函数中的 wang 变量的各成员项的值与 fun 函数中 samp 各成员项的值是完全相同的。程序运行结果明确了这一点。

与把一个完整的结构类型变量作为函数参数进行数据传递的情况一样，当结构体的成员非常多时，结构类型的函数运行效率不高，且容易因栈溢出而导致程序崩溃。此时，可使用结构体指针型函数。

【例 9.8】结构体指针型函数，即函数的返回值为结构体指针类型。

1）源程序代码（dem09-8.c）

```
#include <stdio.h>
#define N 3
struct student
{
    long id;
    char name[16];
    char sex;
    int age;
    char addr[30];
}
stu[N]={
    {202010101,"Wangjun", 'M',25,"Street Peace No.253"},
    {202010102,"Lihong",'F',23,"Green House 5-503"},
    {202010103,"Zhanghua",'M', 24,"Road Beijing No.137"}
    };

struct student * find(long id)
{
    int i;
    for (i=0;i<N;i++)
        if (stu[i].id==id) return &stu[i] ;
    return NULL ;
}
main( )
{
```

```
    struct student * wang;
    long id ;
    printf("Please input id: ");
    scanf("%ld",&id);
    wang = find(id);
    if (wang!=NULL)
    {
        printf("    id: %ld\n", wang->id);
        printf("  name: %s\n", wang->name);
        printf("   sex: %c\n", wang->sex);
        printf("   age: %d\n", wang->age);
        printf("address: %s\n", wang->addr);
    }
}
```

2）程序运行结果

```
Please input id: 202010102
     id: 202010102
   name: Lihong
    sex: F
    age: 23
address: Green House 5-503
```

3）程序说明

此程序先定义了一个结构类型 struct student，再定义了一个该结构类型的数组 stu，并对其进行了初始化。find 函数是一个结构体指针类型函数，其功能是采用顺序查找的方法搜索 stu 数组，若找到 stu 数组中某元素的 id 值等于形参 id 的值，则返回该元素的地址。在 main( )函数中，定义了一个 struct student 类型的指针 wang；定义了一个 long 类型的变量 id，并输入一个值存入 id；将 id 作为实参传递给 find 函数，让 find 函数进行搜索，并将结果赋值给结构类型指针变量 wang；最后，main( )函数将 wang 所指向的 struct student 结构类型变量的各成员值输出。显然，结构体指针型函数与调用函数之间只传递回一个值（指针值），因此其时间和空间效率都比结构体型函数高。

9.1.7　链表的概念及简单应用

利用结构类型数组，可以解决一组结构类型数据的存取问题，但是利用数组也有很多不便之处。数组是静态结构，在程序中要事先确定数组的大小，在实际使用时有可能浪费空间（实际数据量小于数组大小），也有可能空间不够用（实际数据量大于数组大小）。另外，在数组中插入、删除一个元素时，要将数组中的许多元素移动位置，导致算法效率降低。为了解决此类问题，可以构造出一种按需使用、能动态进行存储分配的数据结构——链表。

1. 链表的概念

链表是将若干个数据项按一定原则连接起来的表。链表中的每一个数据（可能包含多个成员项）称为结点。每个结点都包含两部分，一部分是数据域，用于存储用户的数据；另一部分是指针域，用于存储下一个结点的地址。如果链表中只有指向下一个结点的指针，则为单链表，如图 9-3 所示。如果链表中增加了指向上一个结点的指针，则构成了双链表，如图 9-4 所示。双链表有两个指针，一个指向上一个数据，另一个指向下一个数据。

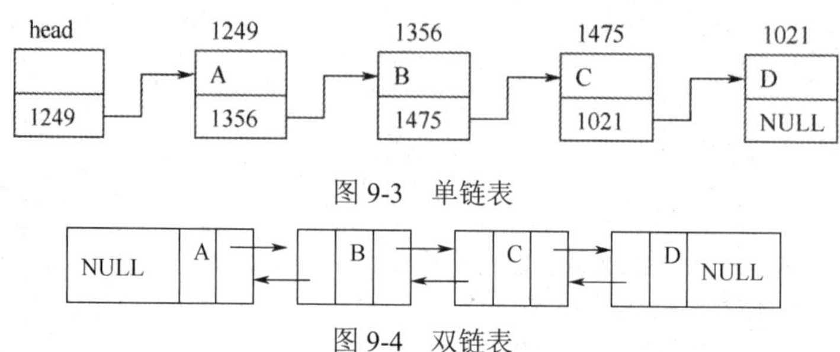

图 9-3　单链表

图 9-4　双链表

在图 9-3 中，head 表示表头指针，A、B、C、D 表示数据域数据，数值 1021、1249、1356、1475 表示结点的地址，NULL 为空指针，表示不指向其他结点。从其中可看出，单链表只能从表头开始访问各结点元素，或者从当前结点开始访问以后的结点。双链表可以从表中的任何一个结点开始访问其他结点。不管是哪种链表，都可以动态确定链表的长度，能方便地增加或删除表内结点。

2. 链表中结点的数据定义方式

对于单链表，一个结点应包含一个指针变量，用于存放下一个结点的地址；对于双链表，一个结点中应包含 2 个指针变量，一个用于存放下一个结点的地址，另一个用于存放上一个结点的地址。结点的数据定义方式如下。

单链表结点的数据类型定义方式如下。

```
struct 结点数据类型名
{
    数据类型说明符   成员名1;
    数据类型说明符   成员名2;
     ……
    数据类型说明符   成员名n;
    struct 结点数据类型名 * 下一个结点的指针名;
 };
```

例如：

```
struct student                      //学生信息结点名
{
    int id;                         //学号
    char name[16];                  //姓名
    char sex;                       //性别
    int age;                        //年龄
    float score;                    //成绩
    char addr[30];                  //住址
    struct student * next ;         //下一个结点的地址
};
```

双链表结点的数据类型定义方式如下。

```
struct 结点数据类型名
{
```

```
        数据类型说明符　成员名1;
        数据类型说明符　成员名2;
        ……
        数据类型说明符　成员名n;
        struct 结点数据类型名 * 上一个结点的指针名;
        struct 结点数据类型名 * 下一个结点的指针名;
    };
```

例如：

```
    struct student                  //学生信息结点名
    {
        int id;                     //学号
        char name[16];              //姓名
        char sex;                   //性别
        int age;                    //年龄
        float score;                //成绩
        char addr[30];              //住址
        struct student * front ; //上一个结点的地址
        struct student * next ;  //下一个结点的地址
    };
```

3. 处理动态链表所需函数

链表结构是动态分配存储空间的，即在需要时才向系统申请开辟一个结点的存储空间。C 语言提供了以下函数用于动态空间管理。

1）malloc 函数

malloc 函数原型如下。

```
    void * malloc( unsigned int size ) ;
```

其功能是在内存的动态存储区中分配一块长度为 size 字节的连续区域。函数的返回值为该区域的首地址。在实际使用时，根据分配空间的用途（即存储的数据类型），该函数的调用形式通常为：

```
    (数据类型说明符 * ) malloc( size )
```

其中，数据类型说明符表示该区域用于存储何种数据类型；“(数据类型说明符*)”表示把返回值强制转换为该数据类型的指针；“size”是一个无符号数。

例如：

```
    pi=(int *)malloc(100*sizeof(int));
```

以上代码表示分配 100 个 int 类型数据的存储单元，函数的返回值为指向 int 的指针，把该指针赋给指针变量 pi。

2）calloc 函数

calloc 函数原型如下。

```
    void * calloc( unsigned int n, unsigned int size ) ;
```

其功能是在内存动态存储区中分配 *n* 块长度为 size 字节的连续区域。函数的返回值为该存储区域的首地址。在实际使用中，该函数的调用形式通常为：

```
(数据类型说明符 * ) calloc( n , size )
```

其中，“(数据类型说明符 *)”用于强制类型转换。calloc 函数与 malloc 函数的区别仅在于 calloc 函数可以一次分配 *n* 块区域。

例如：

```
pstu=( struct student *)calloc(100, sizeof(struct student));
```

以上代码表示分配 100 个 struct student 类型数据的存储单元，函数的返回值为指向 struct student 的指针，把该指针赋给指针变量 pstu。

3）free 函数

free 函数原型如下。

```
void free( void * p ) ;
```

其功能是释放 p 所指向的一块内存空间，p 是一个任意类型的指针变量，它指向被释放区域的首地址。被释放区域是由 malloc 函数或 calloc 函数分配的区域。

【例 9.9】 分配一块区域，输入一名学生的基本数据。

1）源程序代码（demo9_9.c）

```
#include <stdio.h>
#include <string.h>
#include <stdlib.h>
struct student
{
    long id;
    char name[16];
    char sex;
    int age;
    char addr[30];
} ;
main( )
{
    struct student  *ps;
    ps=(struct student *)malloc(sizeof(struct student));
    ps->id=202010101;
    strcpy(ps->name,"Wangjun");
    ps->sex='M';
    ps->age=25;
    strcpy(ps->addr,"Street Peace No.253");
    printf("%ld,%s,%c,%d,%s\n",ps->id,ps->name,ps->sex,
                                ps->age,ps->addr);
    free(ps);
}
```

2）程序运行结果

```
202010101,Wangjun,M,25,Street Peace No.253
```

3）程序说明

此程序在函数外定义了结构体 student；在函数内先定义了指针变量 ps；接着分配了一块 student 类型数据存储区，并把首地址赋给了 ps，使 ps 指向该区域；随后通过 ps 指针变量对结构体各成员赋值，并用 printf 输出各成员值；最后，使用 free 函数释放 ps 指向的内存空间。整个程序包含了申请内存空间、使用内存空间、释放内存空间 3 个步骤，可实现存储空间的动态分配。

4. 链表基本操作

链表的基本操作有以下几种：建立链表、链表的查找、删除一个结点和插入一个结点。

单链表通常分为两种：一种是包含一个不存储用户数据的头结点（称为空的头结点）的单链表；另一种是不带空的头结点的单链表。本书将以第二种情况为例介绍单链表的基本操作。

1）建立链表

建立链表就是输入各个结点中的用户数据项，并建立结点间前后链接关系的过程。链表中的各个结点是在程序运行过程中通过动态分配内存空间生成的，因此链表中的各个结点不具有普通变量一样的变量名，只能通过指针来访问。根据新结点插入的位置，建立链表时可以采用头插法或尾插法。头插法就是将新结点插入链表的头部，尾插法就是将新结点插入链表的尾部。本书介绍尾插法。

尾插法建立链表的基本过程如下。

（1）定义 3 个链表结点类型的指针：head、currP 和 lastP。其中，head 指向头结点，currP 指向将要插入链表的结点，lastP 指向链表的尾结点。

（2）申请一块链表结点的空间，将 head 和 lastP 指向该空间；输入该结点的用户数据，同时将该结点的指针域置为空（NULL）。

（3）申请一块链表结点的空间，将 currP 指向该空间；输入该结点的用户数据，同时将该结点的指针域置为空（NULL）。先将 lastP 的指针域指向 currP 所指向的结点空间，再将 lastP 指向 currP 所指向的结点空间。

（4）若没有用户数据需要插入链表，则建立链表过程结束；否则重复步骤（3）。

【例 9.10】创建链表。

（1）源程序代码（demo9_10.c）如下。

```
#include <stdio.h>
#include <string.h>
#include <stdlib.h>
struct student
{
   long id;                    //学号
   char name[16];              //姓名
   char sex;                   //性别
   int age;                    //年龄
   char addr[30];              //住址
   struct student * next ;     //指向后继结点的指针
} ;
```

```
struct student * head=NULL; //全局变量，链表的头指针
void DeleteAll( )
{
    struct student * p = head;
    while(head!=NULL)
    {
        head=head->next;
        free(p);
        p=head;
    }
}
void InputData( struct student * ptr )
{
    printf("enter id:");
    scanf("%ld",&(ptr->id));        //输入学号
    getchar( );                     //将键盘缓冲区中的回车符读出
    if (ptr->id<=0 ) return;        //若学号小于或等于0，则表示该结点不用插入链表
    printf("enter name:");
    gets(ptr->name);                //输入姓名
    printf("enter sex:");
    ptr->sex=getchar( );            //输入性别
    printf("enter age:");
    scanf("%d",&(ptr->age));        //输入年龄
    getchar( );                     //将键盘缓冲区中的回车符读出
    printf("enter address:");
    gets(ptr->addr);                //输入住址
    ptr->next=NULL;                 //将指针域置为空
}

void OutputAll( )
{
    struct student * ptr = head ;
    printf("\n");
    printf("*****************************STUDENT********************
***********\n");
    printf("|id        |name            |sex|age |address                       |\n");
    printf("|----------|----------------|---|----|--------------------
----------|\n");
    while (ptr!=NULL)
    {
        printf("|%-10ld|%-16s|%c |%-4d|%-30s|\n",ptr->id,ptr->name,
ptr->sex,ptr->age, ptr->addr);
        ptr=ptr->next;
    }
    printf("*******************************END**********************
***********\n");
}
```

```
struct student * Create( )
{
   struct student *currP, *lastP=NULL;
   //申请第一个结点的空间
   head=lastP=(struct student *)malloc(sizeof(struct student));
   InputData( head );              //输入第一个结点的数据
   if (head->id<=0)                //若输入结点的学号小于或等于0，则表示链表结束
   {
     free(head);                   //释放第一个结点的空间
     head=NULL;
   }
   else
   {
     do {
                                   //申请新结点的空间
       currP=(struct student *)malloc(sizeof(struct student));
       InputData( currP );         //输入结点的数据
       if (currP->id<=0)           //若输入结点的学号小于或等于0，则表示链表结束
       {
          free(currP);             //释放结点的空间
          currP=NULL;
       }
       else                        //新结点要插入链表中
       {
          lastP->next=currP;       //将链表的尾结点的指针域指向新结点
          lastP=currP;             //将链表的指向尾结点的指针指向新结点
       }
     }while (currP!=NULL);
   }
   return head;                    //返回链表的头指针
}
main( )
{
   head=Create( );
   OutputAll( );
   DeleteAll( );
}
```

（2）程序运行结果如下。其中，画线部分为输入的数据。

```
enter id:202010101
enter name:Wangjun
enter sex:M
enter age:25
enter address:Street Peace No.253
enter id:202010102
enter name:Lihong
enter sex:F
```

```
enter age:23
enter address:Green House 5-503
enter id:0

*****************************STUDENT******************************
|id        |name            |sex|age |address                       |
|----------|----------------|---|----|------------------------------|
|202010101 |Wangjun         |M  |25  |Street Peace No.253           |
|202010102 |Lihong          |F  |23  |Green House 5-503             |
*******************************END********************************
```

（3）程序说明如下。

在此例中，InputData 函数的功能是完成一个结点的所有成员项数据的输入，若输入的学号小于或等于 0，则表示该结点的数据不用插入链表中，其他成员数据也就不用输入了。DeleteAll 函数的功能是释放链表中的所有结点，将链表置空。OutputAll 函数的功能是输出链表中所有结点的各成员项的数据。Create 函数的功能是创建链表。创建链表的过程按照前面提到的建立链表的算法过程实现。

2）链表的查找

下面以查找指定的学号为例，说明链表的查找操作。读者可以修改代码以实现按其他成员值或按多个成员值的综合查找操作。

【例 9.11】 链表的查找。在例 9.10 的基础上进行修改，这里增加了 OutputNode 函数和 Find 函数，对 main( )函数也进行了修改。

（1）源程序代码（demo9_11.c）如下。

```
    void OutputNode( struct student * ptr )
    {
        int i=0;
        printf("\n");
        printf("*****************************STUDENT*******************
***********\n");
        printf("|id        |name            |sex|age |address            |\n");
        printf("|----------|----------------|---|----|--------------------
-----------|\n");
        if (ptr!=NULL)
        printf("|%-10ld|%-16s|%c  |%-4d|%-30s|\n",ptr->id,ptr->name,
ptr->sex, ptr->age, ptr->addr);
        printf("*******************************END**********************
***********\n");
    }
    struct student * Find( int id )
    {
        struct student * p = head ;
        while (p!=NULL&&p->id!=id)    //p所指非空且p所指的结构体id成员不等于形参id
            p=p->next ;               //p指向下一个结点
        return p ;
    }
```

```
main( )
{
    head=Create( );
    OutputAll( );
    OutputNode(Find( 202010102 ));
    DeleteAll( );
}
```

（2）程序运行结果如下。其中，画线部分为输入的数据。

```
enter id:202010101
enter name:Wangjun
enter sex:M
enter age:25
enter address:Street Peace No.253
enter id:202010102
enter name:Lihong
enter sex:F
enter age:23
enter address:Green House 5-503
enter id:202010103
enter name:Zhaolin
enter sex:F
enter age:23
enter address:Green House 5-503
enter id:0

******************************STUDENT********************************
|id        |name            |sex|age |address                        |
|----------|----------------|---|----|-------------------------------|
|202010101 |Wangjun         |M  |25  |Street Peace No.253            |
|202010102 |Lihong          |F  |23  |Green House 5-503              |
|202010103 |Zhaolin         |F  |23  |Green House 5-503              |
********************************END**********************************

******************************STUDENT********************************
|id        |name            |sex|age |address                        |
|----------|----------------|---|----|-------------------------------|
|202010102 |Lihong          |F  |23  |Green House 5-503              |
********************************END**********************************
```

（3）程序说明如下。

此程序是在例 9.10 的基础上加以修改完成的。增加的 OutputNode 函数的功能是输出指定的结点的各成员项的值。该函数的形参为结构体指针类型，若形参 ptr 的值为 NULL，则只输出一个空表格。Find 函数用于实现对链表按学号进行顺序查找的操作。

3）删除一个结点

在链表中删除一个结点，通常是指把该结点从链表中分离出来，即改变链接关系。

设有一个单链表，其结构如图 9-5 所示。

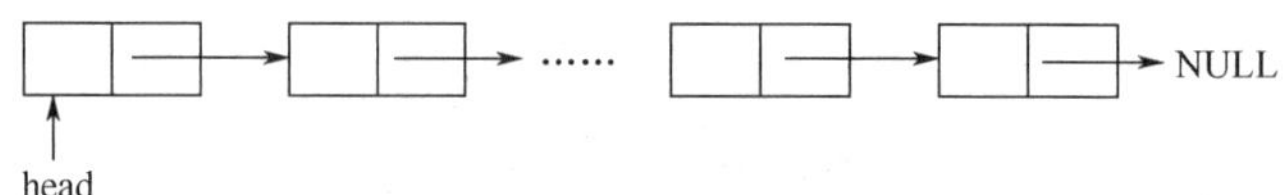

图 9-5 单链表的结构

删除链表中的结点时，分为以下 3 种情形。

（1）删除链表的头结点。在这种情形下，只需将表头指针指向下一个结点即可，删除头结点后的链表如图 9-6 所示。

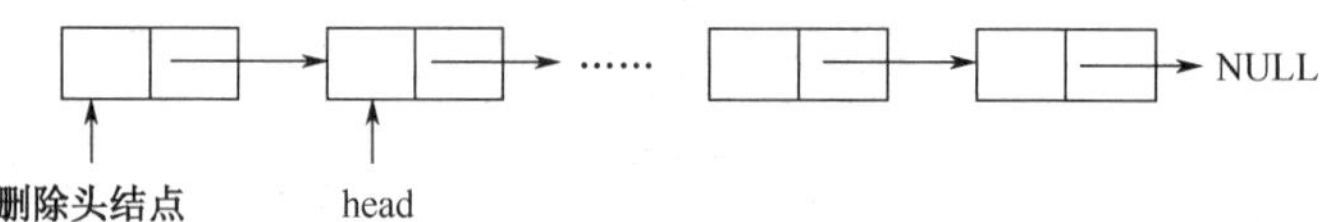

图 9-6 删除头结点后的链表

（2）删除链表的尾结点。此时，将指向最后一个结点的指针（即倒数第二个结点的指针域）指向 NULL 即可。删除尾结点后的链表如图 9-7 所示。

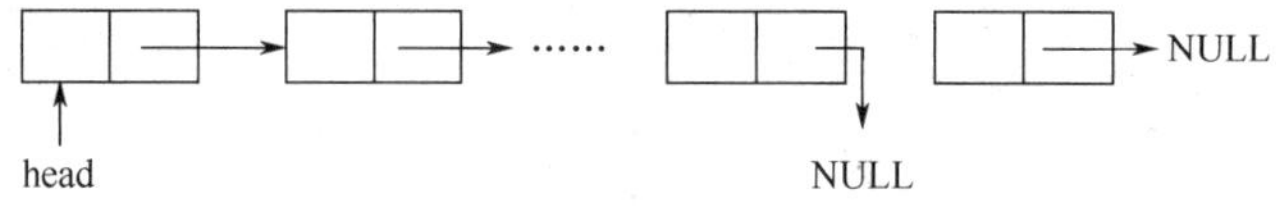

图 9-7 删除尾结点后的链表

（3）删除表的中间结点。此时，只需将要删除的结点的上一个结点的指针指向要删除结点的下一个结点即可。删除中间结点（除首、尾结点外）前后的链表如图 9-8 和图 9-9 所示。

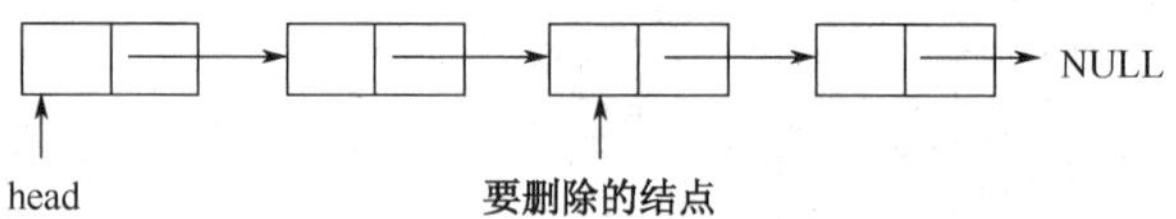

图 9-8 删除中间结点（除首、尾外）前的链表

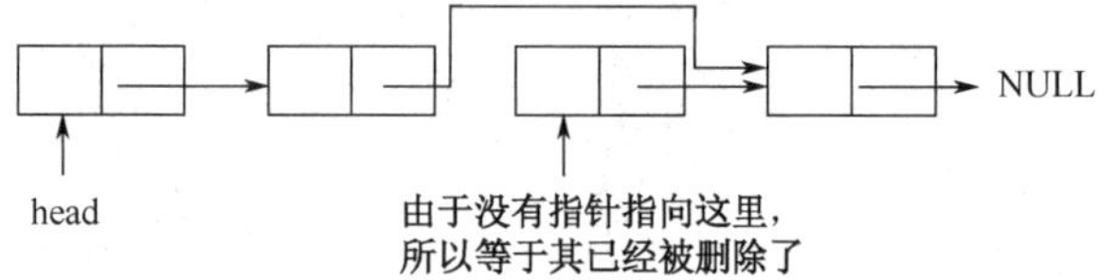

图 9-9 删除中间结点（除首、尾外）后的链表

对于情形（2）和情形（3）来说，都要先找到要删除结点的上一个结点（设为 p），再将该结点的指针域修改为 p 的下一个结点的指针域的值，即 p->next=p->next->next。若 p->next->next 为 NULL，则表示要删除的是链表的尾结点。

【例 9.12】 从链表中删除一个结点。在例 9.10 的基础上进行修改。这里增加了 DeleteNode 函数，对 main( )函数也进行了修改。

（1）源程序代码（demo9_12.c）如下。

```
void DeleteNode( int id )
{
    struct student * p = head, *q ;
    if ( p->id== id )                        //要删除的是头结点
```

```
    {
        head = p->next ;                    //将head指向下一个结点
        free( p );                          //释放要删除的结点的内存空间
    }
    else
    {           //p的下一个结点非空且下一个结点的id成员值不等于形参id的值
        while (p->next!=NULL && p->next->id!=id)
            p=p->next ;                     //将p指向下一个结点
        if (p->next->id==id)                //下一个结点的id成员值等于形参id的值
        {                                   //此时，p就是指向要删除结点的上一个结点
            q=p->next ;                     //保存要删除的结点的地址到q中
            p->next = p->next->next ;       //将p指针域赋值为要删除结点的指针域的值
            free( q );                      //释放要删除的结点的内存空间
        }
    }
}
main( )
{
  head=Create( );
  OutputAll( );
  DeleteNode( 202010102 );
  OutputAll( );
  DeleteAll (    );
}
```

（2）程序运行结果如下。其中，画线部分为输入的数据。

```
enter id:202010101
enter name:Wangjun
enter sex:M
enter age:25
enter address:Street Peace No.253
enter id:202010102
enter name:Lihong
enter sex:F
enter age:23
enter address:Green House 5-503
enter id:202010104
enter name:Zhaolin
enter sex:F
enter age:23
enter address:Green House 5-503
enter id:0

*****************************STUDENT*********************************
|id        |name            |sex|age |address                          |
|----------|----------------|---|----|--------------------------------|
|202010101 |Wangjun         |M  |25  |Street Peace No.253             |
```

```
|202010102 |Lihong          |F  |23  |Green House 5-503              |
|202010103 |Zhaolin         |F  |23  |Green House 5-503              |
*******************************END*********************************

*****************************STUDENT*******************************
|id        |name            |sex|age |address                       |
|----------|----------------|---|----|-------------------------------|
|202010101 |Wangjun         |M  |25  |Street Peace No.253            |
|202010103 |Zhaolin         |F  |23  |Green House 5-503              |
*******************************END*********************************
```

（3）程序说明如下。

DeleteNode 函数的功能是删除链表中 id 成员值为指定值的结点。在 if…else 结构中，if 部分表示要删除的是头结点，else 部分表示要删除的是其他结点。

4）插入一个结点

插入结点时，一般分为以下两种情况。

（1）在指定结点之后插入结点。设 tmp 指向待插入的结点，ptr 指向指定结点，即 tmp 所指结点要插入到 ptr 所指结点之后。需要分两步赋值：tmp->next=ptr->next;， ptr->next=tmp;。

（2）在指定结点之前插入结点。设 tmp 指向待插入的结点。若需要在头结点之前插入结点，则只需要如下两步：tmp->next=head;，head =tmp;。若不是在头结点之前插入结点，则需要先找到指定结点的上一个结点，将其设为 ptr，再分两步赋值：tmp->next=ptr->next;，ptr->next=tmp;。

【例 9.13】向链表中插入一个结点。在例 9.10 的基础上进行修改。这里增加了 InsertAfter 函数和 InsertBefore 函数对，对 main( )函数也进行了修改。

（1）源程序代码（demo9_13.c）如下。

```
void InsertAfter( int id )              //在指定结点之后插入结点
{
    struct student * ptr, *tmp;
    //以下查找id成员值等于形参id的结点
    ptr=head;
    while (ptr!=NULL&&ptr->id!=id)
        ptr=ptr->next;
    if (ptr==NULL) return ;             //指定结点未找到，结束函数
    //为新结点申请内存空间并输入数据
    tmp=(struct student *)malloc(sizeof(struct student));
    InputData( tmp );
    //将新结点插入链表中
    tmp->next=ptr->next;
    ptr->next=tmp;
    return ;
}
void InsertBefore( int id )             //在指定结点之前插入结点
{
    struct student * ptr, *tmp;
    if (head->id==id)                   //在表头插入结点
```

```
        {
            tmp=(struct student *)malloc(sizeof(struct student));
            InputData( tmp );
            tmp->next=head;
            head=tmp;
            return ;
        }
    else                                        //在非表头插入结点
        {
            //以下查找id成员值等于形参id的结点的上一个结点
            ptr=head;
            while (ptr->next!=NULL&&ptr->next->id!=id)
                ptr=ptr->next;
            if (ptr->next==NULL) return;  //指定结点未找到，结束函数
            //为新结点申请内存空间并输入数据
            tmp=(struct student *)malloc(sizeof(struct student));
            InputData( tmp );
            //将新结点插入链表中
            tmp->next=ptr->next;
            ptr->next=tmp;
            return ;
        }
}
main( )
{
    head=Create( );
    OutputAll( );
    printf("Insert a node before id=202010102:\n");
    InsertBefore( 202010102 );
    printf("Insert a node after id=202010102:\n");
    InsertAfter( 202010102 );
    OutputAll( );
    DeleteAll( );
}
```

（2）程序运行结果如下。其中，画线部分为输入的数据。

```
enter id:202010101
enter name:Wangjun
enter sex:M
enter age:25
enter address:Street Peace No.253
enter id:202010102
enter name:Lihong
enter sex:F
enter age:23
enter address:Green House 5-503
enter id:0
```

```
******************************STUDENT*******************************
|id        |name            |sex|age |address                       |
|----------|----------------|---|----|------------------------------|
|202010101 |Wangjun         |M  |25  |Street Peace No.253           |
|202010102 |Lihong          |F  |23  |Green House 5-503             |
********************************END*********************************
Insert a node before id=202010102:
enter id:202010103
enter name:Zhanghua
enter sex:M
enter age:24
enter address:Road Beijing No.137
Insert a node after id=202010102:
enter id:202010104
enter name:Zhaolin
enter sex:F
enter age:23
enter address:Green House 5-503

******************************STUDENT*******************************
|id        |name            |sex|age |address                       |
|----------|----------------|---|----|------------------------------|
|201110101 |Wangjun         |M  |25  |Street Peace No.253           |
|202010103 |Zhanghua        |M  |24  |Road Beijing No.137           |
|202010102 |Lihong          |F  |23  |Green House 5-503             |
|202010104 |Zhaolin         |F  |23  |Green House 5-503             |
********************************END*********************************
```

（3）程序说明如下。

此程序在例 9.10 的程序的基础上增加了两个函数。其中，InsertAfter 函数用于在指定的结点之后插入新结点，InsertBefore 函数用于在指定的结点之前插入新结点。

9.2 位域

与其他大部分计算机高级语言不同，C 语言可以访问字节中的位。这在某些情况下是有必要的。C 语言用于访问位的方法是以位域（Bit Field，也称为位段）为基础的。位域实际上是一种特殊类型的结构体成员。位域定义的一般形式如下。

```
struct  结构类型名
{
    数据类型说明符  成员名1：长度;
    数据类型说明符  成员名2：长度;
        …
    数据类型说明符  成员名n：长度;
};
```

其中，长度表示指定成员所占的二进制位数。

位域必须说明为 int、char、unsigned、signed 类型。长度为 1 的位域必须说明为 unsigned，位域在字节内从低位向高位分配，每个位域的宽度为 1～32 位。如果结构体中某成员只有数据类型和长度，没有成员名，则表示指定长度的这几位不使用。例如：

```
struct device
{
    unsigned active:1;
    unsigned ready: 1;
    unsigned xmt_error: 1;
    unsigned :2; //未使用
    unsigned EOT: 1;
}dev_code;
```

使用位域，就可以通过结构类型变量很容易地操作相应字节的位。

【例 9.14】位域结构的使用。

源程序代码（demo9_14.c）如下。

```
#include<stdio.h>
struct device
{
    unsigned active:1;
    unsigned ready: 1;
    unsigned xmt_error: 1;
    unsigned :2; //未使用
    unsigned EOT: 1;
}
dev_code;
main( )
{
    dev_code.active=1;
    dev_code.ready=0;
    dev_code.xmt_error=1;
    dev_code.EOT=0;
    printf("%d,%d,%d,%d", dev_code.active,dev_code.ready, dev_code.xmt_
error, dev_code.EOT);
}
```

程序运行结果如下。

```
1,0,1,0
```

程序说明如下。

① 此程序在定义 device 位域结构的同时，说明了位域变量 dev_code。其中，成员 active 在第 0 位，ready 在第 1 位，xmt_error 在第 2 位，第 3、4 位未使用，EOT 在第 5 位。访问位域变量的成员可采用点运算符，如访问成员 active 可写成 dev_code.active。

② 在位域定义中，若某一位域要从另一个存储单元开始存储，则可以使用以下形式定义。

```
unsigned a:1; } 一个存储单元
unsigned b:2;
```

```
    unsigned :0;
    unsigned c:3;//另一个存储单元
```

本来 a、b、c 可连续存储在一个存储单元中，但这里使用了长度为 0 的位域，其作用是使下一个位域从下一个存储单元开始存储。因此，只将 a、b 存储在一个存储单元中，将 c 存储在下一个存储单元中。上述“存储单元”可能是 1 字节，也可能是 2 字节或 4 字节，因不同的编译器而异。

③ 一个位域必须存储在同一个存储单元中，不能跨两个存储单元。如果一个存储单元无法容纳下一位域，则不使用该空间，而从下一个存储单元起存放该位域。

④ 位域可以在数值表达式中引用，它会被系统自动地转换成整型数。例如，data.a+5/data.b 是合法的。

> **注意**：因为 CPU 的字长、字节序以及编译器不同，位域存在代码移植的问题。一段使用了位域的代码，在不同的编译器和 CPU 环境中，运行结果可能不一样。例如，对于 long 类型，其在 64 位编译器中是 64 位的数据类型，而在 32 位编译器中是 32 位的数据类型；又如，字节序通常分为大端字节序和小端字节序。大端字节序是指低地址存放最高有效位，小端字节序是指低地址存放最低有效位。不同的 CPU 可能采用不同的字节序，这意味着某个二进制数据在不同的 CPU 中字节的排列顺序是不同的。这样，通过位域访问的结果就可能不一样。

9.3 联合类型

联合是指几个不同的变量占用同一段内存，也称为联合体、共用体或共同体。联合类型和结构类型的定义、说明和引用形式相似，但它们在存储空间的使用和分配上有本质的区别。

联合类型的一般形式如下。

```
union 联合体名
{
    数据类型说明符   成员名1;
    数据类型说明符   成员名2;
      ……
    数据类型说明符   成员名n;
};
```

和结构类型相似，这样定义的联合类型名只是一个数据类型。要想使用联合变量，需在定义联合类型的同时说明变量，或使用关键字 union 和联合类型名说明一个联合变量，单独说明联合变量的形式如下。

```
union 联合体名 联合变量表;
```

在定义联合变量时，编译器将自动产生一个足以存放联合体中最长变量类型的变量。必须注意的是，union 虽然可以同时定义许多不同的变量，但是这些变量的数据都存储在同一块内存空间中。因此，当修改一个成员变量的值时，其他成员变量的值也会被修改。

访问一个联合变量与访问结构体变量所用的语法相同，即“.”操作符和“->”操作符。直接对联合变量进行操作时，使用“.”操作符；通过指针访问联合变量时，使用“->”操作符。这两种访问方式如下。

```
联合变量名.成员名
联合指针变量名->成员名
```

【例 9.15】联合类型的简单应用。

1）源程序代码（demo9_15.c）

```
#include<stdio.h>
union exam
{
   short int k;            //短整型与字符型共用一个存储单元
   char c;
}
main( )
{
   union exam a;
   scanf("%d",&a.k);
   printf("%d,%c\n",a.k,a.c);
   scanf("%d",&a.k);
   printf("%d,%c\n",a.k,a.c);
}
```

2）程序运行结果

```
65↙
65,A
66↙
66,B
```

3）程序说明

此程序定义了一个联合类型 exam，其成员为短整型 k 和字符型 c，并使用联合类型说明变量 a。在联合变量 a 中，k 和 c 共用一个存储地址，即短整型与字符型共用一个存储单元。

输入一个整数到 a.k 中，并输出联合变量 a 中的每个成员的值。根据运行结果可以看到，输出的 a.k、a.c 实质上是同一个存储单元的数据内容，只是一个以整数形式显示，另一个以字符形式显示。

【例 9.16】设有若干人员的数据，其中包含学生和教师。学生的数据包括编号、姓名、性别、职业及班级，教师的数据包括编号、姓名、性别、职业及职务。现有数据如表 9-1 所示。

表 9-1　现有数据

编　号	姓　名	性　别	职　业	班级/职务
2	Chang	F	s	501
8	Wang	M	t	Prof

1）数据结构分析

教师和学生的数据除一个数据项外其余均相同，可以用结构类型来处理该问题，但在处理第 5 项时存在困难，因为学生相应项为数值数据，教师相应项为字符类型。为此，可用结构类型加联合类型解决。

```
struct
{
   int num;                        //存放编号
   char name[10];                  //存放姓名
   char gender;                    //存放性别
   char job;                       //存放职业
   union                           //结构中有联合类型
   {
     int class;                    //存放班级
     char position[10];            //存放职务
   }category;
}person[2];
```

2）源程序代码（demo9_16.c）

```
#include<stdio.h>
#include<conio.h>
struct
{
   int num;
   char name[10];
   char gender;
   char job;
   union
   {
     int class;
     char position[10];
   }category;
} person[2];
main( )
{
   int n,i;
   char c1,c2,c3,c4;
   printf("输入编号、姓名、性别、职业\n");
   for(i=0;i<2;i++)
   {
      scanf("%d",&person[i].num);
      getchar( ); // 读取scanf函数留在输入缓冲区中的换行符
      gets(person[i].name);
      person[i].gender=getchar( );
      getchar( );  //读取getchar函数留在输入缓冲区中的换行符
      person[i].job=getchar( );
      if(person[i].job=='s')
```

```
            scanf("%d",&person[i].category.class);
        else if(person[i].job=='t')
            scanf("%s",person[i].category.position);
        else
            printf("input error!");
    }
    printf("\n");
    printf("No.    Name    gender  job  class/position\n");
    for(i=0;i<2;i++)
    {
        if(person[i].job=='s')
            printf("%-6d %-10s %-3c %-3c %-6d\n",
               person[i].num,person[i].name,person[i].gender,
               person[i].job,person[i].category.class);
        else
            printf("%-6d %-10s %-3c %-3c %-6s\n",person[i].num,
               person[i].name,person[i].gender,person[i].job,
               person[i].category.position);
    }
}
```

3）程序说明

此程序采用了结构类型加联合类型的数据结构方式，并定义了这种类型的数组 person。程序先输入每个人的信息到数组 person 的每个元素中，再采用联合变量 category 来处理教师和学生的不同情况，如果是老师，则变量 category 使用 position 成员，用于存取字符型数据。如果是学生，则变量 category 使用 class 成员，用于存取整型数据，最后将数据输出。

9.4　枚举类型

在实际的程序设计中，可能需要为一系列整数分别定义标识符，此时可以利用预处理指令#define 来完成这项工作。例如：

```
#define MON  1
#define TUE  2
#define WED  3
#define THU  4
#define FRI  5
#define SAT  6
#define SUN  7
```

采用这种方法时，代码量大，维护也不方便。可定义一种新的数据类型，让它完成同样的工作。这种新的数据类型称为枚举类型。

1. 枚举类型的定义

枚举是一个被命名的整型常数的集合。当一个变量只有几种可能的整型值时，可以定义为枚举类型。枚举类型的定义形式和结构定义形式相似，它使用关键字 enum 来标识一个枚举类型。枚举类型的一般形式如下。

```
enum 枚举类型名
{
    标识符1 [=整型常数],
    标识符2 [=整型常数],
    ……
    标识符n [=整型常数],
} 枚举变量;
```

如果枚举没有初始化，即省略“=整型常数”，从第一个标识符开始依次赋给标识符 0、1、2、……，但当枚举中的某个成员赋值后，其后的成员按依次加 1 的规则确定其值。

2. 枚举变量的定义

枚举变量的定义和结构体、共用体变量的定义类似，也有以下 3 种定义方法。

（1）先定义枚举类型，再定义枚举类型变量。

```
enum 枚举类型名{ 枚举数据表 };
enum 枚举类型名 变量表;
```

（2）在定义枚举类型的同时定义枚举类型变量。

```
enum  枚举类型名 { 枚举数据表 } 变量表;
```

（3）采用匿名的枚举类型名定义变量。

```
enum  { 枚举数据表 } 变量表;
```

例如，对于枚举类型 enum color，定义枚举变量 c1、c2，可采用以下 3 种方法。

方法 1：

```
enum  color { red, yellow, blue, white, black };
enum color c1, c2; //第一种方法
```

方法 2：

```
enum color { red, yellow, blue, white, black } c1, c2; //第二种方法
```

方法 3：

```
enum { red, yellow, blue, white, black } c1, c2; //第三种方法
```

在同一个程序中不能定义同名的枚举类型，不同的枚举类型中也不能存在同名的枚举成员。

错误示例一：存在同名的枚举类型。

```
enum workday
{
   Wednesday=3,
   thursday,
   friday
};
enum workday
{
   Saturday=6,
```

```
    sunday,
    monday = 1
};
```

错误示例二：存在同名的枚举成员。

```
enum workday
{
    Wednesday=3,
    thursday,
    friday
};
enum week
{
    Wednesday=3,
    sunday = 7,
    Monday = 1
};
```

3. 枚举变量的使用

（1）枚举类型变量可以进行赋值运算，通常可使用以下几种方法。

方法一：先说明变量，再对变量赋值。例如：

```
enum DAY { MON=1, TUE, WED, THU, FRI, SAT, SUN };
enum DAY yesterday, today, tomorrow;
yesterday = MON;
today  = TUE;
tomorrow  = WED;
```

方法二：说明变量的同时赋初值。例如：

```
enum DAY { MON=1, TUE, WED, THU, FRI, SAT, SUN };
enum DAY yesterday = MON, today = TUE, tomorrow = WED;
```

方法三：定义类型的同时说明变量，并对变量赋值。例如：

```
enum DAY { MON=1, TUE, WED, THU, FRI, SAT, SUN } yesterday, today, tomorrow;
yesterday = MON;
today = TUE;
tomorrow  = WED;
```

方法四：类型定义、变量说明和赋初值同时进行。例如：

```
enum DAY { MON=1,TUE,WED,THU,FRI,SAT,SUN } yesterday=MON, today=TUE;
```

（2）对枚举类型的变量赋整数值时，需要进行类型转换。例如：

```
enum DAY { MON=1, TUE, WED, THU, FRI, SAT, SUN };
enum DAY yesterday, today, tomorrow;
yesterday = TUE;
today = (enum DAY) (yesterday + 1);       //类型转换
tomorrow = (enum DAY) 30;                 //类型转换
//tomorrow = 3;                           //错误
```

（3）枚举类型是有序类型，枚举类型数据可以进行关系运算。枚举类型数据的比较将转换成序号的比较，只有同一种枚举类型的数据才能进行比较。例如：

```
enum DAY { MON=1, TUE, WED, THU, FRI, SAT, SUN };
enum DAY yesterday = MON, today, oneday;
today = (enum DAY) (yesterday + 1);      //类型转换
oneday = (enum DAY) 3;                   //类型转换
if  ( oneday > today)                    //枚举类型的比较
{ ...... }
```

（4）枚举类型的输入与输出。通常，枚举类型数据不能直接输入或输出。枚举类型数据输入时，先输入其序号，再进行强制类型转换。输出时，可将枚举类型数据作为整型数据输出。通常先采用开关语句进行判断，再将其转换成对应字符串（枚举类型的成员标识符）输出。

4. 枚举类型应用举例

【例 19.17】枚举类型的应用。

1）源程序代码（demo9_17.c）

```
#include<stdio.h>
enum Season
{
   spring, summer=100, fall=96, winter
};
void main( )
{
   int x=100;
   enum Season mySeason=winter;          //定义枚举类型变量mySeason并初始化
   printf("%d \n", spring);              //结果为0
   printf("%d, %c \n", summer, summer); //结果为100, d
   printf("%d \n", fall+winter);         //结果为193
   if(winter= =mySeason)                 //两个枚举类型数据进行比较
      printf("mySeason is winter \n");  //输出"mySeason is winter"
   if(x= =summer)                        //整型数据与枚举类型数据进行比较
      printf("x is equal to summer\n"); //输出"x is equal to summer"
   printf("%d bytes\n", sizeof(spring));//输出枚举类型数据占用的内存空间：
4 bytes
}
```

2）程序运行结果

```
0
100, d
193
mySeason is winter
x is equal to summer
4 bytes
```

3）程序说明

此程序定义了一个枚举类型 Season，其中，spring、summer、fall、winter 称为枚举元素，是 Season 枚举类型变量的所有可能取值。枚举元素是按常量进行处理的，第一个枚举元素 spring 没有进行初始化，其值为 0；第二个枚举元素 summer 初始化为 100；第三个枚举元素 fall 初始化为 96；第四个枚举元素未初始化，其值为第三个元素值加 1，即为 97。

9.5　数据类型别名的定义

C 语言允许使用关键字 typedef 为已知的数据类型定义一个新的类型名——“别名”。typedef 语句的一般形式如下。

```
typedef 原类型名 新类型名;
```

其中，“原类型名”可以是任意合法的数据类型，“新类型名”是该类型的新名称（即原类型名的“别名”）。

例如：

```
typedef int INTEGER;          //将INTEGER定义为整型int
INTEGER k;
int j;
```

以上代码先为整型 int 定义了一个新的“别名”INTEGER，随后用 INTEGER 定义了变量 k，采用 int 定义了变量 j。实际上，k 和 j 是相同的数据类型，都为 int 类型。

采用 typedef 语句定义数据类型时，并没有真正产生一个新的数据类型，所定义的新类型名是附加的，是现有类型的一个“别名”，新类型名并不取代原类型名。

说明：

（1）习惯上，使用 typedef 语句定义的新类型名用大写字母表示，以区别于标准的数据类型标识符。

（2）typedef 与#define 有相似之处，但实际上二者有着本质的区别。例如，typedef int INTEGER 和#define INTEGER int 的作用相似，都可以用 INTEGER 代表 int。二者的区别是，#define 是在预编译时处理的，编译系统会把源代码中的 INTEGER 替换成 int（简单的字符串替换），再进行编译；而 typedef 则是在编译时处理的，编译系统不是只做简单的字符串替换操作。

（3）通过 typedef 语句为现有类型取“别名”有助于使代码文本化，从而方便程序的通用和移植。

例如，不同的编译系统对 int 类型数据存储时采用的字节数是不一样的，有的采用 2 字节，有的采用 4 字节。若将一个 C 语言程序从以 4 字节存放 int 数据的系统移植到以 2 字节存放 int 数据的系统中，则一般的方法是将程序中所有的 int 改成 long，以保证原来采用 int 类型定义的变量所表达的数据范围不变。但若程序中多处用到了 int，程序需要修改的地方太多，移植工作量会变大，且会因为遗漏修改而导致移植后的程序出现漏洞。若采用 typedef 为 int 定义一个别名 INTEGER，并在程序中使用 INTEGER 来定义变量，之后移植程序时，只需要将 typedef int INTEGER 修改为 typedef long INTEGER 即可。

（4）采用 typedef 为一些复杂的数据类型定义别名时，可简化程序书写格式，利于程序的阅读和理解。

① 为数组定义别名。

```
typedef  int  ARR[10] ;
ARR a, b ;
```

以上两条语句等价于：

```
int  a[10], b[10] ;
```

② 为指针类型定义别名。

```
typedef  char *  STRING ;
STRING  p ;
```

以上两条语句等价于：

```
char  * p;
```

③ 为结构类型定义别名。

```
typedef struct text
{
    char txt[81];
    struct text *p;
} TEXT;
TEXT * head = NULL ;
```

以上语句等价于：

```
struct text
{
    char txt[81];
    struct text *p;
};
struct text * head = NULL ;
```

注意：为结构类型定义别名时，结构类型定义可采用“匿名”方式，即

```
typedef struct   // struct 后的 text 可省略
{
    char txt[81];
    struct text *p;
} TEXT;
```

【例 9.18】 typedef 的使用。

1）源程序代码（demo9_18.c）

```
//简单的文本编辑程序
#include<stdio.h>
#include<stdlib.h>
typedef struct text
{
```

```
        char txt[81];
        struct text *p;
    }
    TEXT;                                //将结构类型用一个新的名称TEXT来表示
    TEXT *head=NULL;
    main( )
    {
        int t=1;
        TEXT *pt,*pth;
        pt=(TEXT *)malloc(sizeof(TEXT));
        printf("请输入文本\n");
        gets(pt->txt);
        head=pth=pt;
        while(*(pt->txt))            //空行结束输入
       {
           pt=(TEXT *)malloc(sizeof(TEXT));
           gets(pt->txt);            //输入一行文本
     pth->p=pt;        //将上一个结点的指针指向当前结点
     pth=pt;      //将当前结点的指针保存到 pth中
         }
        pt=head;                         //使指针指向链表的表头
       while(*(pt->txt))
       {
           printf("%d:",t++);
           puts(pt->txt);
     pt=pt->p;         //获取下一个结点的指针
         }
    }
```

2）程序说明

此程序采用 typedef 方式为结构类型“struct text”定义了新的名称 TEXT，它是 struct text 的别名，而不是新的类型。使用 TEXT 来定义结构类型变量时，程序更简洁、更易移植到另一台机器中。

9.6　小结

C 语言提供了 3 种方式构造用户自定义数据类型，分别是结构类型、联合类型、枚举类型。结构类型通常用于表示一个包含不同类型数据且数据间有关联关系的数据集合，相当于其他高级语言中的记录。结构类型数据既可被当作一个整体来处理，又可对各个数据成员单独进行处理。在计算机中，用链表能方便地构造动态数据结构。构造链表通常采用结构类型。联合类型用于表示占用同一段内存空间的几个不同类型的变量。联合类型变量在内存中所分配的内存空间就是占用空间最多的成员变量所占的空间。当对联合类型变量的某一成员变量的值进行修改时，其他成员变量的值也会发生变化。当一个变量只有几种可能的整型值时，可以定义为枚举类型。当枚举类型中的某个成员赋值后，其后的成员按依次加 1 的规则确定其值。若第一个成员未赋值，则其值为 0。枚举类型可进行赋值运算、算术运算和比较运算。C 语言允许使用关键字 typedef 为已知的数据类型定义一个“别名”。“别名”有助于通过标准数据类型的描述名来使代码文本化，从而方便程序的通用和移植。

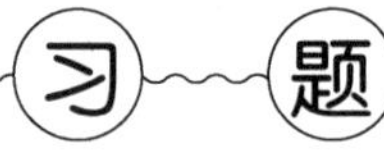

一、选择题

1．设有以下说明语句：

```
struct ex
{
    int x;
    float y;
    char z;
}example;
```

则以下叙述中不正确的是（　　）。

A．struct 是结构体类型的关键字　　B．x、y、z 均为结构体成员

C．example 是结构体类型名　　D．struct ex 是结构体类型

2．下列说法正确的是（　　）。

A．结构体内的成员不可以是结构体变量

B．在程序中定义一个结构体类型时，将为此类型分配存储空间

C．结构体类型必须有名称

D．结构体类型的成员名可与结构体外的变量名相同

3．下列说法错误的是（　　）。

A．枚举类型中的枚举元素是常量

B．一个整数不能直接赋给枚举变量

C．在程序运行过程中可以修改枚举类型中枚举元素的值

D．枚举类型中枚举元素的值默认从 0 开始，并以 1 为步长递增

4．有以下结构体定义，则正确的赋值语句是（　　）。

```
struct s
{
    int x;
    int y;
}vs;
```

A．struct s va;va.x=10;　　B．s.x=10;

C．s.vs.s=10;　　D．vs va={10};

5．已知函数原型为

```
struct tree *f(int x1,int *x2,struct tree x3,struct tree *x4)
```

其中，tree 为已经定义过的结构，且有下列变量定义：

```
struct tree pt,*p;
int i;
```

则正确的函数调用语句是（　　）。

A．&pt=f(10,&i,pt,p);　　B．p=f(i++,(int *)p,pt,&pt);

C．p=f(i+1,&(i+2),*p,p);　　D．f(i+1,&i,p,p);

6．下列程序段的运行结果是（　　）。

```
struct abc
{
  int a,b,c;
}
main( )
{
   struct abc s[2]={{1,2,3},{4,5,6}};
   int t;
   t=s[0].a+s[1].b;
   printf("%d\n",t);
}
```

A．5　　B．6　　C．7　　D．8

7．设整型为 32 位，下列定义中，变量 a 所占的内存字节数是（　　）。

```
union U
{
   char st[4];
   int I;
   long l;
};
struct A
{
   int c;
   union U u;
}a;
```

A．4　　B．6　　C．8　　D．12

8．在 VC++2010 中，以下程序段的运行结果是（　　）。

```
union data{ struct { int x,y,z;} u; int k; } a;
a.u.x=4;  a.u.y=5;   a.u.z=6;   a.k=7;
printf("%d\n", a.u.x);
```

A．4;　　B．5;　　C．6;　　D．7;

9．以下对 typedef 的叙述中不正确的是（　　）。

A．使用 typedef 可以定义多种类型名，但不能用来定义变量

B．使用 typedef 可以增加新的数据类型

C．使用 typedef 只是将已存在的类型以一个新的标识符来代表

D．使用 typedef 有利于程序的通用和移植

10．设有定义语句 enum T1{ a1,a2=7,a3,a4=15} time;，则枚举常量 a2 和 a3 的值分别为（　　）。

A．7 和 3　　B．7 和 8　　C．2 和 3　　D．7 和 14

二、程序阅读题

1．写出以下程序段的运行结果。

```
struct NODE { int k;  struct NODE * link; };
main( )
{
    struct  NODE m[5], *p=m, *q=m+4;
    int i=0;
    while (p!=q)
    {
        p->k=++i;  p++;
        q->k=i++;  q--;
    }
    q->k=i;
    for ( i=0;i<5;i++ ) printf("%d", m[i].k);
}
```

2．写出以下程序段的运行结果。

```
typedef union student
{
char name[10];
    long sno;
    char sex;
    float score[4];
} STU;
main( )
{
    STU a[5];
    printf("%d\n",sizeof(a));
}
```

3．写出以下程序段的运行结果。

```
main( )
{
    enum em{ em1=3,em2=1,em3};
    char *cc[]={"AA","BB","CC","DD"};
    printf("%s%s%s\n", cc[em1],cc[em2],cc[em3]);
}
```

4．写出以下程序段的运行结果。

```
struct date { int year;  int month; int day; };
void change (struct date *p)
{
    (*p).year=2020;
    (*p).month=(*p).day=9;
}
main( )
{
```

```
    int i;
    struct date dd[]={{2018,1,1},{2019,2,2},{2020,3,3}};
    struct date *p;
    p=dd+1;
    change(p);
    p=dd;
    for (i=0;i<3;i++,p++)
        printf("%d-%d-%d\n",p->year, p->month,p->day);

}
```

5．写出以下程序段的运行结果。

```
struct REC { int sno;  char sname[10]; };
struct REC f(struct REC t)
{
    t.sno=2010112;
    strcpy(t.sname,"WangJun");
    return t;
}
main( )
{
    struct REC a={2010110,"NIT"}, b={2010111,"NONE"};
    b=f(a);
    printf("%d,%s\n%d,%s\n",a.sno,a.sname,b.sno,b.sname);
}
```

三、编程题

1．编写函数 print，输出存放学生成绩的数组，该数组中有 5 条记录，每条记录包括学号（sno）、姓名（sname）、三门课程成绩（score[3]），使用主函数输入这些记录，使用 print 函数输出这些记录。

2．某班期末考试科目有高等数学、英语、线性代数、程序设计，共 10 人参加考试，要求按平均成绩排序，并标出 4 门课均高于或等于 90 分的学生。使用结构表示学生的信息，包括姓名、标记、各科成绩、平均成绩，使用结构数组表示全班学生的信息。

3．已有一个链表，每个结点包括学号、成绩，将该链表按学号升序排列（学号小的排在前面）。

4．有两个链表 a 和 b，设结点中包含学号、姓名，从 a 链表中删去与 b 链表有相同学号的那些结点。

5．建立一个链表，每个结点包括学号、姓名、性别、年龄。输入年龄，如果链表中的结点所包含的年龄等于此年龄，则将此结点删除。

第 10 章 文　件

程序的一个重要功能是对数据进行处理，数据的输入、输出是程序的重要组成部分。对于数据量比较小的问题，可以利用键盘输入，利用显示器输出。但是，随着问题的复杂化，涉及的数据可能会大量增加，有时有成千上万的数据需要处理。如果按前面介绍的方法处理数据，理论上是可行的，但实际上是行不通的。因此，文件应运而生。文件的产生成为计算机语言发展的重要标志之一。本章简要介绍文件的概念和文件操作函数等内容。

10.1 文件的概念

10.1.1 C语言中的文件

文件是存储在外部介质上的数据集合。操作系统以文件为单位对数据进行管理，每个文件都有一个名称，文件名是文件的标识，操作系统通过文件名访问文件。文件通常是驻留在外部介质（如磁盘等）上的，在使用时才调入内存。

C 语言将文件看作字符流或二进制流。也就是说，C 语言将文件看作字符（字节）的序列，即文件由一个一个的字符（字节）顺序组成。因此，这种文件也被称为“流式文件”。

在大多数高级语言中，按文件的存放方式将文件分成 ASCII 码文件和二进制文件。ASCII 码文件又称为文本文件，它的一个字节存放一个 ASCII 码。二进制文件会把内存中的数据按其在内存中的存储形式直接存储到外部存储介质上。例如，对于整数 12345，在内存中占 4 字节，按二进制形式存储在磁盘中也只占 4 字节；按 ASCII 码形式存储时，其占 5 字节（把 12345 看作一个长度为 5 的字符串来进行存储）。

另外，文件可分为磁盘文件和设备文件。文件一般保存在磁介质（如软盘、硬盘）上，所以称为磁盘文件。操作系统经常把与主机连接的 I/O 设备（如键盘、显示器、打印机）看作文件，即设备文件。很多磁盘文件的概念、操作，对设备文件也同样有效。

10.1.2 标准级（流式）输入输出

C 语言中有两种处理文件的方式：缓冲文件系统和非缓冲文件系统。

“缓冲”是计算思维中非常重要的思想。在处理某一动态场景事务时，若各环节的处理速度不一致，可以在上一个环节中提前为下一个环节做好准备，从而使得下一个环节获得较快的处理速度。在计算机系统中进行输入输出时，CPU 对内存中的数据的处理速度远远高于输入输出系统处理数据的速度。采用缓冲文件系统，操作系统就会自动地在内存中为每个正在使用的文件开辟一个缓冲区（内存）。当从磁盘中读数据时，尽可能多地一次性从磁盘文件中将数据输入内存缓冲区中（充满缓冲区），再从缓冲区中将数据送给内存中的变量，以便于 CPU 快速处理；向磁盘文件输出数据时，也先将数据送到内存缓冲区中，数据装满缓冲区后才一起输出到磁盘。这样的处理方式可以极大地提高计算机系统的效率。ANSI C 标准只采用了缓冲文件系统。用于操作缓冲文件系统的函数称为标准函数，其头文件为 stdio.h。

非缓冲文件系统不由系统自动设置缓冲区，而由用户根据需要设置。用于操作非缓冲文件系统的函数称为系统级函数。

10.1.3 文件指针

在缓冲文件系统中，系统会为每个被使用的文件在内存中开辟一个区，用来存放文件的有关信息（如文件的名称、文件状态及文件当前位置等）。这些信息是保存在一个结构体变量中的。该结构类型是由系统定义的，取名为 FILE。

通常，对 FILE 结构体的访问是通过 FILE 类型指针变量完成的。当系统打开一个文件后，系统会创建一个文件变量，并返回此文件变量的地址（即文件变量的指针，简称文件指针）。将此文件指针保存在一个文件指针变量中，以后所有对文件的操作都通过此文件指针变量完成。当关闭文件时，文件指针指向的文件类型变量将被释放。

例如：

```
    FILE *fp;
    fp=fopen("mydata.txt",...);
    /* 打开文件时，系统创建一个文件变量，并返回文件指针，将此指针赋值（保存）给文件指针变
量fp */
    fclose(fp);
    /* 关闭文件，释放文件指针fp指向的文件变量 */
```

10.2 文件的打开与关闭

10.2.1 文件的打开

若要对文件进行操作，就必须先将文件打开。所谓打开文件，就是系统通过文件访问路径找到文件在磁盘中的位置，并将该文件在磁盘上的目录项（包含文件在磁盘中的位置、文件的长度、文件的类型、文件的存储方式等信息）调入内存。如果是缓冲文件，则要建立相应的文件缓冲区，以便程序能对文件进行操作。文件打开成功后，系统返回一个指向文件结构的指针，用来对文件进行操作。

打开文件的一般形式如下。

```
    fp=fopen(filename,mode);
```

例如：

```
fp=fopen("a1","r");
```

该语句表示要打开当前目录下名为 a1 的文件，使用文件的方式为“读入”。fopen 函数返回指向 a1 文件的指针并赋给 fp（假定 fp 为已定义的文件指针）。这样，fp 就和文件 a1 建立了联系，或者说 fp 指向了 a1 文件。

说明：fopen( )函数的功能是以 mode 指定的模式打开 filename 指定的文件。filename 为文件名。文件名可包含路径，但需使用双反斜线（\\），即转义序列作为目录分隔符；mode 用于指定打开文件的模式；fp 为文件指针，指向文件结构，之后的文件操作可直接通过该文件指针进行。若函数成功打开文件，则返回指向文件 FILE 结构变量的指针，失败时返回 NULL。mode 的取值及其含义如表 10-1 所示。

表 10-1 mode 的取值及其含义

mode（文件使用方式）	含 义
“r”（只读）	以只读方式打开存在的文件，以这种方式打开的文件不能写入
“w”（只写）	创建用于写的文件，如原文件存在，则将文件内容清空
“a”（追加）	向文件尾部追加，当原文件不存在时可创建
“rb”（只读）	以只读方式打开一个存在的二进制文件
“wb”（只写）	创建一个二进制文件用于写，如原文件存在，则将文件内容清空
“ab”（追加）	以追加方式打开一个二进制文件
“r+”（读写）	打开存在的文件，用于更新
“w+”（读写）	创建一个新文件用于读写，如原文件存在，则将文件内容清空
“a+”（读写）	以添加方式打开或创建一个文件
“rb+”（读写）	以读写方式打开一个存在的二进制文件
“wb+”（读写）	创建一个二进制读写文件，如原文件存在，则将文件内容清空
“ab+”（读写）	以添加方式打开或创建一个读写方式的二进制文件

10.2.2 文件的关闭

文件在使用完毕后应该关闭。文件关闭后，原来的文件指针不能用来操作原文件。

文件关闭的一般形式如下。

```
fclose(文件指针);
```

例如：

```
fclose(fp);
```

前面曾把打开文件（使用 fopen 函数打开文件）时所带回的指针赋给了 fp，现通过 fp 把该文件关闭，即 fp 不再指向该文件。

说明：关闭文件指针所指的文件，将文件缓冲区中的内容存盘并将缓冲区释放，同时释放文件结构变量。fclose 函数也带回一个值，当顺利地执行了关闭操作时，返回值为 0，否则返回 EOF（-1）。可以用 ferror 函数来测试文件关闭成功与否。

【例 10.1】在外部存储器上创建一个文件，并将其关闭。

1）源程序代码（demo10_1.c）

```
#include<stdio.h>
```

```
main( )
{
    FILE *fp;
    fp=fopen("d:\\test.dat","w+");    //打开文件
    fclose(fp);                       //关闭文件
}
```

2）程序说明

（1）此程序先定义了一个文件指针 fp，又在 D 盘根目录下创建了一个文件 test.dat（如文件存在，则将文件内容清空），并将返回的文件指针赋给 fp。最后关闭文件指针 fp 所指的数据文件 test.dat。

（2）在程序终止之前应关闭所有数据文件，如果不关闭文件，则可能会丢失数据。由于读写外部存储介质中的数据的速度相对于内存慢得多，为了提高读写效率，在向文件写数据时，系统先将数据输出到文件缓冲区中，待缓冲区写满后再一次性将缓冲区的内容写到文件中。当缓冲区未满而程序由于意外故障而结束运行时，缓冲区中的数据会丢失。使用 fclose 函数关闭文件时，可以避免这个问题。

上机调试例 10.1，观察文件指针变量的值。如果指针的值不为零，则切换到 D 盘后，在 D 盘根目录下可找到 test.dat 文件。如果指针为零，则说明打开文件出错，此时要查找原因。

【例 10.2】 尝试打开 sample.txt 文件。

1）源程序代码（demo10_2.c）

```
#include<stdio.h>
#include<stdlib.h>
#include<conio.h>
main( )
{
    FILE *fp;
    if((fp=fopen("sample.txt","r"))==NULL)  //打开文件失败
    {
        printf("file can't opened!");
        getch( );
        exit(1);
    }
    else
        printf("open file success!\n");
}
```

2）程序说明

（1）打开文件时，如果出错，则 fopen 函数将返回空指针。在程序中可以用这一信息来判断打开文件成功与否。

（2）在此程序中，以只读的方式打开文件 sample.txt，如果打开文件返回的指针为空，则表示不能打开文件，此时，给出提示信息“file can't opened!”。getch 函数的作用为等待输入一个字符（但不在屏幕上显示），用户可利用这个时间阅读出错提示。当用户按任意键后，程序继续，执行 exit(1)函数来退出程序。如果打开文件返回的指针不为空，则表示打开

文件成功，此时，给出提示信息“open file success!”。

用记事本创建一个文本文件并保存于当前目录下，取名为 sample.txt，上机调试运行例 10.2，观察出现的提示信息。将当前目录下的此文本文件删除，再次运行例 10.2，观察出现的提示信息。

10.3 常用文件读写函数

10.3.1 字节级读写函数

字符级读写函数是以字符（字节）为单位的读写函数，每次可从文件读出或向文件中写入一个字符。

1. 字符写入函数 fputc

格式：int fputc(int c,FILE *stream);。

作用：把一个字符写入指定的文件。

返回值：成功时返回写入的字符，失败时返回 EOF。

头文件：stdio.h。

说明：c 为待写入的字符，可以是字符常量或变量；stream 是文件指针变量，通常为 fopen 函数得到的返回值。如果输出成功，则此函数返回的值就是写入的字符，且每写入一个字符，文件内部位置指针就自动向后移动一个字节。

【例 10.3】 fputc 函数的使用。

1）源程序代码（demo10_3.c）

```
#include<stdio.h>
main( ){
    FILE *fp;
    char c;
    fp=fopen("d:\\test.dat","w+");
    do{
       c=getchar( );
       fputc(c,fp);    //将变量c的内容写到fp所指的文件test.dat中
    }while(c!= 'q');
    fclose(fp);        //关闭文件
}
```

2）程序说明

（1）程序以读写的方式打开 D 盘根目录下的 test.dat 文件；如文件不存在，则创建一个新的文件；然后执行循环，从键盘上输入一个字符到变量 c 中，并将 c 的内容写到 fp 所指的文件 test.dat 中；当输入字符 q 时，循环结束，关闭文件。

（2）把一个文本文件读入内存时，需要将 ASCII 码转换成二进制码。当把文件以文本方式写入磁盘时，需要把二进制码转换成 ASCII 码。因此，文本文件的读写要花费较多的转换时间。而二进制文件的读写不存在这种转换。另外，向计算机输入文本文件时，回车换行符被转换为换行符；输出时，换行符转换成回车和换行两个字符。使用二进制文件时，无须进行这种转换，所以二进制文件的读写速度相对较快。

上机调试运行例10.3后，会发现D盘根目录下多了一个名称为test.dat文件。用记事本打开该文件，可看到该文件的内容即为运行程序时所输入的内容。

2. 字符读取函数fgetc

格式：int fgetc(FILE *stream);。
作用：从指定的文件中读取一个字符，这个文件必须以可读方式打开。
返回值：成功时返回读取的字符，失败时返回EOF。
头文件：stdio.h。
说明：成功时，返回读取的字符。当读操作遇到文件结束符或出错时，返回文件结束标记EOF（-1）。

注意：文件结束符EOF（-1）仅适用于在文本文件中表示文件结束，因为ASCII码不可能是-1。但是，对于二进制文件而言，数据可能是-1。若使用EOF来判断文件是否结束，则可能会出现“假结束”。为此，可采用feof函数。feof函数可以用来测试文件是否结束。若结束，则返回值为1（逻辑真），否则为0（逻辑假）。这个函数也可用于文本文件，具有广泛的适用性。

【例10.4】fgetc函数的使用。
1）源程序代码（demo10_4.c）

```
#include<stdio.h>
main( )
{
    FILE *fp;
    char c;
    if(!(fp=fopen("d:\\test.dat","r+")))
    {
        printf("打开文件出错！");
        return;
    }
    do
    {
        c=fgetc(fp);    //从fp中读取一个字符到变量c
        putchar(c);
    }
    while(c!=EOF);
    fclose(fp);
}
```

2）程序说明
此程序以读写的方式打开D盘根目录下的test.dat文件，当打开文件出错时，给出错误信息后结束程序（注意 if语句块，这是一般的C语言程序用于判断是否正常打开文件的写法）。如果打开文件成功，则执行循环，从fp所指向的文件test.dat中读取一个字符并将其输出到显示器上，直至遇到文件结束标志EOF。最后，要记得关闭文件。

上机调试例 10.4，会发现显示器上所显示的内容即为 test.dat 文件的内容。

10.3.2 字符串级读写函数

1. 读函数 fgets

格式：char *fgets(char *string,int n, FILE *stream);。
作用：从指定的文件中读一个字符串到字符数组中。
返回值：成功时返回字符串的指针，失败时返回 NULL。
头文件：stdio.h。

说明：n 是一个正整数，表示从文件中读出的字符串不超过 n−1 个字符，在读出最后一个字符后加上字符串结束标志“\0”。也就是说，fgets 函数的功能是从 stream 所代表的文件中读取长度最大为 n−1 的字符串，并将字符串存放到 string 中。当从文件中读取第 n−1 个字符后或读取数据过程中遇到换行符“\n”或 EOF 后，函数返回。因此，s 存放的字符串的长度不一定是 n−1。如果操作成功，则 fgets 函数返回字符串的指针；如果遇到文件结尾或者出错，则 fgets 函数返回 NULL。此函数的调用形式如下。

```
fgets(字符数组名,n,文件指针);
```

2. 写函数 fputs

格式：int fputs(char *string,FILE *stream);。
作用：向指定的文件写入一个字符串。
返回值：成功时返回最后写入文件的字符值，失败时返回 EOF。
头文件：stdio.h。

说明：此函数原型在头文件 stdio.h 中定义。fputs 函数的功能是将存放在 string 中的字符串写到 stream 所代表的文件中。fputs 函数不会将字符串结束符“\0”写入文件，也不会自动向文件写入换行符，如果需要写入一行文本，则 fputs 函数的 string 字符串必须包含“\n”。此函数的调用形式如下。

```
fputs(字符串,文件指针);
```

【例 10.5】 fgets 函数和 fputs 函数的使用。以下程序将向文件 yang.txt 中写入两行文本，并分两次读出其中的一行文件。

1）源程序代码（demo10_5.c）

```
#include <stdio.h>
void main( )
{
    char str[10]="123456789";
    FILE  *fp1,*fp2;
    fp1=fopen("yang.txt","wt");   //创建文本文件yang.txt
    if(fp1!=NULL)
    {
        fputs(str,fp1);            //将字符串"123456789"写入文件
        fputs("\nabcd",fp1);       //写入第一行文本的换行符和下一行文本
        fclose(fp1);               //关闭文件
        fp2=fopen("yang.txt","rt");   //以只读方式打开yang.txt文件
```

```
        fgets(str,8,fp2);            //读取字符串,最大长度是7,字符串为"1234567"
        printf("%s",str);
        fgets(str,8,fp2);            //读取字符串,最大长度是7,实际将读取"89\n"
        printf("%s",str);
        fclose(fp2);                 //关闭文件
    }
}
```

2）程序说明

此程序第二次执行“fgets(str,8,fp2);”语句时，由于 fgets 函数在读取数据过程中遇到了换行符“\n”，因此函数返回，故第二次只读到“89\n”。

10.3.3 格式化读写函数

格式化读写函数为 fscanf 和 fprintf。它们与 scanf 函数和 printf 函数的功能相似，区别在于：fscanf 函数和 fprintf 函数的读写对象既可以是键盘和显示器，又可以是磁盘文件。当从键盘上输入和向显示器输出时，其文件名分别为“stdin”和“stdout”。

1. 格式化读函数 fscanf

格式：int fscanf(FILE *stream,char *fmt,input_list);。

作用：从文件中读取数据。

返回值：成功时返回读取的数据项数，失败时返回 EOF。

头文件：stdio.h。

说明：fscanf 函数的功能是按照 fmt 所给出的输入控制符，把从文件 stream 中读取的数据分别赋给 input_list 中的各成员，其中格式化参数 fmt 的用法与 scanf 函数相同。fscanf 函数与 scanf 函数最大的差别在于，scanf 函数用于从默认的输入文件“键盘”中读取数据，而 fscanf 函数用于从 stream 文件指针所指的文件中读取数据。在读取数据的过程中，遇到文件尾时，fscanf 函数返回 EOF。此函数的调用形式如下：

```
fscanf(文件指针,格式字符串,输入列表);
```

2. 格式化写函数 fprintf

格式：int fprintf(FILE *stream, char *fmt,out_list);。

作用：将数据输出到文件中。

返回值：成功时返回写到文件中数据的字节个数，失败时返回 EOF。

头文件：stdio.h。

说明：fprintf 函数的功能是按照 fmt 所给出的输出控制符，将 out_list 中的各成员的值写入 stream 所指的文件中。除了增加了一个文件指针的参数，fprintf 函数与 printf 函数完全相同。此函数的调用形式如下：

```
fprintf(文件指针,格式字符串,输出列表);
```

【例 10.6】fscanf 函数和 fprintf 函数的使用。

1）源程序代码（demo10_6.c）

```
#include<stdio.h>
main( )
```

```
    {
        int a,b,c;
        fscanf(stdin,"%d %d %d",&a,&b,&c);          //从stdin中读取3个整数
        fprintf(stdout,"\n%d,%d,%d\n",a,b,c);       //把a、b、c输出到stdout中
    }
```

2）程序说明

stdout 是标准的输出文件，它就是显示器的屏幕；stdin 为标准的输入流，在此处是键盘。因而，例 10.6 实际上先从键盘上输入 a、b、c 的值，再将 a、b、c 的值显示在计算机的显示器上。

注意：使用 fscanf 函数和 fprintf 函数对文件进行读写，用法十分简便。但是，在输入时要把 ASCII 码转换为二进制码，输出时又要转换回来，占用时间较多，效率不高。当需要大量地、频繁地与磁盘交换数据时，不宜使用这两个函数。

【例 10.7】某高校为了评估教学质量，请学生给授课教师评分。每位学生根据表 10-2 按优、良、中、差给授课教师评定一个等级。设评估已经完成，现编写一个程序，统计被评估教师的得分。

表 10-2　教学质量评估表

项　目	权 w	优	良	中	差
教学态度	10	(1.0)	(0.8)	(0.6)	(0.4)
教学内容	10	(1.0)	(0.8)	(0.6)	(0.4)
课堂教学	15	(1.0)	(0.8)	(0.6)	(0.4)
课外辅导	5	(1.0)	(0.8)	(0.6)	(0.4)
作业批改	5	(1.0)	(0.8)	(0.6)	(0.4)
教书育人	10	(1.0)	(0.8)	(0.6)	(0.4)
职业道德	10	(1.0)	(0.8)	(0.6)	(0.4)
业务水平	15	(1.0)	(0.8)	(0.6)	(0.4)
教学效果	20	(1.0)	(0.8)	(0.6)	(0.4)

1）算法分析

假设学生已对某位教师的教学情况按表 10-2 进行了评分，为了使结果能反映实际情况，一般要去掉最高分和最低分，并使用简单平均的方法计算出该教师的最终得分。

$$每张表的总分=\Sigma(w\times 分项得分)$$

2）数据结构分析

程序中既有数据输入，又有数据输出，可采用两个数据文件，其中，input.dat 用来存放输入的数据，即学生评分的数据，output.dat 用来存放最后的结果。为了使输入过程简单，将每张表的数据作为一行。对于每位教师，先输入该教师的编号和为该教师评分的学生人数，再统计平均分。

为了使程序设计简单，本例不去掉最高分和最低分。

input.dat 文件中的数据如下。

```
1,3
1.0 1.0 1.0  0.8 1.0 1.0 1.0 0.6 1.0
1.0 1.0 1.0 1.0 1.0 1.0 0.8 0.6 1.0
1.0 0.8 1.0 1.0 1.0 0.8 1.0 0.8 1.0
2,3
1.0 1.0 0.8 1.0 0.8 1.0 0.8 1.0 0.6
0.8 1.0 0.8 0.8 0.6 0.8 1.0 1.0 0.4
1.0 0.6 1.0 1.0 0.8 1.0 0.8 0.6 0.8
3,3
0.6 1.0 1.0 0.8 0.4 0.6 0.6 0.4 1.0
0.8 0.8 0.6 1.0 0.8 0.6 0.4 0.8 1.0
1.0 0.8 0.8 0.6 1.0 1.0 0.6 0.6 0.4
```

3）源程序代码（demo10_7.c）

```
#include<stdio.h>
main( )
{
   int i,j,k,number,no,w[9]={10,10,5,15,5,10,10,15,20};
   float sum,y,x[9];
   FILE *fp1,*fp2;
   if(!(fp1=fopen("d:\\input.dat","r")))
   {
      printf("打开输入文件错！");
      return;
   }
   if(!(fp2=fopen("d:\\output.dat","w")))
   {
      printf("打开输出文件错！");
      return;
   }
   printf("被评估教师的最后得分\n");
   for(k=0;k<3;k++)                          //对被评估的教师进行循环操作
   {
      sum=0;
      fscanf(fp1,"%d,%d",&no,&number);  //读编号和人数
      for(j=0;j<number;j++)                  //对打分人数进行循环操作
      {
         y=0;
         for(i=0;i<9;i++)                   //读取每张表的数据
         {
            fscanf(fp1,"%f",&x[i]);
            y=y+x[i]*w[i];                  //计算每张表的总分
         }
         sum=sum+y;                         //累加得到总分
      }
      sum=sum/number;                       //求平均分
```

```
            fprintf(fp2,"%d,%f\n",no,sum);
            printf("%d,%f\n",no,sum);
        }
    }
```

4）程序运行结果

```
被评估教师的最后得分
1,92.000000
2,83.000000
3,74.000000
```

5）程序说明

在此程序中，先从 input.dat 文件中读取每位学生给每位教师评分的数据，计算每位学生给教师所打的总分；再对每位老师累加所有学生的总分，并通过求平均分得到每位教师的得分；最后，将被评教师的编号和平均分写入 output.dat 文件中，并向屏幕输出计算结果。

10.3.4 块读写函数

块读写函数通常针对二进制文件，可以一次性读写更多的数据，如可以读写一个数组、一个结构变量的值等。

1. 块数据读函数 fread

格式：int fread (void *ptr,int size,int n,FILE *stream);。

作用：从文件中读取数据。

返回值：成功时返回实际读取的数据项个数，失败时返回一个出错的短整型值，可能为零。

头文件：stdio.h。

说明：此函数的功能是从 stream 所代表的文件中读取 *n* 个数据项，每个数据项的大小是 size 字节，这些数据将被存放到 ptr 所指的块中，读取的字节总数为 *n*×size 字节。此函数的调用形式如下。

```
fread(ptr,size,n,stream);
```

2. 块数据写函数 fwrite

格式：int fwrite(void *ptr, int size, int n, FILE *stream);。

作用：将数据输出到文件中。

返回值：成功时返回实际写入的数据项个数，失败时返回一个出错的短整型值，可能为零。

头文件：stdio.h。

说明：此函数的功能是将 ptr 所指向的内存中存放的 *n* 个大小为 size 字节的数据项写入 stream 所代表的文件中，实际要写入数据的字节数是 *n*×size。此函数的调用形式如下。

```
fwrite(ptr,size,n,stream);
```

例如：

```
fwrite(a,sizeof(int),10,fp);  //将数组a中的10个整数写入文件fp中
```

【例 10.8】fread 函数和 fwrite 函数的使用。

1）源程序代码（demo10_8.c）

```
#include <stdio.h>
void main( void )
{
    FILE *stream;
    char list[30];
    int  i, numread, numwritten;
    //以写的方式打开文件，若该文件不存在，则创建文件
    if((stream=fopen("fread.out", "w" )) != NULL)
    {
        for ( i = 0; i < 25; i++ )
            list[i] = (char)('z' - i);          //从z开始的25个字符
        //将数组list中的25个字符写入文件
        numwritten = fwrite( list, sizeof( char ), 25, stream );
        printf( "Wrote %d items\n", numwritten );
        fclose( stream );                    //关闭文件
    }
    else   printf( "Problem opening the file\n" );
    //以读的方式打开文件
    if((stream = fopen("fread.out", "r"))!= NULL)
    {
        //从文件中读出25个字符并放到list中
        numread = fread( list, sizeof( char ), 25, stream );
        printf( "Number of items read = %d\n", numread );
        printf( "Contents of buffer = %.25s\n", list );
        fclose( stream );                    //关闭文件
    }
    else  printf( "File could not be opened\n" );
}
```

2）程序说明

此程序先创建数据文件 fread.out，将从 z 开始的 25 个字符逆序放入 list 数组，将数组 list 的 25 个字符写入文件 fread.out，并关闭 fread.out 文件；再以只读的方式打开 fread.out 文件，从文件中读出 25 个字符并放到 list 中；最后，输出相关信息，关闭 fread.out 文件。

【例 10.9】将例 9.18 实现的简单文本编辑程序修改为同时向屏幕和文件输出程序。

1）算法分析

此例在例 9.18 的基础上增加了同时向文件输出的功能。程序本身的内容并不改变，只需要增加一些向文件输出的代码。

2）源程序代码（demo10_9.c）

```
#include<stdio.h>
#include<stdlib.h>
typedef struct text
{
    char txt[81];
```

```
    struct text *p;
}
TEXT;                                          //将结构类型用新的名称TEXT表示
TEXT *head=NULL;
main( )
{
    int t=1;
    TEXT *pt,*pth;
    FILE *fp;
    fp=fopen("test.txt","wb");
    pt=(TEXT *)malloc(sizeof(TEXT));
    printf("请输入文本\n");
    gets(pt->txt);
    head=pth=pt;
    while(*(pt->txt))                  //空行结束输入
    {
        pt=(TEXT *)malloc(sizeof(TEXT));
        gets(pt->txt);                 //输入一行文本
        pth->p=pt;                     //将上一个结点的指针指向当前结点
        pth=pt;                        //将当前结点的指针保存到 pth中
    }
    pt=head;                           //使指针指向链表的表头
    while(*(pt->txt))
    {
        printf("%d:",t++);
        puts(pt->txt);
        //将链表中一个结点的内容向test.txt文件输出
        fwrite(pt->txt,sizeof(TEXT),1,fp);
        pt=pt->p;                          //获取下一个结点的指针
    }
}
```

【例 10.10】从文件中输入文本，并向屏幕输出。

1）算法分析

此例可基于例 10.9 已创建的数据文件 test.txt，由此定义的结构类型必须与例 10.9 相同，以便用二进制读的方式打开数据文件 test.txt，再循环从文件中读取链表的结点，并将结点的文本显示在屏幕上，直至遇到文件结束符。

2）源程序代码（demo10_10.c）

```
#include<stdio.h>
#include<stdlib.h>
typedef struct text
{
    char txt[81];
    struct text *p;
}
TEXT;                                                  //将结构类型用新的名称TEXT表示
```

```
TEXT *head=NULL;
main( )
{
    int t=1;
    FILE *fp;
    TEXT *pt;
    fp=fopen("test.txt","rb");                //以二进制读的方式打开文件
    pt=(TEXT *)malloc(sizeof(TEXT));
    while(!feof(fp))                          //是否到达文件尾
{
        if (fread(pt,sizeof(TEXT),1,fp)>=1)   //确定读入数据成功
            printf("%d: %s\n",t++,pt->txt);
    }
}
```

10.4 文件定位与随机读写

在文件读写过程中，操作系统为每个打开的文件设置了一个位置指针，指向当前读写数据的位置。当文件被打开时，文件的位置指针位于文件头部。随着数据的读写，文件的位置指针会向后移动。文件的位置指针不是一个指针型数据，仅仅是一个无符号长整型数据，用来表示当前读写的位置。它的最小值是0，最大值是文件的长度。

对流式文件可以进行顺序读写，也可以进行随机读写，关键在于控制文件的位置指针。如果位置指针按字节位置顺序移动，则为顺序读写。前面各节所述的文件例子都是顺序读写方式，即读写文件只能从头开始、依次读写各个数据。但在实际问题中常要求只读写文件中某一指定的部分，这就要进行随机读写。

所谓随机读写，是指读写完上一个字符（字节）后，并不一定要读写其后续的字符（字节），而可以读写文件中任意位置所需要的字符（字节）。随机读写的关键是能按需要移动文件内部的位置指针，即文件定位。要实现文件定位，应使用随机读写的定位函数。随机读写的定位函数主要有3个：rewind函数、fseek函数和ftell函数。

1. 重定位函数rewind

格式：void rewind(FILE *stream);。

作用：将文件内部的位置指针移到文件开头。

头文件：stdio.h。

说明：此函数的功能是将文件stream内部的位置指针重新移到文件开头，且此函数没有返回值。此函数的调用形式如下：

```
rewind(文件指针);
```

2. 文件定位函数fseek

格式：int fseek(FILE *stream,long offset ,int position);。

作用：移动文件内部位置指针。

返回值：成功时返回值为0，失败时返回非零值。

头文件：stdio.h。

说明：此函数的功能是将文件 stream 内部的位置指针移到距 position 为 offset 字节的位置。offset 为位移量，表示移动的字节数。位移量应是 long 型数据，以便在文件长度大于 64KB 时不会出错。当用常量表示位移量时，要求加后缀“l”或“L”；position 为起始点，表示从何位置开始移动。系统规定的起始位置为文件首、当前位置和文件尾 3 种。

对于位移量 offset，它的取值可有以下两种情况。

（1）offset>0，表示文件内部位置指针向前（向文件尾）移动。

（2）offset<0，表示文件内部位置指针向后（向文件头）移动。

对于起始位置 position，它的取值可有以下 3 种情况。

（1）pos=0 或 pos=SEEK_SET，表示文件的开始处。

（2）pos=1 或 pos=SEEK_CUR，表示文件位置指针的当前位置。

（3）pos=2 或 pos=SEEK_END，表示文件的末尾。

此函数的调用形式如下：

```
fseek(文件指针,位移量,起始点);
```

例如：

```
fseek(fp,201,0);         //将文件位置指针从文件头向前移动20字节
fseek(fp,-101,1);        //将文件位置指针从当前位置向后移动10字节
fseek(fp,-301,2);        //将文件位置指针从文件尾向后移动30字节
```

3. 位置函数 ftell

格式：long ftell(FILE *stream);。

作用：获取文件内部的当前位置指针值。

返回值：成功时返回文件当前位置指针的值，失败时返回-1。

头文件：stdio.h。

说明：此函数的功能是返回 stream 所代表文件的当前位置指针的值，其数值表示从文件头开始的位移量。如果出错，则 ftell 函数会返回-1。此函数的调用形式如下。

```
loc=ftell(fp);           //将fp所指文件的当前位置指针的值赋给长整型变量loc
```

在移动位置指针之后，即可用前面介绍的任一种读写函数进行文件的随机读写。一般读写一个数据块，因此常使用 fread 和 fwrite 函数。下面用例子来说明文件的随机读写。

【例 10.11】先将 100 个整数写入一个文件中，再从文件中读取第 50 个整数的值。

1）源程序代码（demo10_11.c）

```
#include <stdio.h>
void main( )
{
   int a;
   FILE *fp1,*fp2;
   fp1=fopen("integer.dat","wb");        //创建一个二进制文件
   if(fp1==NULL){
      printf("can't create integer.dat\n");
      return;
   }
   for(a=1;a<=100;a++)
      fwrite(&a,sizeof(int),1,fp1);      //将整数a写入数据文件中
   fclose(fp1);
```

```
    fp2=fopen("integer.dat","rb");        //以读的方式打开一个二进制文件
    fseek(fp2,49*sizeof(int),SEEK_SET);
    fread(&a,sizeof(int),1,fp2);          //从文件中读取一个整数到a中
    fclose(fp2);
    printf("the 50th data is %d\n",a);
}
```

2）程序说明

此程序先创建了一个名称为“integer.dat”的二进制文件，利用 for 语句将 1～100 的整数写入这个文件中，并关闭文件；再以只读方式打开文件 integer.dat，并将文件的位置指针从文件头向前移动 49*sizeof(int)字节，使得当前文件位置指针指到第 50 个整数的位置；最后，利用 fread 函数将整数读出，并关闭文件。

10.5　文件操作错误检测

在对文件进行操作时，除了应对文件的打开状态进行正确性判断，对文件进行读写操作时，也常常需要进行操作的正确性判断，C 语言提供了以下文件检测函数。

1. ferror 函数

调用各种输入、输出函数（如 fputc、fgetc、fread、fwrite 等）对文件进行操作时，如果出现错误，除了可根据函数的返回值进行判断，还可利用 ferror 函数进行检查。

格式：int ferror(FILE *stream);。

作用：确定文件操作是否出错。

返回值：当返回值为 0 时，表示文件操作未出错；当返回值为非零值时，表示文件操作出错。

头文件：stdio.h。

说明：对于同一个文件，每一次调用输入输出函数，均会产生一个新的 ferror 函数值。因此，应当在调用一个输入输出函数后立即检查 ferror 函数的值，否则该值会丢失。在执行 fopen 函数时，ferror 函数的初值自动置为 0。此函数的调用形式如下：

```
ferror(FILE *stream);
```

2. clearerr 函数

格式：clearerr(FILE *stream);。

作用：使文件错误标志和文件结束标志置为 0。

头文件：stdio.h。

此函数的调用形式如下：

```
clearerr(FILE *stream);
```

例如：

```
clearerr(fp);                    //fp为文件指针
```

假设在调用一个输入输出函数时出现错误，ferror 函数值为一个非零值，则在调用 clearerr(fp)后，ferror(fp)的值变为 0。

只要出现错误标志，就一直保留该标志，直到对同一文件调用 clearerr 函数或 rewind 函

数，或任何输入输出函数。

3. feof 函数

格式：int feof(FILE *stream);。
作用：检测指定文件是否读写到文件末尾。
返回值：如文件结束，则返回值为 1，否则为 0。
头文件：stdio.h。
此函数的调用形式如下：

```
    feof(FILE *stream);
```

10.6 小结

在实际的软件开发中，离开文件进行编程是不可想象的。程序的输入输出都要使用文件。尤其是输出，没有文件，结果就无法保存。C 语言进行文件处理的基本过程如下：打开文件、文件读写、文件关闭。在文件处理过程中会用到 C 语言中与文件相关的函数。C 语言常用的文件函数是高级文件函数，这些文件函数可移植性好。本章给出的高级文件函数与前面章节中介绍的输入输出函数十分类似，差别仅在于本章的函数参数中多了一个文件指针参数。在对文件进行读写时，不管是向文件中输入数据，还是从文件中输出数据，都要对读入的或输出的数据进行查看，以确认数据的正确性。如果发生错误，则要找到原因，很多时候是数据的格式与函数所要求的格式不符造成的。

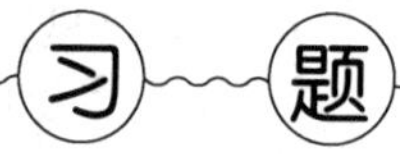

一、选择题

1．在 C 语言中，对文件的存取以（　　）为单位。

A．记录　　B．字节　　C．元素　　D．簇

2．下面的变量表示文件指针变量的是（　　）。

A．FILE *fp　　B．FILE fp　　C．FILER *fp　　D．file *fp

3．执行如下程序段：#include FILE *fp; fp=fopen("file","w");。此时，磁盘中生成的文件的全名是（　　）。

A．file　　B．file.c　　C．file.dat　　D．file.txt

4．下列说法正确的是（　　）。

A．函数 fprintf( )只能向磁盘输出数据，不能向显示器输出数据

B．文件缓冲区是由用户自己申请的

C．要对文件进行读写操作必须先使用 fopen( )函数打开文件

D．C 语言中，对文件的读写是以字节为单位的

5．使用 fopen( )函数以文本方式打开或建立可读写文件。若指定的文件不存在，则创建新文件，并使文件指针指向其开头；若指定的文件存在，则将其打开并将文件指针指向其结尾。正确的“文件使用方式”描述是（　　）。

A．"r+"　　B．"w+"　　C．"a+"　　D．"a"

6．若定义 int a[5]; fp 是指向某一已经正确打开了的文件指针，则以下函数调用形式不正确的是（　　）。

A．fread(a[0],sizeof(int),5,fp)　　B．fread(&a[0],sizeof(int),5,fp)

C．fread(a,sizeof(int),5,fp)　　D．fread(a,5*sizeof(int),1,fp)

7．标准库函数 fgets(s,n,f)的功能是（　　）。

A．从文件 f 中读取长度为 n 的字符串并存入指针 s 所指的内存

B．从文件 f 中读取长度不超过 n-1 的字符串并存入指针 s 所指的内存

C．从文件 f 中读取 n 个字符串并存入指针 s 所指的内存

D．从文件 f 中读取长度为 n-1 的字符串并存入指针 s 所指的内存

8．如果将 fp 所指向的文件内部指针置于文件尾，则正确的语句是（　　）。

A．feof(fp);　　B．rewind(fp);　　C．fseek(fp,0L,0);　　D．fseek(fp,0L,2);

9．假定名为“data1.dat”的二进制文件中依次存放了 4 个双精度实数，即-12.1、12.2、-12.3、12.4，则以下程序段的运行结果是（　　）。

```
#include <stdio.h>
main( )
{
    FILE *fp;
    double sum=0.0, x;
    int i;
    fp=fopen("data1.dat","rb");
    for(i=0;i<4;i++,i++)
    {
        fread(&x,sizeof(double),1,fp);
        sum+=x;
    }
    printf("%f\n",sum);
    fclose(fp);
}
```

A．0.1　　B．0.0　　C．-12.3　　D．12.4

10．以下程序的主要功能如下：将数组 x 中的 4 个实数写入二进制文件 data1.dat 中。空格处正确的代码是（　　）。

```
#include <stdio.h>
main( )
{
    FILE *fp;
    float x[4]={-12.1,12.2,-12.3,12.4};
    int i;
    fp=fopen("data1.dat","wb");
    for(i=0;i<4;i++)
    {
        ________________
    fclose(fp);
    }
}
```

A．fprintf(fp,"%f",x);　　B．fputc(fp,x);

C．fputs(fp,x);　　D．fwrite(&x[i],4,1,fp);

二、填空题

1．根据数据的组织形式，C 语言将文件分为__________和__________两种类型。

2．以下程序用来统计文件中数字字符的个数。请将程序补充完整。

```
#include <stdio.h>
main( )
{
    FILE *fp;
    char ch;
    long num=0L;
    if ((fp=fopen("fname.dat","r"))==NULL)
    {
        printf("Open error!\n");
        exit(0);
    }
    while(__________)
    {
        ch=fgetc(fp);
        if (ch>='0' && ch<='9') num++;
    }
    __________
    printf("num=%ld\n",num);
}
```

3．以下程序的功能如下：把从终端读入的 10 个整数以二进制方式写入新文件 bi.dat 中。请将程序补充完整。

```
#include <stdio.h>
main( )
{
    FILE *fp;
    int i,j;
    if ((fp=__________)==NULL)
        exit(0);
    for (i=0;i<10;i++)
    {
        scanf("%d",&j);
        __________;
    }
    fclose(f);
}
```

4．以下程序的功能如下：求文件的长度。请将程序补充完整。

```
#include <stdio.h>
main( )
{
    FILE *fp;
    long fl;
    fp=fopen("test.dat","rb");
    fseek(__________) ;
    fl=__________ ;
    fclose(f);
    printf("fl=%d\n",fl);
}
```

5．以下程序的功能如下：通过命令行方式将磁盘中的一个文件的内容复制到另一个文件中。请将程序补充完整。

```
#include <stdio.h>
```

```
main(int argc, char *argv[])
{
    FILE *f1, *f2;
    if (argc>=3)
    {
        f1=fopen(argv[1],"r");
        f2=fopen(argv[2],"w");
        while(!feof(f1))
           fputc(_________);
        fclose(f1);
        fclose(f2);
    }
}
```

三、编程题

1．从键盘上输入一个字符串，将其中的小写字母全部转换成大写字母，并输出到磁盘文件“test.dat”中，输入的字符串以“!”结束。

2．有两个磁盘文件“A”和“B”，各存放了一行字母，要求把这两个文件中的信息合并（按字母顺序排列），并输出到一个新文件“C”中。

3．从键盘上输入若干行字符（每行长度不等），输入后把它们存储到一个磁盘文件中，再从该文件中读出这些数据，将其中的小写字母转换成大写字母后在屏幕上输出。

4．打开一个文本文件，逆序显示文件内容。

5．用二进制文件保存以下图形，从文件中读出图形，将其显示在屏幕上。其中的“*”用数据位 1 表示，即显示时，数据位 0 显示为空格，数据位 1 显示为符号“*”。

```
0000000**0000000    0000000**0000000  /* 0x0180 0x0180 */
0000000**0000000    0000000**0000000  /* 0x0180 0x0180 */
0000000**0000000    0000000**00000**  /* 0x0180 0x0183 */
0000000**0000000    0********000***0  /* 0x0180 0x7f8e */
0**0000**0000**0    0********0***000  /* 0x6186 0x7fb8 */
0**0000**0000**0    00000******00000  /* 0x6186 0x07e0 */
0**0000**0000**0    0000**0****00000  /* 0x6186 0x0de0 */
0**0000**0000**0    000**00**0**0000  /* 0x6186 0x19b0 */
0**0000**0000**0    000**00**00**000  /* 0x6186 0x1998 */
0**0000**0000**0    00**000**000**00  /* 0x6186 0x318c */
0**0000**0000**0    0**0000**0000**0  /* 0x6186 0x6186 */
0**0000**0000**0    ***0000**00000**  /* 0x6186 0x6186 */
0**0000**0000**0    **00000**00000**  /* 0x6186 0xe183 */
0**************0    00000****0000000  /* 0x7ffe 0x0780 */
0**************0    00000****0000000  /* 0x7ffe 0x0780 */
0000000000000000    0000000000000000  /* 0x0000 0x0000 */
```

第 11 章 预处理命令

在前面的各章中，几乎在每一个程序中都可看到以“#”开始的预处理命令，如#include、#define 等。在源程序中，这些命令都放在源程序函数之外，且一般均在文件的开始，它们称为预处理命令。其实，预处理命令实质上并不是C语言的组成部分，但它们在C语言程序中却用于实现一项重要功能：通知编译系统在编译源文件之前应做哪些预处理工作。预处理命令的使用简化了程序开发过程，合理使用预处理命令会使程序便于阅读、修改、移植和调试。

C 语言提供的预处理命令主要有以下 3 类。

（1）宏定义。

（2）文件包含。

（3）条件编译。

为了与一般的语句区分，这些命令皆以“#”开头，且在语句后不必使用“;”。

11.1 宏定义

在 C 语言源程序中，允许用一个标识符来表示一个字符串，这个标识符被称为“宏”。所谓宏定义，就是用#define 语句对一个字符串以一个“宏名”来表示。编译器在进行预处理时，对程序中所有出现的“宏名”，都用宏定义中的字符串去替换，这通常称为“宏替换”或“宏展开”。

C 语言的“宏”分为无参数宏和有参数宏，下面分别讨论这两种“宏”的定义和调用。

11.1.1 无参数的宏定义

无参数的宏名后不带参数。

格式：#define 宏名 字符串。

功能：标识符被定义为代表一串字符的宏名。

例如：

```
#define E 2.71828
```

这里的 E 就是宏名，也称为标识符，它代表一串字符 2.71828，该宏名在编译预处理时被置换成宏定义中的 2.71828，这个置换过程称为宏展开。这种方法能用一个简单的名称代替一个长字符串。其中，#define 是宏定义命令。

说明：

（1）define 是关键字，表示宏定义。宏名习惯上用大写字母表示，以区分于一般变量，便于程序的阅读，但这并非规定，也可用小写字母。

（2）#与 define 之间一般不留空格，但宏名左右两边必须至少用一个空格（也可使用多个空格）分隔。

（3）#define 可以在程序的任何位置，但必须在一行的开头，其有效范围为从定义后开始到文件结束，也可用#undef 结束。

（4）宏名无类型。编译器在编译前将程序中的宏名用字符串替换，替换时不进行语法检查，不能替换引号内的字符。

（5）宏定义不是 C 语句，如在行末加分号，则分号也作为字符串的一部分。

设宏定义为

```
# define PI 3.1415926;
```

如有引用宏名 PI 的语句

```
a=PI*r*r;
```

则在编译预处理时，分号被作为字符串的一部分，宏展开为

```
a=3.1415926;*r*r;
```

导致编译出错。

【例 11.1】宏替换的应用。

1）源程序代码（demo11_1.c）

```
#define M (x*x+y)  //定义宏
#include<stdio.h>
main( )
{
    int s,x,y;
    printf("input x,y:\n");
    scanf("%d,%d",&x,&y);
    s=M*M+M;
    printf("s=%d",s);
}
```

2）程序运行结果

```
input x,y:
3,4↙
s=182
```

3）程序说明

此程序定义的宏是一个算术表达式。编译预处理后，程序中的宏名 M 被算术表达式“x*x+y”替换，语句“s=M*M+M;”变成“s=(x*x+y)*(x*x+y)+(x*x+y);”。

> 注意：宏定义中的圆括号不能缺少。如果少了圆括号，则编译预处理后，语句“s=M*M+M;”变成“s=x*x+y*x*x+y+x*x+y;”，如果仍输入 3、4，则输出为 s=62，结果全非。

【例 11.2】不进行宏替换的情况。

1）源程序代码（demo11_2.c）

```
#define PI 3.14159
#include <stdio.h>
main( )
{
    printf("PI \n");
}
```

2）程序运行结果

```
PI
```

3）程序说明

此程序并没有将双引号中的宏进行替换，所以输出仍为 PI。这说明双引号中的内容不能被替换。

【例 11.3】宏的作用域。

1）源程序代码（demo11_3.c）

```
#define M (x*x+y)
#include<stdio.h>
main( )
{
    int s,x,y;
    printf("input x,y:\n");
    scanf("%d,%d",&x,&y);
    s=M*M+M;
    printf("s=%d\n",s);
    ss( );
}
ss( )
{
    int M;
    M=8;
    printf("M=%d\n",M);
}
```

2）程序说明

在例 11.1 的基础上增加函数 ss 构成了此程序。在函数 ss 中，说明了局部变量 M，但程序编译无法通过。

通过对预编译的分析，不难理解编译出错的原因。预编译时，直接进行宏替换，宏默认作用域为从定义点开始到文件结束。预编译后，函数 ss 成为

```
ss( )
{
    int (x*x+y);
    (x*x+y)=8;
    printf("M=%d\n",(x*x+y));
}
```

这样的函数当然无法编译通过。要使此程序通过编译，就要在函数 ss 前取消宏的作用，其语句为“#undef M;”。通过宏结束语句“#undef M;”，使宏的作用域限制在其定义处到宏结束语句之间，这样程序就能编译通过并正确运行了。

【例 11.4】 宏用作字符串。

1）源程序代码（demo11_4.c）

```
#define ERROR "File name is error!\n"
#include <stdio.h>
main( )
{
    printf(ERROR);
}
```

2）程序运行结果

```
File name is error!
```

采用宏定义有许多优点。首先，减少了程序的书写量；其次，方便记忆，减少了录入错误；最后，修改程序中的某些值时，只需修改宏定义，而不必对程序中每处出现相关参数的位置都进行修改。例如，将 π 的值由 3.14159 改成 3.1415926，只需修改宏定义为“#define PI　3.1415926”即可。

【例 11.5】 编写交换排序程序。假定待排序的大量数据已存入数组 array，为了调试程序方便，希望数组中只有少数几个数据，当程序调试成功后，再使该程序适用于任何数据量的排序。

1）源程序代码（demo11_5.c）

```
#include <stdio.h>
#define ARRAY_SIZE 5
main( )
{
    int i,j,k,array[ARRAY_SIZE];
    for(i=0;i<ARRAY_SIZE;j++)
        scanf("%d",&array[i]);
    for(i=0;i<ARRAY_SIZE-1;i++)
        for(j=i+1;j<ARRAY_SIZE;j++)
            if(array[j]>array[i])
            {
                k=array[j];
                array[j]=array[i];
                array[i]=k;
            }
    for(i=0;i<ARRAY_SIZE-1;i++)
```

```
        printf("%d",array[i]);
    }
```

2）程序说明

此程序调试正确后，如需对 100 个数进行排序，则只要将语句“#define ARRAY_SIZE 5”修改为“# define ARRAY_SIZE 100”即可，使用同样的方法可以对不同大小的数组进行排序。

11.1.2 带参数的宏定义

C 语言允许宏带有参数，带参数的宏的功能更强大。

格式：#define 宏名(参数表)字符串。

例如：

```
#define SUM(a,b)a+b
```

其中，SUM 为带参数的宏，a、b 为形参，在此定义后，在程序中可用 SUM 来代替两个变量相加的运算。例如：

```
y=SUM(3,5)            //等价于y=3+5
z=SUM(3*2,5/2)        //等价于z=3*2+5/2
```

在进行编译预处理时，带参数的宏用其定义式置换，其中的形参以实参置换。

【例 11.6】用带参数的宏实现简单的函数功能。

1）程序源代码（demo11_6.c）

```
//求两个数中的较大者并输出
#include <stdio.h>
#define MAX(a,b)  (a>b)?a:b
main( )
{
    int x,y,z;
    printf("input two number x and y:\n");
    scanf("%d,%d",&x,&y);
    z=MAX(x,y);
    printf("the maximum is:%d\n",z);
}
```

2）程序运行结果

```
input two number x and y:
5,10↙
the maximum is:20
```

3）程序说明

此程序预编译后，MAX(x,y)被定义的带参数的宏替换。替换分两步进行：宏调用语句中的 MAX(x,y)被替换为(a>b)?a:b，将调用时的实际参数 x、y 替换为定义中的形参 a、b。替换后，宏调用语句 z=MAX(x,y)成为：

```
z=(x>b)?x:b;
```

当然，在预编译时无须分成两步进行操作，此处只是为了说明方便。

4）注意事项

（1）在带参数的宏定义中，不能在宏名与参数表之间插入空格。在例 11.6 所示的程序中，如果插入空格，则编译将失败。

事实上，在宏名与参数表之间插入空格时，带参数的宏定义将变为无参数的宏定义，结果自然不正确。

（2）形参不分配存储单元，所以无须进行类型定义。宏调用其实是宏替换，不存在参数传递的问题，这一点一定要与函数的参数区分开。

（3）尤其要注意宏定义中括号的使用，不同位置的括号的效果往往不一样。

【例 11.7】求一个数的平方。

1）源程序代码（demo11_7.c）

```
#define POWER(x)  ((x)*(x))
#include <stdio.h>
main( )
{
    int x=5,y=3;
    int z;
    z=POWER(x+y);
    printf("z=%d\n",z);
}
```

2）程序运行结果

```
z=64
```

3）程序说明

z=POWER(x+y) 被置换为 z=((x+y)*(x+y))=((5+3)*(5+3))=64。

如果将“#define POWER(x) ((x))*(x))”改写为“#define POWER(x) x*x”，则程序运行结果为 23，因为此时 z=POWER(x+y)被置换为 z=x+y*x+y=5+3*5+3=23。

因此，在带参宏定义中，括号非常重要，原因是宏替换是用实参简单地替换形参，而不是先计算其值，再用它替换。

带参数的宏在使用时，其使用形式和特性与函数相似，但带参宏定义与函数却不相同。就功能而言，两者有类似之处，但本质上是完全不同的，其区别如下。

（1）带参数的宏一般是运算表达式，它不像函数那样有一定的数据类型。宏的数据类型可以说是它的表达式运算结果的类型。随着使用的实参的不同，运算结果呈现不同的数据类型。例如，有如下定义的宏：

```
#define MAX(x,y)  ((x>y)?(x):(y))
```

当程序中用不同的实参引用宏时，结果的类型也不同。

```
a=MAX(3,5)                  // 结果为整型
b=MAX(3.5,4.2)              // 结果为实型
```

（2）在程序控制中，函数的调用需要进行控制的转移，而使用带参数的宏仅是表达式的运算。

（3）在调用函数时，对使用的实参有数据类型限制，要求与形参一致，而带参数的宏的实参可以是任意数据类型。

（4）函数调用时存在着从实参向形参传递数据的过程，而带参数的宏不存在这种过程。

以上列举了函数与带参数的宏的本质区别，在程序中，与调用函数相比，使用带参数的

宏可以得到较高的执行速度，但是占用的内存空间比较多，因为函数在程序中只存在一处定义，其他地方只调用，不复制；而宏引用实质上是宏复制，因此在程序中有多少处引用宏，就有多少个宏的副本。

在编写 C 语言程序时，可根据需要来确定使用宏还是使用函数，函数定义的语句数量无限制，而宏必须在一条语句中写完。

11.2 文件包含

所谓“文件包含”是指一个源文件可以用文件包含命令将另一个源文件的全部内容包含进来，这一过程是通过#include 命令完成的。在 C 语言程序中写一条#include 语句，就相当于将#include 语句后跟的源文件名的内容全部写在该位置上。将被包含文件嵌入到源文件中由编译预处理完成，即在编译之前完成。

格式：#include“文件名”或 #include<文件名>。

这两种格式均能使编译系统将指定的被包含文件嵌入带有#include 的源文件中，但它们的搜索路径稍有不同。如果被包含文件的明确路径与文件名一起给出，则这两种格式在编译时都只在所指定的目录中查找被包含文件。如果没有明确给出文件路径，则对于用双引号括起来的命令方式，将先在当前工作目录下查找，如果没有找到，就在 C 语言编译环境指定的标准目录下查找；而对于用尖括号括起来的命令方式，当未给出路径时，直接到系统指定的标准目录下查找，并不搜索当前工作目录。

用尖括号括起的被包含文件一般是系统提供的库函数和符号常量说明的头文件，其文件名的扩展名为“.h”，这些文件位于 C 编译系统的 include 子目录下。例如，stdio.h、math.h、alloc.h 等，这些文件中包含库函数说明语句及有关的符号常量宏定义等。这些文件都是文本文件，读者可用编辑器查阅这些文件的内容，加深对#include 命令的理解。

用双引号括起来的被包含文件一般是用户自己定义的包含文件，且这些文件中允许出现文件包含、宏定义、函数定义和变量说明等。

【例 11.8】

1）程序源代码

文件 format.h 的内容如下：

```
#define PR printf
#define NL "\n"
#define D "%d"
#define D1 D NL
#define D2 D D NL
#define D3 D D D NL
#define D4 D D D D NL
#define S  "%S"
```

文件 demo11_9.c 的内容如下：

```
#include "format.h"
#include <stdio.h>
main( ){
    int a,b,c,d;
```

```
    char string[]="CHINA";
    a=1;b=2;c=3;d=4;
    PR(D1,a);
    PR(D2,a,b);
    PR(D3,a,b,c);
    PR(D4,a,b,c,d);
    PR(S,string);
}
```

2）程序运行结果

```
1
12
123
1234
```

“文件包含”命令是很有用的，它可以避免重复性劳动，提高了工作效率，例如，某一单位的人员往往使用一组固定的符号常量（如 g=9.81，pi=3.1415926，e=2.718），那么可以把这些宏定义命令组成一个文件，并各自用#include 命令将这些符号常量包含到自己所写的源文件中。这样每个人可不必重复定义这些符号常量。另外，在编写由多个源程序文件组成的较大程序时，各个源文件共同使用的函数说明和符号常量定义等可以写为独立的包含文件，并在需要包含文件内容的源程序中写入包含它的预处理语句，从而避免重复性劳动，提高工作效率。

11.3　条件编译

通常情况下，源程序中的所有语句都参与编译。但是，有时希望对其中的一部分内容仅在满足一定的条件下才进行编译。能够实现这种根据某种条件决定编译与否的命令叫作“条件编译”，这也是在编译预处理时完成的工作。显然，条件编译能使目标代码变短，因为减少了要编译的语句。

利用条件编译，可方便程序的调试，改善程序的可移植性。

11.3.1　第 1 种条件编译

第 1 种条件编译的格式如下。

```
# ifdef 标识符
   程序段1
# else
   程序段2
# endif
```

说明：如果标识符在此之前已被#define 定义过，则编译程序段 1，否则编译程序段 2。

【例 11.9】第 1 种条件编译的应用。

1）源程序代码（demo11_10.c）

```
#include<stdlib.h>
#include<stdio.h>
```

```
#define NUM 10
#define STUDENT struct stu
struct stu
{
    int num;
    char *name;
}
main( )
{
    STUDENT *p;
    p=(STUDENT *)malloc(sizeof(STUDENT));
    p->num=12;
    p->name="Wu Ming";

#ifdef NUM
    printf("Number=%d\n",p->num);
#else
    printf("Name=%s\n",p->name);
#endif
    free(p);
}
```

2）程序运行结果

```
Number=12
```

3）程序说明

在此程序开始时定义了宏 NUM，故输出为“12”，如果去掉宏定义语句“#define NUM 10”，则程序会输出“Wu Ming”。读者不妨自己试一试。

11.3.2 第2种条件编译

第 2 种条件编译的格式如下。

```
# ifndef 宏标识符
   程序段1
# else
   程序段2
# endif
```

说明：如果宏标识符在此之前未经#define 定义，则编译程序段 1，否则编译程序段 2。事实上，第 2 种条件编译和第 1 种条件编译的条件正好相反。

11.3.3 第3种条件编译

第 3 种条件编译的格式如下。

```
# if  条件
   程序段1
# else
   程序段2
```

```
    # endif
```

说明：若条件成立，则编译程序段 1，否则编译程序段 2，其中条件由常量表达式构成。

【例 11.10】 求数组的最大元素、最小元素和平均值。

1）源程序代码（demo11_11.c）

```
#include <stdio.h>
#define N 10
#define TEST 1                          //程序调试时调用
main( )
{
   int i,max,min,a[N];
   float average;
   #if TEST
      for(i=0;i<N;i++)                  //调试时用此语句为数组赋值以便于检查
         a[i]=10+i;
   #else
      for(i=0;i<N;i++)                  //正式运行时用此语句为数组赋值
         scanf("%d",&a[i]);
   #endif
   max=a[0];
   min=a[0];
   average=0;
   for(i=0;i<N;i++)
   {
      if(max<a[i])
         max=a[i];
      if(min>a[i])
         min=a[i];
      average=average+a[i];
   }
  #if TEST
      printf("s=%f\n",average);      //用于调试时检查累加和
   #endif
      printf("Max=%d,Min=%d,Average=%f\n",max,min,average/N);
}
```

2）程序运行结果（TEST 为 1）

```
s=145.0
Max=19,Min=10,Average=14.5
```

3）程序说明

当程序运行结果正确时，说明程序可以实际运行。为了使程序实际运行，还需修改以下两处内容。

① 将#define N 10 修改为 #define N 100。

② 将#define TEST 1 修改为 #define TEST 0。

第 1 处修改使程序能处理 100 个数据；第 2 处修改使程序忽略事先给数组赋值的语句而直接从键盘上输入实际数据，还能忽略调试时输出的累加和。

仅做两处小的变动，程序就能求 100 个数的最大值、最小值和平均值。

可以看出，使用条件编译省去了在源程序中增/删调试语句的麻烦。此外，使用条件编译还可以使源程序适用于不同的运行环境。

11.4 小结

本章介绍的内容不多，除带参数的宏外，其他内容都不是很难理解。但是，对初学者而言，要想正确使用预处理命令不是一件容易的事情。利用预处理命令，可使程序员更方便地设计程序，并使编写的程序具有更好的移植性。

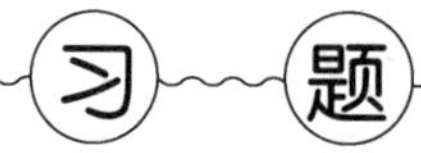

一、选择题

1. 下列说法正确的是（　　）。

A. 宏替换只占用运行时间　　B. 宏定义必须以分号结束

C. 宏替换只占用编译时间　　D. int 可以作为宏名

2. 下列说法正确的是（　　）。

A. #define 和 printf 都是 C 语句

B. #define 是 C 语句，但 printf 不是 C 语句

C. printf 是 C 语句，但#define 不是 C 语句

D. #define 和 printf 都不是 C 语句

3. 以下描述正确的是（　　）。

A. 用#include 包含的文件的扩展名不可以是.a

B. 宏命令行可以看作一行语句

C. C 编译中的预处理是在编译之前进行的

D. 对源程序中的头文件进行修改后，该源程序不必重新编译

4. 以下程序中的 for 循环执行的次数是（　　）。

```
#define N  1
#define M  (N+1)
#define NUM  2*M+1
main( )
{   int i;
    for(i=1;i<=NUM;i++)
    printf("%d\n",i);
}
```

A. 5　　B. 6　　C. 7　　D. 8

5. 以下程序段的运行结果是（　　）。

```
#define N 5
```

```
#define s(x)  x*x
main( )
{   int i;
    i=1000/s(N);
    printf("%d ",i);
}
```

A. 40　　B. 1000　　C. 25　　D. 100

6. 以下程序段的运行结果是（　　）。

```
#define N 5
#define s(x)  (x*x)
main( )
{   int i;
    i=1000/s(N);
    printf("%d ",i);
}
```

A. 40　　B. 1000　　C. 25　　D. 100

7. 以下程序段的运行结果是（　　）。

```
#define    f(x)     x*x
 main( )
{    int  a=9,b=3,c;
    c=f(a) / f(b);
    printf("%d \n",c);
}
```

A. 9　　B. 3　　C. 27　　D. 81

8. 以下程序段的运行结果是（　　）。

```
#define M(x,y,z) x*y+z
main( )
{   int a=1,b=2, c=3;
    printf( "%d\n" , M(a+b,b+c, c+a));
}
```

A. 19　　B. 17　　C. 15　　D. 12

9. 以下程序段的运行结果是（　　）。

```
#define   LL(x,y)   x*y
main( )
  {  int  a=3,b=4,c;
     c=LL(a+b,a-b);
printf("%d \n",c); }
}
```

A. -7　　B. 11　　C. 17　　D. -1

10. 以下程序段的运行结果是（　　）。

```
# define f(x)  x*x
main( )
```

```
{   int i1, i2;
    i1=f(4)/f(2) ; i2=f(4+4)/f(2+2) ;
    printf("%d, %d\n",i1,i2);
}
```

A．64, 28　　B．4, 4　　C．4, 3　　D．16,28

二、填空题

1．以下程序段的运行结果是（　　）。

```
#define  X 5
#define  Y   X+1
#define  Z   3*Y
printf("%d\n",Z);
```

2．以下程序段的运行结果是（　　）。

```
#define X 5
#define Y  X+1
#define Z  Y*X/2
int a; a=Y;
printf("%d,\n",Z);
printf("%d\n",--a);
```

3．以下程序段的运行结果是（　　）。

```
#define POR(x)   x*x
int x=5,y=3,z;
z=POR(x+y);
printf("z=%d",z);
```

4．以下程序段的运行结果是（　　）。

```
#define MIN(x,y)   (x)<(y)?(x):(y)
main( ){
int i=10,j=15,k;
k=10*MIN(i,j);
printf("%d\n",k);
```

5．以下程序段的运行结果是（　　）。

```
#define ADD(x)   x+x
int m=1,n=2,k=3;
int sum=ADD(m+n)*k;
printf("sum=%d",sum);
```

三、编程题

1．将本章中的程序逐一输入计算机，编辑并调试，使之能正确运行。

2．编写程序，求两个整数相除的余数，用带参的宏来实现。

3．编写程序，用带参的宏从 3 个数中找出最大数。

4．设计各种各样的输出格式（包括整数、实数、字符串等），其文件名为“format.h”，把这些信息放到此文件内，另编写一个程序文件，用#include"format.h"以确保能使用这些格式。

5．编写程序，通过宏调用实现变量 a、b 的交换。

附录 A

常用库函数

库函数并不是C语言的一部分，它是由编译器厂商根据需要编制并提供给用户使用的。每一种编译系统都提供了一批库函数，不同的编译系统所提供的库函数的数目和函数名以及函数的功能都不完全相同。ANSI 标准提出了一批建议提供的标准库函数。本附录列出 ANSI 标准建议提供的部分常用库函数。

A.1 数学函数

使用数学函数时，应在该源文件中使用命令#include <math.h>或#include"math.h"。

函数名	函数原型	功　能	返回值	说　明
abs	int abs (int x);	求整数 x 的绝对值	计算结果	
acos	double acos (double x);	计算 $\cos^{-1}(x)$的值	计算结果	x 应在−1～1 范围内
asin	double asin(double x);	计算 $\sin^{-1}(x)$的值	计算结果	x 应在−1～1 范围内
atan	double atan(double x);	计算 $\tan^{-1}(x)$的值	计算结果	
atan2	double atan2 (double x, double y);	计算 $\tan^{-1/}(x/y)$的值	计算结果	
cos	double cos (double x);	计算 $\cos(x)$的值	计算结果	x 的单位为弧度
cosh	double cosh(double x);	计算 $\cosh(x)$的值	计算结果	
exp	double exp(double x);	求 e^x 的值	计算结果	
fabs	double fabs(double x);	求 x 的绝对值	计算结果	
floor	double floor(double x);	求出不大于 x 的最大整数	返回该整数的双精度实数	
fmod	double fmod(double x,double y);	求 x/y 的余数	返回余数的双精度实数	
frexp	double frexp(double val, int * eptr);	把双精度数 val 分解为数字部分(尾数)x 和以 2 为底数的指数 n，即 val=x*2^n，n 存放在 eptr 指向的变量中	返回数字部分 $0.5 \leqslant x \leqslant 1$	
log	double log(double x);	求 $\log_e x$，即 $\ln x$	计算结果	
log10	double log10(double x);	求 $\log_{10} x$	计算结果	

续表

函数名	函数原型	功　能	返回值	说　明
modf	double modf(double val, double * iptr);	把双精度数 val 分解为整数部分和小数部分，把整数部分存到 iptr 指向的单元	返回 val 的小数部分	
pow	double pow(double x, double y);	计算 x^y 的值	计算结果	
rand	int rand(void);	产生-90～32767 间的随机整数	随机整数	
sin	double sin(double x);	计算 sin$x$ 的值	计算结果	x 单位为弧度
sinh	double sinh(double x);	计算 sinh(x)的值	计算结果	
sqrt	double sqrt(double x);	计算 sqrt(x)的值	计算结果	x≥0
tan	double tan(double x);	计算 tan(x)的值	计算结果	x 单位为弧度
tanh	double tanh(double x);	计算 tanh(x)的值	计算结果	

A.2　字符函数和字符串函数

函数名	函数原型	功　能	返　回　值	包含文件
isalnum	int isalnum(int ch);	检查 ch 是否是字母（alpha）或数字（numeric）	是字母或数字返回 1；否则返回 0	ctype.h
isalpha	int isalpha(int ch);	检查 ch 是否是字母	是，返回 1；不是则返回 0	ctype.h
iscntrl	int iscntrl(int ch);	检查 ch 是否为控制字符（其 ASCII 码在 0 至 0xlF 之间）	是，返回 1；不是，返回 0	ctype.h
isdigit	int isdigit(int ch);	检查 ch 是否为数字（0～9）	是，返回 1；不是，返回 0	ctype.h
isgraph	int isgraph(int ch);	检查 ch 是否是可打印字符（其 ASCII 码在 ox21 至 ox7E 之间），不包括空格	是，返回 1；不是，返回 0	ctype.h
islower	int islower(int ch);	检查 ch 是否为小写字母（a～z）	是，返回 1；不是，返回 0	ctype.h
isprint	int isprint(int ch);	检查 ch 是否为可打印字符（含空格），其 ASCII 码在 ox20 至 ox7E 之间	是，返回 1；不是，返回 0	ctype.h
ispunct	int ispunct(int ch);	检查 ch 是否为标点字符（不包括空格），即除字母、字符和空格以外的所有可打印字符	是，返回 1；不是，返回 0	ctype.h
isspace	int isspace(int ch);	检查 ch 是否为空格、跳格符（制表符）或换行符	是，返回 1；不是，返回 0	ctype.h
isupper	int isupper(int ch);	检查 ch 是否为大写字母（A～Z）	是，返回 1；不是，返回 0	ctype.h
isxdigit	int isxdigit(int ch);	检查 ch 是否为一个 16 进制数学字符（即 0～9，或 A～F，或 a～f）	是，返回 1；不是，返回 0	ctype.h
strcat	char * strcat (char * strl, char * str 2)	把字符串 str2 接到 str1 后面，str1 最后面的'\0'被取消	返回 str1	string.h

续表

函数名	函数原型	功　　能	返　回　值	包含文件
strchr	char * strchr (char * str, int ch);	找出 str 指向的字符串中第一次出现字符 ch 的位置	返回指向该位置的指针，如找不到，则返回空指针	string.h
strcmp	int strcmp (char * strl, char *str2)	比较两个字符串 str1，str2	str1<str2 返回负数；str1=str2 返回 0；str1>str2 返回正数	string.h
strcpy	char * strcpy (char * str1, char * str2)	把 str2 指向的字符串复制到 str1 中	返回 str1	string.h
strlen	unsigned int strlen (char * str);	统计字符串 str 中字符的个数（不包括终止符'\0'）	返回该位置的指针；如找不到，返回空指针	string.h
strstr	char * strstr (char * str1, char *str2)；	找出 str2 字符串在 str1 字符串中第一次出现的位置（不包括 str2 的串结束符）	返回该位置的指针；如找不到，返回空指针	string.h
tolower	int tolower(int ch);	将 ch 字符转换为小写字母	返回 ch 所代表的字符的小写字母	ctype.h
toupper	int toupper(int ch);	将 ch 字符转换成大写字母	返回与 ch 相应的大写字母	ctype.h

A.3 输入输出函数

凡用以下输入输出函数，应该使用#include<stdio.h>头文件包含到源程序文件中。

函数名	函数原型	功　　能	返　回　值	说　　明
clearerr	void clearerr(FILE * fp);	清除文件指针错误	无	
close	int close(int fp);	关闭文件	关闭成功返回 0，不成功，返回-1	非 ANSI 标准
creat	int creat (char * filename, int mode);	以 mode 所指定的方式建立文件	成功则返回正数，否则返回-1	非 ANSI 标准
eof	int eof (int fd);	检查文件是否结束	遇文件结束，返回 1；否则返回 0	非 ANSI 标准
fclose	int fclose(FILE * fp);	关闭 fp 所指的文件，释放文件缓冲区	有错则返回非 0，否则返回 0	
feof	int feof (FILE * fp);	检查文件是否结束	遇文件结束符返回非 0 值，否则返回 0	
fgetc	int fgetc (FILE * fp);	从 fp 所指定的文件中取得下一个字符	返回所得到的字符；若读入出错，返回 EOF	
fgets	char * fgets (char * buf, int n, FILE * fp);	从 fp 指向的文件中读取一个长度为（n-1）的字符串，存入起始地址为 buf 的空间	返回地址 buf，若遇文件结束或出错，返回 NULL	
fopen	FILE * fopen (char * filename, char * mode);	以 mode 指定的方式打开名为 filename 的文件	成功，返回一个文件指针（文件信息区的起始地址），否则返回 0	
fprintf	Int fprintf (FILE * fp, char * format, args, ..)	把 args 的值以 format 指定的格式输出到 fp 所指定的文件中	实际输出的字符数	
fputc	int fputc(char ch, FILE * fp);	将字符 ch 输出到 fp 指向的文件中	成功，则返回该字符；否则返回非 0	
fputs	int fputs (char * str, FILE * fp)	将 str 指向的字符串输出到 fp 所指定的文件	返回 0，若出错返回非 0	

续表

函数名	函数原型	功　　能	返　回　值	说　　明
fread	int fread (char * pt, unsigned size, unsigned n, FILE * fp);	从 fp 所指的文件中读取长度为 size 的 *n* 个数据项，存到 pt 所指向的内存区	返回所读的数据项个数，如遇文件结束或出错返回 0	
fscanf	int fscanf (FILE * fp, char format, args,…);	从 fp 指的文件中按 format 给定的格式将输入数据送到 args 所指的内存单元（args 是指针）	已输入的数据个数	
fseek	int fseek (FILE * fp, long offset, int base);	从 fp 所指文件的位置指针移到以 base 所指出的位置为基准，以 offset 为位移量的位置	返回当前位置，否则返回-1	
ftell	long ftell (FILES * fp);	返回 fp 所指向的文件中的读写位置	返回 fp 所指向的文件中的读写位置	
fwrite	int fwrite (char * ptr, unsigned size, unsigned n, FILE * fp);	把 ptr 所指向的 *n**size 字节输出到 fp 所指向的文件中	写到 fp 文件中的数据项的个数	
getc	int getc (FILE * fp);	从 fp 所指向的文件中读入一个字符	返回所读的字符，若文件结束或出错，返回 EOF	
getchar	int getchar(void);	从标准输入设备中读取下一个字符	所读字符，若文件结束或出错，则返回-1	
getw	int getw (FILE * fp);	从 fp 所指向的文件中读取下一个字（整数）	输入的整数，如文件结束或出错，返回-1	非 ANSI 标准函数
open	int open (char * filename int mode);	以 mode 指出的方式打开已存在的名为 filename 的文件	返回文件号(正数)，如打开失败，返回-1	非 ANSI 标准函数
printf	int printf (char * format, aregs, …);	按 format 指向的格式字符所规定的格式，将 args 的值输出到标准输出设备中	输出字符的个数，若出错，返回负数	Format 可以是一个字符串，或字符数组起始地址
putc	int putc(int ch, FILE * fp);	把一个字符 ch 输出到 fp 所指的文件中	输出的字符 ch 若出错，返回 EOF	
putchar	int putchar (char ch);	把字符 ch 输出到标准输出设备	输出的字符 ch 若出错，返回 EOF	
puts	int puts (char * str);	把 str 指向的字符串输出到标准输出设备中，将'\0'转换为换行	返回换行符；若失败，返回 EOF	
putw	int putw (int w, FILE * fp);	将一个整数 w（即一个字）写到 fp 指的文件中	返回输出的整数，若出错，返回 EOF	非 ANSI 标准函数
read	int read (int fd, char * buf, unsigned count);	从文件号 fd 所指示的文件中读 count 个字节到由 buf 指示的缓冲区中	返回真正读入的字节个数；如遇文件结束返回 0，出错返回-1	非 ANSI 标准函数
rename	int rename (char * oldname, char * newname);	把由 oldname 所指的文件名，改为由 newname 所指的文件名	成功返回 0； 出错返回-1	
rewind	void rewind (FILE * fp);	将 fp 指示的文件中的位置指针置于文件开关位置，并清除文件结束标志和错误标志	无	
scanf	int scanf (char * format, args, …);	从标准输入设备按 format 指的格式字符串所规定的格式，输入数据给 args 所指向的单元	读入并赋给 args 的数据个数；遇文件结束返回 EOF，出错返回 0	args 为指针
write	int write(int fd, char * buf, unsigned count);	从 buf 指示的缓冲区输出 count 个字符到文件中	返回实际输出的字节数；如出错返回-1	非 ANSI 标准函数

A.4 动态存储分配函数

ANSI 标准建议使用“stdlib.h”头文件，但许多 C 编译系统要求用“malloc.h”头文件，读者在使用时应查阅有关手册。

函数名	函数和形象类型	功　能	返回值
calloc	void * calloc (unsigned n, unsign size);	分配 *n* 个数据项的内存连续空间，每个数据项的大小为 size	分配内存单元的起始地址；如不成功，返回 0
free	void free (void * p);	释放 p 所指的内存区	无
malloc	void * malloc (unsigned size);	分配 size 字节的存储区	所分配的内存区地址，如内存不够，返回 0
realloc	void * realloc (void * p, unsigned size);	将 f 所指出的已分配内存区的大小改为 size，size 可以比原来分配的空间大或小	返回指向该内存区的指针

附录 B

常用字符与 ASCII 码对照表

ASCII 码	字符	控制字符	ASCII 码	字符	ASCII 码	字符	ASCII 码	字符
000	(null)	NUL	032	(space)	064	@	096	′
001	^A (☺)	SOH	033	!	065	A	097	a
002	^B (☻)	STX	034	″	066	B	098	b
003	^C (♥)	ETX	035	#	067	C	099	c
004	^D (♦)	EOT	036	$	068	D	100	d
005	^E (♣)	END	037	%	069	E	101	e
006	^F (♠)	ACK	038	&	070	F	102	f
007	^G(beep)	BEL	039	'	071	G	103	g
008	^H (◘)	BS	040	(	072	H	104	h
009	^I(tab)	HT	041	)	073	I	105	i
010	^J(line feed)	LF	042	*	074	J	106	j
011	^K(home)	VT	043	+	075	K	107	k
012	^L(form feed)	FF	044	,	076	L	108	l
013	^M(carriage return)	CR	045	-	077	M	109	m
014	^N(♫)	SO	046	.	078	N	110	n
015	^O(☼)	SI	047	/	079	O	111	o
016	^P(►)	DLE	048	0	080	P	112	p
017	^Q(◄)	DC1	049	1	081	Q	113	q
018	^R(↕)	DC2	050	2	082	R	114	r
019	^S(‼)	DC3	051	3	083	S	115	s
020	^T (¶)	DC4	052	4	084	T	116	t
021	^U(§)	NAK	053	5	085	U	117	u
022	^V(▬)	SYN	054	6	086	V	118	v
023	^W(↨)	ETB	055	7	087	W	119	w
024	^X(↑)	CAN	056	8	088	X	120	x

续表

ASCII码	字符	控制字符	ASCII码	字符	ASCII码	字符	ASCII码	字符
025	^Y(↓)	EM	057	9	089	Y	121	y
026	^Z(→)	SUB	058	:	090	Z	122	Z
027	ESC(←)	ESC	059	;	091	[	123	{
028	FS(∟)	FS	060	<	092	\	124	|
029	GS(↔)	GS	061	=	093	]	125	}
030	RS(▲)	RS	062	>	094	^	126	~
031	US(▼)	US	063	?	095	-	127	

参 考 文 献

[1] Samuel P，Harbison III，Guy L. C 语言参考手册．5 版．北京：人民邮电出版社，2003.
[2] 谭浩强．C 程序设计．5 版．北京：清华大学出版社，2016.
[3] 吴文虎．程序设计基础．北京：清华大学出版社，2003.
[4] 黄维通，马力妮．C 语言程序设计．北京：清华大学出版社，2003.
[5] 孙辉，吴润秀．C 语言程序设计教程．北京：铁道出版社，2015.
[6] 田淑清，周海燕，赵重敏．C 语言程序设计．北京：高等教育出版社，2003.
[7] 苏小红，王宇颖，孙志岗．C 语言程序设计．2 版．北京：高等教育版社，2016.
[8] 戴经国，庄景明，袁辉勇．C 语言程序设计．成都电子科技大学出版社，2017.
[9] 李丽娟．C 语言程序设计教程．3 版．北京：人民邮电出版社，2018.
[10] 孙辉，吴润秀．C 语言程序设计教程．北京：电子工业出版社，2021.